21 世纪高等学校数字媒体专业规划教材

多媒体信息处理与应用

张养力 吴 琼 编著

U0117414

清华大学出版社
北京

内 容 简 介

　　本书按照信息的不同表现形式将多媒体信息进行分类,并以此为主线从相关应用技术的角度讲解多媒体信息处理与应用的知识和技能。本书对多媒体信息处理技术的基本理论和相关知识遵循实用、必需、宜教、易懂的原则进行编写,相关的阐述简明扼要、点到为止,着重讲授应用知识和基本技能,加强实用技术知识的教学,强化实际操作能力的培养,提高读者的多媒体信息处理及应用能力。全书共分 7 章,主要包括多媒体信息处理与应用概述、文本信息的处理与应用、图形和图像信息的处理与应用、音频信息的处理与应用、视频信息的处理与应用、动画的处理与应用、多媒体信息的集成及应用等内容。

　　本书可以作为高等学校数字媒体专业、教育技术学专业、计算机应用及相关专业课程教材,也可作为信息技术人员多媒体技术培训教材,还可以供其他各类学校、培训机构的教师、学生、研究人员及多媒体工作者阅读参考。

图书在版编目(CIP)数据

多媒体信息处理与应用/张养力,吴琼编著.—北京:清华大学出版社,2011.2
　(21 世纪高等学校数字媒体专业规划教材)
　ISBN 978-7-302-24370-0

Ⅰ. ①多…　Ⅱ. ①张…　②吴…　Ⅲ. ①多媒体技术－应用－信息处理　Ⅳ. ①G202

中国版本图书馆 CIP 数据核字(2010)第 257909 号

责任编辑:魏江江　薛　阳
责任校对:李建庄
责任印制:王秀菊

出版发行:清华大学出版社　　　　　　　　　　地　　址:北京清华大学学研大厦 A 座
　　　　　http://www.tup.com.cn　　　　　　　邮　　编:100084
　　　　　社　总　机:010-62770175　　　　　邮　　购:010-62786544
　　　　　投稿与读者服务:010-62795954,jsjjc@tup.tsinghua.edu.cn
　　　　　质　量　反　馈:010-62772015,zhiliang@tup.tsinghua.edu.cn

印　装　者:北京密云胶印厂
经　　销:全国新华书店
开　　本:185×260　印　张:19.75　字　数:493 千字
版　　次:2011 年 2 月第 1 版　　印　　次:2011 年 2 月第 1 次印刷
印　　数:1~3000
定　　价:35.00 元

产品编号:032753-01

数字媒体专业作为一个朝阳专业,其当前和未来快速发展的主要原因是数字媒体产业对人才的需求增长。当前数字媒体产业中发展最快的是影视动画、网络动漫、网络游戏、数字视音频、远程教育资源、数字图书馆、数字博物馆等行业,它们的共同点之一是以数字媒体技术为支撑,为社会提供数字内容产品和服务,这些行业发展所遇到的最大瓶颈就是数字媒体专门人才的短缺。随着数字媒体产业的飞速发展,对数字媒体技术人才的需求将成倍增长,而且这一需求是长远的、不断增长的。

正是基于对国家社会、人才的需求分析和对数字媒体人才的能力结构分析,国内高校掀起了建设数字媒体专业的热潮,以承担为数字媒体产业培养合格人才的重任。教育部在2004年将数字媒体技术专业批准设置在目录外新专业中(专业代码:080628S),其培养目标是"培养德智体美全面发展的、面向当今信息化时代的、从事数字媒体开发与数字传播的专业人才。毕业生将兼具信息传播理论、数字媒体技术和设计管理能力,可在党政机关、新闻媒体、出版、商贸、教育、信息咨询及 IT 相关等领域,从事数字媒体开发、音视频数字化、网页设计与网站维护、多媒体设计制作、信息服务及数字媒体管理等工作"。

数字媒体专业是个跨学科的学术领域,在教学实践方面需要多学科的综合,需要在理论教学和实践教学模式与方法上进行探索。为了使数字媒体专业能够达到专业培养目标,为社会培养所急需的合格人才,我们和全国各高等院校的专家共同研讨数字媒体专业的教学方法和课程体系,并在进行大量研究工作的基础上,精心挖掘和遴选了一批在教学方面具有潜心研究并取得了富有特色、值得推广的教学成果的作者,把他们多年积累的教学经验编写成教材,为数字媒体专业的课程建设及教学起一个抛砖引玉的示范作用。

本系列教材注重学生的艺术素养的培养,以及理论与实践的相结合。为了保证出版质量,本系列教材中的每本书都经过编委会委员的精心筛选和严格评审,坚持宁缺毋滥的原则,力争把每本书都做成精品。同时,为了能够让更多、更好的教学成果应用于社会和各高等院校,我们热切期望在这方面有经验和成果的教师能够加入到本套丛书的编写队伍中,为数字媒体专业的发展和人才培养做出贡献。

21 世纪高等学校数字媒体专业规划教材
联系人:魏江江   weijj@tup.tsinghua.edu.cn

　　当前,多媒体技术在社会各个领域中得到了广泛应用,它正逐步改变着人们的生产和生活方式。多媒体信息的处理与应用已成为当今时代每个社会成员非常重要的技能之一,更是高等学校数字媒体专业、教育技术学专业、计算机应用及相关专业学生和广大中小学教师、多媒体开发从业人员的必备知识和技能。全国大多数高校都开设了与此相关的专业课或通识选修课程。而从目前出版的相关教材看,大多数教材都是从多媒体技术原理的角度讲解相关数据压缩编码技术、现行编码的国际标准、多媒体计算机硬件和软件系统结构等相关知识。此类教材偏重于讲解原理而忽视实际应用技术,可以基本满足计算机科学与技术等相关专业的教学,但对于教育技术学、计算机应用等众多技术应用型专业而言显然是不适宜的。本书正是从相关应用技术的角度来讲解多媒体信息的处理与应用知识,保留必要的相关原理知识,删除、弱化深奥难懂而又非必备的原理和概念,强化实用的多媒体处理与应用技能,从而满足相关多媒体技术应用型人才培养的需要。

　　本书按照信息的不同表现形式将多媒体信息进行分类,并以此为主线从相关应用技术的角度讲解多媒体信息处理与应用的知识和技能。本书对多媒体信息处理技术的基本理论和相关知识遵循实用、必需、宜教和易懂的原则进行编写,相关的阐述由浅入深、简明扼要、点到为止。着重讲授应用知识和基本技能,加强实用技术知识的教学,强化实际操作能力的培养,提高读者的多媒体信息处理及应用能力。

　　全书共分 7 章,分别是:第 1 章多媒体信息处理与应用概述,主要包括多媒体的基本概念、关键技术及应用领域等内容;第 2 章文本信息的处理与应用,主要包括各种文本信息获取方式、文本信息处理软件 Microsoft Word 的使用、文本信息的特点及优势等内容;第 3 章图形和图像信息的处理与应用,主要包括图形图像基本概念、色彩基本知识、各种图形图像信息获取方式以及图形图像处理软件"光影魔术手"、Adobe Photoshop、Adobe Illustrator 的使用等内容;第 4 章音频信息的处理与应用,主要包括各种音频信息获取方式、音频信息处理软件 Adobe Audition 和 Cakewalk Sonar 的使用等内容;第 5 章视频信息的处理与应用,主要包括各种视频信息获取方式、视频编辑软件 Adobe Premiere 的使用等内容;第 6 章动画的处理与应用,主要包括动画的制作原理和基本种类、动画制作软件 Ulead Gif Animator 和 Adobe Flash 的使用等内容;第 7 章多媒体信息的集成及应用,主要包括多媒体集成工具的种类和选择、多媒体作品开发流程、多媒体集成工具 Microsoft PowerPoint 的使用等内容。

　　本书可以作为高等学校数字媒体专业、教育技术学专业、计算机应用及相关专业课程教材,也可作为信息技术人员多媒体技术培训教材,还可以供其他各类学校、培训机构的教师、学生、研究人员及多媒体工作者阅读参考。

　　本书由四川师范大学计算机科学学院张养力和西南民族大学电气信息工程学院吴琼担任主编并统稿,具体编写人员分工如下:第 1、4、6 章由张养力撰稿,第 2、3、7 章由吴琼撰稿,

第5章由成都市盐道街外语学校李涛撰稿。另外,西南民族大学电气信息工程学院陈锟参与了部分资料的收集工作。

本书在编写过程中,参照和引用了现已发行的相关教材的部分内容及相关资料,在此予以说明并深表感谢。书中部分图片来源于网络,仅供教学分析使用,版权归原作者所有,特向原作者表示感谢。由于受理论水平、实践经验及资料所限,虽经努力,但教材中仍有不足之处,敬请广大读者批评指正。

作　者

2010 年 12 月

目 录

⊙ **学习目标**
- 理解信息、媒体等多媒体相关概念。
- 理解多媒体与多媒体技术的特征。
- 了解多媒体与多媒体技术的发展历程。
- 了解多媒体的关键技术和应用领域。

1.1 基 本 概 念

1.1.1 信 息 与 媒 体

"信息"和"媒体"是当今社会使用频率极高的词语。近年来,随着计算机网络技术、数字电视技术和通信技术的日益成熟,"信息技术"、"信息革命"、"信息社会"、"信息素养"、"大众媒体"、"多媒体"、"流媒体"、"超媒体"等与"信息"和"媒体"相关的词语也越来越多地出现在人们的日常工作和学习生活中。那么,究竟什么是"信息"? 什么是"媒体"呢?

1. 信息的含义

"信息"一词有着非常悠久的历史,早在我国两千多年前的西汉,即有"信"字的出现。作为日常用语,"信息"经常指"音讯、消息"的意思。英文中的"信息"一词来源于拉丁文,原意是指解释、陈述。随着社会的进步、科学技术的发展,人们对信息的认识也在不断改变和发展。学术界对信息的理解各不相同,仅仅信息的定义就不下百种。1948 年,美国数学家、信息论的创始人香农在题为"通信的数学理论"的论文中指出:"信息是用来消除随机不确定性的东西"。美国著名数学家、控制论的创始人维纳在《控制论》一书中指出:"信息就是信息,既非物质,也非能量。"

综合众多学者对信息的理解和界定,我们认为下述定义界定了普遍意义上的信息,揭示了信息的本质。即"信息是关于事物运动状态及其规律的表征,它能够消除人们认识上的不确定性。""事物运动状态及其规律的表征"是信息的内涵,"能够消除人们认识上的不确定性"是信息的功能。从这一定义,可以看出信息是普遍存在的、信息是重要的、信息是可以被加工、传输和存储的。

信息包括信息内容和信息形式两个部分。信息内容即具体的信息所指,也就是每一个具体的信息本身,或者说是每个具体信息所指称、所蕴涵的"意思"。如"明天要下雨"和"外面已经下雨了"这两个信息所指称、蕴涵的"意思",就是这两个信息的内容。信息内容是信息的根本所在;没有它,信息就无从谈起,信息就不成其为信息。信息形式是信息内容在现实世界物理时空中的存在与显现方式及其样式。信息形式有物理形式和物质形式两大类:

前者如信息主体用以表达、传递信息内容所做出的肢体动作,所发出的声音;后者如信息主体所刻画出的痕迹,所书写出的文字,所画出的图形、图画,所制作出的图像、影像、雕塑,所建造出的建筑物(物质形式)等。目前,人们一般认为在计算机中信息的表现形式包括文本、图形、图像、音频、视频和动画等。

信息内容不仅从根本上决定着信息的性质、价值和质量,同时也内在地决定着信息的存在形态及其具体形式。信息形态及其形式也会在相当程度上反过来影响、限定、甚至决定信息内容,尤其是信息内容的性质和其价值的实现。即信息内容只能通过信息形式方可存在于物理时空中并充分实现其信息价值;信息内容对信息形式虽具有内在决定性,但信息形式对信息内容也具有相当程度的外在限定性。

2. 媒体的含义

英文中"媒体"(media)一词来源于拉丁语 medium,音译为媒介,意为两者之间。它是指信息在传递过程中,从信源到受传者之间承载并传递信息的载体或工具。也可以把媒体看作为实现信息从信源传递到受传者的一切技术手段。媒体有两层含义,一是承载信息的载体,二是存储和传递信息的实体。

第一层含义上的媒体是指承载信息的载体,即指作用于人的感官的信息表现形式。譬如,文本、图形、图像、音频、视频和动画等。如"明天要下雨"这一信息,既可以用作用于人的视觉器官的文本来描述,也可以通过作用于人的听觉器官的声音来描述。第二层含义上的媒体是指存储和传递信息的实体,即指实现信息从信源传递到受传者的一切技术手段。譬如,报纸、广播和电视等。如电视传播过程,摄像机从信源物摄取图像信息符号,然后变换为相应的电信号(或再经录像机将电信号记录存储再重播),电信号经过信道(闭路电视为线路,开路广播电视为电磁物)传递至接收端,由电视接收机将接收到的电信号再转换为图像信息符号。受传者从看到的图像符号,解析为相应的信息意义。从这一信息传递过程中,摄像机、录像机、录像带、线路、电磁物以及电视接收机,都成为信息存储和传递的媒体。

日常生活中,人们平时常说的媒体大多是指第二层含义上的媒体。譬如,报纸、广播和电视等。而本书所涉及的"多媒体"和"多媒体技术"中的媒体则是指第一层含义上的媒体,即承载信息的载体。譬如,文本、图形、图像、音频、视频和动画等。但是实际上,媒体的两层含义是相互依存、密不可分的。报纸必然要传递文本、图形和图像等信息的表现形式;广播必然要传递音频这一信息的表现形式;电视必然要传递文本、图形、图像、音频和视频等信息的表现形式。同时,文本、图形、图像、音频、视频和动画等信息的表现形式必需依附于报纸、广播和电视等实体中的一种或多种表现形式才能得以传播。

事实上,人们也经常按信息的表现形式对报纸、广播和电视等媒体进行划分。譬如,有学者认为媒体按信息的表现形式可以分为三种基本类型:声音媒体、图形媒体和图像媒体。声音媒体是指以语言、音乐和声响等声音为信息表现形式的扩音、录音、广播及电话等各种信息传播工具。图形媒体是指以文字、符号、照片、图画及图表等静态图形为信息表现形式的印刷、摄影、幻灯、投影和传真等各种信息传播工具。图像媒体是指以动态图像为信息表现形式的电影和电视等各种信息传播工具。当然,这里的"图形"和"图像"与本书中的"图形"和"图像"有一定的区别。

3. 信息与媒体的关系

信息与媒体是相互依存的一对概念。信息必须依赖媒体才能存在,媒体由于传播信息而体现出生命力。没有不承载信息的媒体，也没有不依附于媒体的信息。

首先，没有不承载信息的媒体。例如，一张白纸，一张空白的透明胶片或一盒空白录音带、录像带，都不能说是媒体，而只能说是书写、印刷或录制用的材料。白纸印上新闻消息的文字和图片成为报纸，磁带录上音乐信息符号称为音乐带，载有信息的纸张、胶片和磁带才能称为媒体。

其次，也没有不依附于媒体的信息。信息的传递、存储和加工必需依赖媒体。比如，小张对小吴说："明天放假，我们去春游吧?"小吴点头答应了。这是一个日常生活中常见的面对面协商性的传播事例。在这个事例中，可以观察到三个明显的要素：一是传播者(小张)，二是信息(协商内容)，三是受传者(小吴)。这三个要素是信息传播过程得以成立的重要前提条件。但是，仅有上述三个要素还不能构成一个现实的信息传播过程，也就是说，还必须要有使这三个要素相互连接起来的纽带或渠道，即媒介，也就是媒体。在这个例子中，由于是在面对面的情况下进行的，一般不容易意识到媒体的存在。但即便是在面对面的传播中，媒体也是存在的，只不过它属于自然的声波或光波，我们平时意识不到它罢了。如果换成打电话，媒体的必要性就十分明显了，如果没有电话机和电话线路，信息是不能进行传播的。

再次，信息与媒体统一于信息的表现形式，如图 1-1 所示。如前所述，信息包括信息内容和信息形式两个部分。信息内容对信息形式具有内在决定性，信息形式对信息内容也具有相当程度的外在限定性。信息内容和信息形式是信息不可分割的两部分。媒体是指信息在传递过程中，从信源到受传者之间承载并传递信息的载体或工具。第一层含义上的媒体是指承载信息的载体，即指作用于人的感官的信息表现形式。譬如，文本、图形、图像、音频、视频及动画等。第二层含义上的媒体是指存储和传递上述信息表现形式的实体。由此可见，信息与媒体统一于信息的表现形式。

图 1-1　信息与媒体的统一

　扩展阅读 1.1

信息的定义、特征、性质与功能

在人类社会的早期，人们对信息的认识比较广义而且模糊，对信息的含义没有明确的定义。到了 20 世纪特别是中期以后，科学技术的发展，特别是信息科学技术的发展，对人类社会产生了深刻的影响，迫使人们开始探讨信息的准确含义。

1. 信息的定义

1928 年，哈特莱(L. V. R. Hartley)在《贝尔系统技术杂志》上发表了一篇题为《信息传输》的论文。在这篇论文中，他把信息理解为选择通信符号的方式，且用选择的自由度来计量这种信息的大小。哈特莱认为，任何通信系统的发信端总有一个字母表(或符号表)，发信者所发出的信息，就是他在通信符号表中选择符号的具体方式。

哈特莱的这种理解能够在一定程度上解释通信工程中的一些信息问题。但也存在一些严重的局限性，主要表现在：一方面，他所定义的信息不涉及内容和价值，只考虑选择的方式，也没有考虑到信息的统计性质；另一方面，将信息理解为选择的方式，就必须有一个选择的主题作为限制条件。这些缺点使它的适用范围受到很大的限制。

1948 年，美国数学家香农(C. E. Shannon)在《贝尔系统技术杂志》上发表了一篇题为《通信的数学理论》的论文，在信息的认识方面取得了重大突破，堪称信息论的创始人。这篇论文以概率论为基础，深刻阐述了通信工程的一系列基本理论问题，给出了计算信源信息量和信道容量的方法和一般公式，得到了著名的编码三大定理，为现代通信技术的发展奠定了理论基础。

香农发现，通信系统所处理的信息在本质上都是随机的，可以用统计方法进行处理。香农在进行信息的定量计算时，明确地把信息量定义为随机不定性程度的减少。这就表明了他对信息的理解：信息是用来减少随机不定性的东西。

虽然香农的信息概念比以往的认识有了巨大的进步，但仍存在局限性，这一概念同样没有包含信息的内容和价值，只考虑了随机的不定性，没有从根本上回答"信息是什么"的问题。

1948 年，就在香农创立信息论的同时，维纳(N. Wiener)出版了专著《控制论：或关于动物和机器中控制与通信的科学》，创建了控制论。后来人们常常将信息论、控制论和系统论合称为"三论"，或统称为"系统科学"或"信息科学"。

维纳从控制论的角度出发，认为"信息是人们在适应外部世界，并且这种适应反作用于外部世界的过程中，同外部世界进行互相交换的内容的名称"。维纳关于信息的定义包含了信息的内容与价值，从动态的角度揭示了信息的功能与范围，但也有局限性。由于人们在与外部世界的相互作用过程中，同时也存在着物质与能量的交换，维纳关于信息的定义没有将信息与物质、能量区别开来。

1975 年，意大利学者朗高(G. Longo)在《信息论：新的趋势与未决问题》一书的序言中认为"信息是反映事物的形式、关系和差别的东西，它包含在事物的差异之中，而不在事物本身"。当然，"有差异就是信息"的观点是正确的，但是反过来说"没有差异就没有信息"就不够确切。所以，"信息就是差异"的定义也有其局限性。

据不完全统计，有关信息的定义有一百多种，它们都从不同的侧面、不同的层次揭示了信息的特征与性质，但同时也都有这样或那样的局限性。

1988 年，我国信息论专家钟义信教授在《信息科学原理》一书中把信息定义为：事物的运动状态和状态变化的方式。并通过引入约束条件推导了信息的概念体系，对信息进行了完整和准确的描述。

信息的这个定义具有最大的普遍性，不仅涵盖了所有其他的信息定义，而且通过引入约束条件还能转化为所有其他的信息定义。

为了进一步加深对信息概念的理解，下面讨论一些与信息概念关系特别密切，因而很容易混淆的相关概念。

信息不同于消息，消息是信息的外壳，信息则是消息的内核。也可以说：消息是信息的笼统概念，信息则是消息的精确概念。

信息不同于信号，信号是信息的载体，信息则是信号所载荷的内容。

信息不同于数据,数据是记录信息的一种形式,同样的信息既可以用文字也可以用图像来表述。当然,在计算机里,所有的多媒体文件都是用数据表示的,计算机和网络上信息的传递都是以数据的形式进行的,此时信息等同于数据。

信息不同于情报,情报通常是指秘密的、专门的、新颖的一类信息;可以说所有的情报都是信息,但不能说所有的信息都是情报。

信息也不同于知识,知识是由信息抽象出来的产物,是一种具有普遍和概括性的信息,是信息的一个特殊的子集。也就是说:知识就是信息,但并非所有的信息都是知识。

从上面的讨论,我们知道一般意义上的信息定义为:信息是事物运动的状态和状态变化的方式。如果引入必要的约束条件,则可形成信息的概念体系。信息有许多独特的性质与功能,也可以进行测度。正因为如此,才导致信息论的出现。

2. 信息的特征

信息有许多重要的特征。最基本的特征为:

信息来源于物质,又不是物质本身;它从物质的运动中产生出来,又可以脱离源物质而寄生于媒体物质,相对独立地存在。信息是"事物运动的状态与状态变化方式",但"事物运动的状态与状态变化方式"并不是物质本身,信息不等于物质。信息也来源于精神世界。既然信息是事物运动的状态与状态变化方式,那么精神领域的事物运动(思维的过程)当然可以成为信息的一个来源。同客观物体所产生的信息一样,精神领域的信息也具有相对独立性,可以被记录下来加以保存。

信息与能量息息相关,传输信息或处理信息总需要一定的能量来支持,而控制和利用能量总需要有信息来引导。但是信息与能量有本质的区别,信息是事物运动的状态与状态变化方式,能量是事物做功的本领,提供的是动力。

信息是具体的,并且可以被人(生物、机器等)所感知、提取、识别,可以被传递、存储、变换、处理、显示检索和利用。信息可以被复制,可以被共享。

正是由于信息可以脱离源物质而载荷于媒体物质,可以被无限制地进行复制和传播,因此信息可为众多用户所共享。正因为信息具有这个特征,因此,一个信息持有者把他的信息传递给另一个用户时,他自己所拥有的信息并不会丧失。信息的这种特征,对企业来说具有特别重要的意义,掌握的信息越多,企业就越具有竞争的优势。由于物质与能量不具有相对独立性,物质和能量就不能被共享。例如,甲企业有一台设备,乙企业也有一台设备,那么甲乙企业互相交换之后,甲企业还是只有一台设备,乙企业也还是只有一台设备。但是如果甲企业有一条信息,乙企业也有一条信息,那么甲乙企业互相交换之后,甲企业就有两条信息,乙企业也有两条信息。企业的信息化将使企业更好地实现信息共享,利用好信息资源。

3. 信息的性质

信息具有下面一些重要的性质。

(1) 普遍性:信息是事物运动的状态和状态变化的方式,因此,只要有事物的存在,只要事物在不断运动,就会有它们运动的状态和状态变化的方式,也就存在着信息,所以信息是普遍存在的,信息具有普遍性。

(2) 无限性:在整个宇宙时空中,信息是无限的,即使是在有限的空间中,信息也是无限的。一切事物运动的状态和方式都是信息,事物是无限多样的,事物的发展变化更是无限的,因而信息是无限的。

（3）相对性：对于同一个事物，不同的观察者所能获得的信息量可能不同。

（4）传递性：信息可以在时间上或在空间中从一点传递到另一点。

（5）变换性：信息是可变换的，它可以有不同载体用不同的方法来载荷。

（6）有序性：信息可以用来消除系统的不定性，增加系统的有序性。获得了信息，就可以消除认识主体对于事物运动状态和状态变化方式的不定性。信息的这一性质使信息对人类具有特别重要的价值。

（7）动态性：信息具有动态性质，一切活的信息都随时间而变化，因此，信息也是有时效的。信息是事物运动的状态和状态变化的方式，事物本身在不断发展变化，因而信息也会随之变化。脱离了母体的信息因为不再能够反映母体的新的运动状态和状态变化方式，它的效用就会降低，以至完全失去效用。这就是信息的时效性。所以人们在获得信息之后，并不能就此满足，信息要及时发挥效用，要不断补充和更新。

（8）转化性：信息可以转化，在一定的条件下，信息可以转化为物质、能量。最主要的条件是信息必须被人们有效地利用。正确而有效地利用信息，就可能在同样的条件下创造更多的物质财富和能量。

上面的这些性质是信息的主要性质，了解信息的性质，一方面有助于对信息概念的进一步理解，另一方面也有助于人们更有效地掌握和利用信息。

4. 信息的功能

信息的基本功能在于维持和强化世界的有序性，可以说，缺少物质的世界是空虚的世界，缺少能量的世界是死寂的世界，缺少信息的世界是混乱的世界。信息的社会功能则表现在维系社会的生存，促进人类文明的进步和人类自身的发展。信息的功能主要表现为：

信息是一切生物进化的导向资源。生物生存于自然环境之中，而外部自然环境经常发生变化，如果生物不能得到这些变化的信息，生物就不能及时采取必要的措施来适应环境的变化，就可能被变化了的环境所淘汰。

信息是知识的来源。知识是人类长期实践的结晶，知识一方面是人们认识世界的结果，另一方面又是人们改造世界的方法，信息具有知识的秉性，可以通过一定的归纳算法被加工成知识。

信息是决策的依据。决策就是选择，而选择意味着消除不确定性，意味着需要大量、准确、全面及时的信息。

信息是控制的灵魂。这是因为，控制是依据策略信息来干预和调节被控对象的运动状态和状态变化的方式的；没有策略信息，控制系统便会不知所措。

信息是思维的材料。思维的材料只能是"事物的运动状态和状态变化的方式"，而不可能是事物本身。人的思维和智慧是信息过程的产物。

信息是管理的基础，是一切系统实现自组织的保证。

信息是一种重要的社会资源，虽然人类社会在漫长的进化过程中一直没有离开信息，但是只有到了信息时代的今天，人类对信息资源的认识、开发和利用才可以达到高度发展的水平。现代社会将信息、材料和能源看成支持社会发展的三大支柱，充分说明了信息在现代社会中的重要性。信息安全的任务是确保信息功能的正确实现。

——摘自 http://www.cec-ceda.org.cn/information/book/info_1.htm

1.1.2 多媒体与多媒体技术

多媒体技术是计算机技术发展到一定阶段的必然产物。多媒体技术的发展改变了计算机的使用领域，使计算机由用于科学计算的专用品变成了信息社会的普通工具。近年来随着多媒体计算机、多媒体软件和数码技术的发展，多媒体技术已经融入社会生活的各个方面。同时，多媒体技术也已成为当今信息技术领域发展最快、最活跃的技术之一。

1. 多媒体与多媒体技术的含义

"多媒体"一词译自英文 multimedia，该词由 multiple（多样的）和 media（媒体）复合而成。从字面上理解，多媒体就是指的多种（两种或两种以上）媒体的综合。关于媒体的含义本书前面已经做了较为详细的介绍。我们知道媒体有两层含义，一是承载信息的载体，二是存储和传递信息的实体。"多媒体"中的"媒体"指的是第一层含义上的媒体，即承载信息的载体。譬如，文本、图形、图像、音频、视频和动画等。那么，多媒体就是指具有文本、图形、图像、音频、视频和动画等两种或两种以上信息表现形式的综合体。

由于计算机技术和数字信息处理技术的实质性发展，人们处理多媒体信息的能力得到了极大提高，使得"多媒体"快速进入社会生活的各个方面。所以，现在所说的"多媒体"，常常不只是指的多种媒体本身，而且还包括处理和应用它的一整套技术。因此，"多媒体"实际上就常常被当作"多媒体技术"的同义语。另外还应注意到，由于计算机的数字化及交互式处理能力，极大地推动了多媒体技术的发展。所以，现在人们谈论的多媒体技术往往与计算机联系起来，即多媒体技术大多指的是多媒体计算机技术。本书中涉及的多媒体技术主要就是指的多媒体计算机技术。那么，如何界定计算机领域中的多媒体和多媒体技术呢？

在计算机领域，多媒体技术是指通过计算机综合处理多种媒体信息，包括文本、图形、图像、音频、视频和动画等，使之建立逻辑连接，集成为一个系统并具有交互性的相关技术。多媒体就是指通过计算机综合处理的，具有文本、图形、图像、音频、视频和动画等两种或两种以上信息表现形式，并具有交互功能的综合体。

上述定义，需要注意以下几点：

（1）日常生活中常说的多媒体技术大多都是指多媒体计算机技术，即多媒体技术通常是多媒体计算机技术的简称。那是因为在计算机产生之前，想要综合处理多种媒体信息并不是一件容易的事情。计算机技术的产生与发展极大地提高了人们对多种媒体信息的综合处理能力。

（2）多媒体的最直接特征是具有两种或两种以上的信息表现形式。这些信息表现形式包括文本、图形、图像、音频、视频和动画等。只具有单一信息表现形式的媒体显然不能称为多媒体。

（3）多媒体技术处理的多种信息表现形式不是简单的堆积和叠加，而是使得这些信息表现形式有机集成为一个相互影响、相互制约、具有逻辑连接和特定功能的多媒体信息系统。

（4）交互性是计算机领域多媒体和多媒体技术的重要特征。这里的交互性是指人机交互功能，在多媒体系统中用户不是被动接受信息，而是积极参与其中的所有活动，用户的反应和参与是系统的重要特性。

2. 多媒体与多媒体技术的特征

多媒体与多媒体技术的特征主要体现在多样性、交互性、集成性、实时性等几个方面。

（1）多样性

多媒体最直接的特征就是多样性，即多媒体不但要处理文字，还要处理图形、图像、音频、视频和动画等多种信息表现形式。同时多媒体信息还广泛地保存在各种存储介质中，使信息的传递更加方便。另外，多媒体的多样性还表现在利用计算机对信息媒体的采集、生成、传输、存储、处理和显示的过程中媒体种类的多样性。

（2）交互性

所谓交互性是指通过媒体信息使得参与的各方，不论是发送方还是接收方都可以对媒体信息进行编辑、控制和传递。交互为用户提供了更加有效地控制和使用信息的手段。人们使用普通家电只能看、听和简单控制，不能介入到信息的加工和处理之中，而多媒体技术可以实现人对信息的主动选择和控制。

交互式工作是计算机固有的特点，但是在引入多媒体概念之前，人机对话只在单一的文本空间中进行，这种交互的效果和作用十分有限，只能"使用"信息，很难做到自由控制和干预信息的处理。多媒体的交互性是指人们可以使用键盘、鼠标、触摸屏、声音和数据手套等设备，通过计算机程序来控制各种媒体的播放。人与计算机之间的关系是：人驾驭多媒体，人是主动者，而多媒体是被动者。

（3）集成性

一方面多媒体是在数字化的基础上，文本、图形、图像、音频、视频和动画等各种媒体集成的应用。和传统文件相比，多媒体是一个利用计算机技术来整合各种媒体的系统。各种类型的信息媒体代码在计算机内不是孤立、分散的，它们之间是相互关联的，这种关联的建立不是简单的罗列或叠加，而是需要对信息进行各种重组、变换和加工，把它们集成为一个新的系统。

另一方面，多媒体技术要求计算机采用高新的硬件技术和软件技术。作为集成系统的计算机必须要具有高速、并行处理能力的 CPU、大容量存储设备、适应多媒体的多通道输入输出能力，构成一个多媒体操作平台，协调一致地处理各种媒体的工作。

（4）实时性

实时性是指当用户给出操作命令时，相应的多媒体信息都能够得到实时控制。这就意味着多媒体系统在处理信息时有着严格的时序要求和很高的速度要求。当系统应用扩大到网络范围之后，这个问题将会更加突出，会对系统结构、媒体同步、多媒体操作系统及应用服务提出相应的实时化要求。

3. 多媒体与多媒体技术的发展历程

多媒体是在计算机技术、通信网络技术、广播电视技术等现代信息技术不断进步的条件下，由多学科不断融合、相互促进而产生出来的。多媒体并不是新的发明，从某种意义上说，它是信息技术与应用发展的必然。多媒体技术的发展大体经历了以下三个阶段：

（1）初步发展阶段

多媒体技术的一些概念和方法，起源于 20 世纪 60 年代，而多媒体技术真正得以实现是在 20 世纪 80 年代中期。

1984 年美国 Apple 公司在研制 Macintosh 计算机时，创造性地使用了位映射（bitmap）、窗口(window)和图符(icon)等技术,用以增加图形处理功能,改善人机交互界面。这一系列改进所带来的图形用户界面(GUI)深受用户的欢迎,加上引入鼠标(mouse)作为交互设备,配合 GUI 使用,大大方便了用户的操作。

1985 年,Microsoft 公司推出了 Windows,它是一个多用户的图形操作环境。Windows 使用鼠标驱动的图形菜单,从 Windows 1. x,Windows 3. x,Windows NT,Windows 9x,到 Windows 2000,Windows XP 等,是一个具有多媒体功能、用户界面友好的多层窗口操作系统。

同年,美国 Commodore 公司推出了世界上第一台多媒体计算机 Amiga 系统。Amiga 机采用 Motorola M68000 微处理器作为 CPU,并配置 Commodore 公司研制的图形处理芯片 Agnus 8370、音响处理芯片 Pzula 8364 和视频处理芯片 Denise 8362 三个专用芯片。Amiga 机具有自己专用的操作系统,能够处理多任务,并具有下拉菜单、多窗口和图符等功能。

也是在 1985 年,Negroponte 和 Wiesner 成立了麻省理工学院媒体实验室(MIT Media Lab)。

1986 年荷兰 Philips 公司和日本 Sony 公司联合研制并推出 CD-I(Compact Disc Interactive,交互式紧凑光盘系统),同时公布了该系统所采用的 CD-ROM 光盘的数据格式。这项技术对大容量存储设备光盘的发展产生了巨大影响,并经过国际标准化组织(ISO)的认可成为国际标准。大容量光盘的出现为存储和表示声音、文字、图形、音频等高质量的数字化媒体提供了有效手段。

1987 年 3 月美国无线电公司 RCA 研究中心在国际第二届 CD-ROM 年会上展示了称为交互式数字视频(Digital Video Interactive,DVI)的技术。它是以计算机技术为基础,用标准光盘来存储和检索静态图像、活动图像和声音等数据。这便是多媒体技术的雏形。同年,国际上成立了交互声像工业协会,该组织 1991 年更名为交互多媒体协会(Interactive Multimedia Association,IMA)。

1989 年,Intel 公司将 DVI 技术开发成为一种可普及的商品。随后又和 IBM 公司合作,在 Comdex/Fall'89 展示会上推出 Action Media 750 多媒体开发平台。该平台的硬件系统由音频板、视频板和多功能板块等专用插板组成,其硬件是基于 DOS 系统的音频/视频支撑系统(Audio Video Support System,AVSS)。

(2)标准化阶段

自 20 世纪 90 年代以来,多媒体技术逐渐成熟。多媒体技术从以研究开发为重心转移到以应用为重心。

1990 年,K. Hooper Woolsey 建立了 100 人的苹果公司多媒体实验室(Apple Multimedia Lab)。同年 10 月,在微软会同多家厂商召开的多媒体开发工作者会议上提出了 MPC 1.0 标准。

1991 年,Intel 和 IBM 合作又推出了改进型的 Action Media Ⅱ。在该系统中硬件部分集中在采集板和用户板两个专用插件上,集成程度更高;软件采用基于 Windows 的音频视频内核(Audio Video Kernel,AVK)。Action Media Ⅱ 在扩展性、可移植性和视频处理能力等方面均有很大改善。

1991 年静态图像的主要标准——JPEG 标准(ISO/IEC 10918)获得通过。它是 ISO 和 IEC 联合成立的专家组 JPEG(Joint Photographic Experts Group)建立的适用于单色和彩色、多灰度连续色调静态图像国际标准。视频/运动图像的主要标准是国际标准化组织

(ISO)下属的一个专家组 MPEG(Moving Picture Experts Group)制定的 MPEG-1(ISO/IEC 11172),MPEG-2(ISO/IEC 13818),MPEG-4(ISO/IEC 14496)三个标准。与 MPEG-1、4 等效的国际电信联盟(ITU)标准,在运动图像方面有用于视频会议的 H.261(Px64)和用于可视电话的 H.263。

1993 年由 IBM 和 Intel 等数十家软硬件公司组成的多媒体个人计算机市场协会(The Multimedia PC Marketing Council,MPMC)发布了多媒体个人机的性能标准 MPC 2.0。

1995 年 6 月,MPMC 又宣布了新的多媒体个人机技术规范 MPC 3.0。

1995 年 11 月 28 日美国先进电视系统委员会(Advanced Television System Committee,ATSC)向 FCC 咨询委员会提交了数字电视(DTV)标准,并推荐作为高级广播电视标准。

在多媒体数字通信方面(包括电视会议等)制定了一系列国际标准,称为 H 系列标准。这个系列标准分为两代。H.320,H.321,H.322 是第一代标准,都以 1990 年通过的 ISDN 网络上的 H.320 为基础。H.323,H.324,H.310 是第二代,使用新的 H.245 控制协议并且支持一系列改进的多媒体编、解码器。

另外,ISO 对多媒体技术的核心设备——光盘存储系统的规格和数据格式发布了统一的标准,特别是流行的 CD-ROM 和以 CD-ROM 为基础的各种音频视频光盘的各种性能有统一规定。

(3) 蓬勃发展阶段

随着多媒体各种标准的制定和应用,极大地推动了多媒体产业的发展。很多多媒体标准和实现方法(如 JPEG 和 MPEG 等)已被做到芯片级,并作为成熟的商品投入市场。与此同时,涉及多媒体领域的各种软件系统及工具,也如雨后春笋,层出不穷。

1996 年,Chromatic Research 推出整合 MPEG-1、MPEG-2、视频、音频、2D、3D 及电视输出等七合一功能的 Mpact 处理器,现已推出 Mpact2 第二代产品,应用于 DVD、计算机辅助制造(CAM)、个人数字助手(PDA)、蜂窝电话(Cellular phone)等新一代消费性电子产品市场。继 Chromatic 后,Fujitsu,Matsushita,Mitsubishi,Philips,Samsung,Sharp 等几大厂商也相继投入此市场。

1997 年 1 月美国 Intel 公司推出了具有 MMX 技术的奔腾处理器(Pentium processor with MMX),使它成为多媒体计算机的一个标准。除具有 MMX 技术的奔腾处理器外,还有 AGP 规格、MPEG-2、AC-97、PC-98、2D/3D 绘图加速器、Java Code(Processor Chip)等最新技术,也为多媒体大家族增添了风采。

与此同时,MPEG 压缩标准得到了推广应用。已开始把活动影视图像的 MPEG 压缩标准推广用于数字卫星广播、高清晰电视、数字录像机以及网络环境下的电视点播(VOD)和 DVD 等各方面。

另外,多媒体处理器结合了 DSP 在数字信号处理的优势,除了最初应用于网络 PC 的构想外,日本 Sharp 将其多媒体微处理器 DDMP(Data-Driven Media Processor)应用于打印机、复印机、传真机及扫描器四合一的多功能打印机 Camcoder 中。Fujitsu 也将其 MMA(Multi Media Assist)系列应用于汽车导航系统中。

现在多媒体技术及应用正在向更深层次发展:下一代用户界面、基于内容的多媒体信息检索、保证服务质量的多媒体全光通信网、基于高速互联网的新一代分布式多媒体信息系统等。多媒体技术和它的应用正在迅速发展，新的技术、新的应用和新的系统不断涌现。

 **扩展阅读 1.2**

多媒体是计算机技术发展的必然趋势

人类社会发展的过程，也是信息传播方式多样化的过程。早期的人们，通过交谈与手势交流信息。随着社会的进步，信息传播的方式发生了变化，开始有了文字和图片，往后又有了照片乃至电报、电话、录音、广播、电视、电影、计算机网络等。现代社会极大地丰富了信息交流的方式，从而人际间信息交流的方式从单一的、少量的媒体向多种媒体发展。

1. 计算机技术的总体发展，促使多媒体时代的到来

多媒体技术几乎是一夜之间刮起的狂飙，现在，它已是计算机技术中最热门的话题，并且正逐渐地从实验室走向家庭，走向我们每一位普通人。因为多媒体技术以及相应的软件和硬件发展迅猛，所以它必将渗透到我们生活的每一个角落，我们将生活在一个多媒体的世界。那么，何为多媒体呢？我们知道，媒体是信息的载体，信息只有依附于用某一种能为我们感知的方式传播才能最终被接受。我们现在所说的多媒体，一般特指人与计算机的信息交流，也包括人与人通过计算机的信息交流。多媒体因此可以定义为，除文字、数字以外，使用其他多种媒体的人机信息交流手段，通常指的是声音、图形、图像、活动图像、动画等信息媒体。人以各种各样的方式发出并接收着各种各样的信息，而同样一种信息也可以依附于不同的媒体，但不同的媒体的表达能力是不同的，让计算机具有多媒体的表达能力可以使人机信息交流变得更有效，使计算机的表达能力获得质的飞跃。多媒体的另一个重要作用，是让计算机有一个更易于操作的亲切而友好的界面，操纵计算机变得方便直观了，多媒体使普通人开始对计算机发生兴趣，使计算机产业进入一个崭新的发展阶段。多媒体技术是计算机软硬件技术结合的一门综合性技术，它的发展依赖于计算机技术本身的发展，也正是计算机技术的总体发展，才促成多媒体时代的到来，使多媒体的运用有了可能，发展有了动力。

2. 多媒体几乎可以用在任何你想象得到的地方

(1) 游戏是多媒体的一个最直接的运用，因为游戏本身包含了几乎所有多媒体的因素，而且最新的多媒体技术往往是在游戏中首先得到运用的。

(2) 计算机辅助教育(CAI)是多媒体应用的另一个重要方面，其现实意义在于：

① 有利于激发学生的学习兴趣和认识主体作用的发挥。多媒体计算机产生一种新的图文并茂、丰富多彩的人机交互方式，而且可以即时反馈，对教学过程能有效地激发学生的学习兴趣和强烈的学习欲望，从而形成学习动机；而且学习可选择学习的内容、教学模式，从而主动参与，发挥主动性和积极性。

② 有利于知识的获取与保持。多媒体计算机提供多种感官的综合刺激，以便人类获取知识，保持已有的知识。大量的实验证实，人类获取的信息83%来自视觉，11%来自听觉，这两项加起来就有94%，还有3.5%来自嗅觉，1.5%来自触觉，1%来自味觉。多媒体技术既能看得见，又能听得见，还能用手操作。这种多种感官刺激获取的信息量，比单一听老师讲课强得多。

③ 实现对教学信息最有效的组织与管理。多媒体的超文本技术和超媒体系统可以将有关语音和活动影像的内容组成一体化的图文音像并茂的电子教材，可达到因材施教，优化

教学过程。

（3）电子出版物是当前多媒体的一个热点，也是很多国家发展的目标。那么什么是电子出版物呢？可简单地理解为：书、报纸或刊物不印刷在纸上，而是直接采用计算机的表达方式存储起来了。例如，存储在 CD2ROM 上，或存储在软盘上。单纯地把出版物数字化后存储在计算机内，这并不属于多媒体的范畴，那么多媒体将扮演一个什么角色呢？出版物本身就是一个多媒体应用软件。电子化与多媒体将彻底改变出版物的风格与结构。也许，新闻记者将学习如何写多媒体报道，编辑将面对全新的多媒体编辑风格。电子出版物在世界上正在形成一个很大的产业，有理由相信，电子出版物及其所依赖的信息高速公路的发展，将改变我们生活中的很多内容。

（4）多媒体的另一个重要应用是交互式演示系统。这里所说的演示是指用某种方式让人们了解有关事件的信息，如产品发布会、广告等。多媒体演示采用交互方式，观看者可以挑选感兴趣的内容观看，演示者也可以用不同的方式操作演示系统，以适应不同的观众对象。这种演示系统包含大量相关的信息。如果把演示系统中所有的信息塞进一个广告片中的话，那么这种巨片将令人无法忍受。而交互式演示系统中，人们自由决定每一幅画面的停留时间以及观看的顺序，这样一个演示系统所达到的效果是与众不同的。此外，多媒体还可以为演示系统提供一些灵活而有用的功能。例如，多语种功能。交互式演示系统也可以认为是电子出版物的一个部分，因为它也可以压制成 CD2ROM 发行，也可以通过网络传递给每一个需要的人。

3. 多媒体是计算机技术发展的必然结果

多媒体技术及其应用从出现到发展成现在的程度，并非偶然。利用多媒体是计算机技术发展的必然趋势。在计算机发展的初期，人们只能用数值这种媒体承载信息。当时只能通过 0 和 1 两种符号表示信息，即用纸带和卡片有孔和无孔表示信息，纸带机和卡片机是主要的输入输出设备。0 和 1 很不直观，很不方便，输入输出的内容很难理解，而且容易出错，出了错也不容易发现。这一时代是使用机器语言的时代，因此计算机只能限于极少数计算机专业人员使用。

20 世纪 50 年代到 70 年代，出现了高级程序设计语言，开始用文字作为信息的载体，人们可以用文字（如英文）编写源程序，输入计算机，计算机处理的结果也可以用文字表示输出。这样，人与计算机交往就直观、容易得多，计算机的应用也就扩大到具有一般文化程度的科技人员。这时的输入输出设备主要是打字机、键盘和显示终端。使用英文文字同计算机交往，对于文化水平较低，特别是非英语的国家，仍然是件困难的事情。

从 80 年代开始，人们致力于研究将声音、图形和图像作为新的信息媒体，这使计算机的应用更为直观、容易。1984 年 Apple 公司的 Macintosh 个人计算机，首先引进了"位映射"的图形机理，用户接口开始使用鼠标驱动的窗口技术和图符（window and icon），受到广大用户的欢迎。这使得文化水平较低的公众，包括儿童在内，都能使用计算机。由于 Apple 采取发展多媒体技术、扩大用户层的方针，使得它在个人计算机市场上成为唯一能同 IBM 公司相抗衡的力量。多年后的今天，国际上下述几项技术又有了突出的进展：

- 超大规模集成电路的密度增加了 16 倍；
- 超大规模集成电路的速度增加了 8 倍；
- CD2ROM 可作为低成本、大容量 PC 的只读存储器（可换的 5 英寸盘片，每片容量为 600MB）；

- □ 双通道 VRAM 的引进；
- □ 网络技术的广泛使用。

这 5 项计算机基本技术的进展，有效地带动了数字视频压缩算法和视频处理器结构的改进，促使早先的单色文本/图形子系统转变成今天色彩丰富、高清晰度显示的子系统，并且能够实现全屏幕、全运动的视频图像，高清晰度的静态图像、视频特技、三维实时的全电视信号以及高速真彩色图形，同时还具有高保真度的音响信息。

从以上介绍可以看出，无论从半导体和计算机技术进步的角度，还是从普及计算机应用、拓宽计算机处理信息类型的角度来看，利用多媒体是计算机技术发展的必然趋势。

对于经常与各种信息打交道的人和部门，计算机都能够提供快速、准确和综合的服务，多媒体增强了以往仅依赖文本和简要图形的用户界面，方便了用户的使用。尽管目前多媒体技术的应用尚不成熟，但是由于它利用声音、图像、视频等媒体，使计算机与人之间的对话更加形象直观，极大地提高了人们使用计算机的兴趣。即使平时从不使用计算机的人，也同样能够从一些场所的自动查询系统了解到自己想知道的事情。

随着社会信息化步伐的加快，特别是受到近年来兴起的全球范围信息高速公路热潮的推动，多媒体的发展和应用前景将难以估量。

——摘自 袁洪国. 利用多媒体是计算机技术发展的必然趋势[J]. 外语电化教学，2000(02)

1.1.3　超文本与超媒体

在多媒体技术日渐普及的今天，超文本和超媒体是经常可以听到、看见的两个名词。那么什么是超文本和超媒体？它们与多媒体之间又有何联系与区别呢？

1. 超文本

超文本的产生是与人类记忆的特点密切相关的。科学研究表明，人类的记忆是一种联想式的记忆。信息在人脑中是以网状结构存储的，它构成了人类记忆的网状结构。人类记忆的这种联想结构不同于文本的结构，文本最显著的特点是它在组织上是线性的和顺序的。这种线性文本作为一种线性组织表现出贯穿主题的单一路径。但人类记忆的互联网状结构就可能有多种路径，不同的联想检索必然导致不同的访问路径。例如，某人对"夏天"一词可能联想到"游泳"，也可能联想到"冰激凌"。尽管我们对某一对象具有相同的概念，但由于文化基础和受教育的背景，由于不同时间或不同的地点，产生的联想结果就可能千差万别。

这种联想方式实际上表明了信息的结构及其动态性。显然，这种互联的网状信息结构用普通的文本是无法管理的，必须采用一种比文本更高一级的信息管理技术。1965 年美国人泰得·纳尔逊(Ted Nelson)在计算机上处理文本文件时提出了一种把文本中遇到的相关文本组织在一起的方法。这种方法可以让计算机能够响应人的思维以及能够方便地获取所需要的信息。泰得·纳尔逊为这种方法赋予了一个新词，称为超文本(hypertext)。实际上，这个词的真正含义是"链接"的意思，用来描述计算机中的文件的组织方法，后来人们把用这种方法组织的文本称超文本文件，将这种信息管理的方法称为超文本。

超文本是一种采用非线性网状结构组织块状信息的信息管理技术。它没有固定的顺序，也不要求读者必须按照某个顺序来阅读。采用这种网状结构，各信息块很容易按照信息的原始结构或人们的"联想"关系加以组织。例如，一部百科全书有许许多多"条目"，它可以按照字母次序进行排列,也可以按照各专业的分类用"链"加以连接,以便于人们"联想"查找。在一个典型的超文本系统的结构中,超文本是由若干内部互连的文本块组成,这些信息块可以是计算机的若干窗口、若干文件或更小块信息。这样的一个单元就称为一个节点。不管节点有多大,每个节点都有若干指向其他节点或从其他节点指向该节点的指针,这些指针就称为"链"。链有多种,它连接着两个节点,通常是有方向的。链的数量不是固定的,它依赖于每个节点的内容与信息的原始结构。有些节点与其他节点有许多关联,因此它就有许多链。超文本的链通常连接的是节点中有关联的词或词组而不是整个节点。当用户主动单击该词时将激活这条链从而迁移到目的节点。

这种超文本结构实际上就是由节点和链组成的一个信息网络,如图 1-2 所示。人们可以在这个信息网络中任意"航行"浏览。这里要强调的不仅仅是"阅读",而更重要的是用户可以主动地决定阅读的顺序。由于在超文本结构中,任意两节点之间可以有若干条不同的路径,人们可以自由地选择最终沿哪条路径阅读文本。这同时要求超文本结构的制作者事先必须为用户建立起一系列可供选择的路径,或者由超文本系统动态地产生出相应的路径,而不是过去那种单一的线性路径。

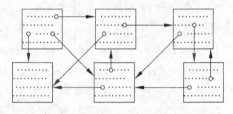

图 1-2　超文本结构示意图

传统印刷文本中的脚注和许多交叉参考条目的百科全书,跟超文本的结构很相似。对于有脚注的文本,当读者遇到一个脚注时,可以做出不同的选择,或者继续阅读正文,或者追踪脚注。百科全书就更加典型了,读者循此指示便找到适当的卷和适当的条目,而在这些参见的条目中又可能出现"参见",因此,阅读的逻辑路径就构成了一个网络。然而,无论脚注文本或百科全书与超文本结构多么相似,超文本与它们有着本质的区别,这就是超文本充分利用了计算机的特点。现代大百科全书中,相互参照往往要在几十卷大部头书之间查阅,显然速度很慢而且十分费时。而使用超文本文献可以用不到一秒钟的时间从一个节点转移到下一个节点,而且文献所容纳的线性内容可以印刷成为千百册图书。

2. 超媒体

超媒体(hypermedia)这个词是从超文本衍生而来的。它和超文本一样,都是一种和人类记忆特点类似的、非线性的信息管理技术。

早期的超文本的表现形式仅仅是文字的,随着多媒体技术的发展,各种各样多媒体接口的引入,信息的表现方式扩展到视觉、听觉及触觉媒体。多媒体表现的交互性特征,可以提供给用户以控制表现过程和存取所需要信息的能力。多媒体信息的组织将有助于信息的表达和交互。多媒体和超文本技术的结合大大改善了信息的交互程度和表达思想的准确性。多媒体的表现又可以使超文本的交互式界面更为丰富。例如,瑞典的 AVICOM 公司设计了一个用于斯德哥尔摩的自然历史博物馆的多媒体化的超文本系统——"自然之家",它具有传统超文本的全部特征,节点包含多媒体数据。比如在对若干行政区域介绍中,配有行政区域地图,并附带介绍了生活在那里的各种鸟类。当用户激活了某种鸟的名称时,就会出现这种鸟的照片同时伴有它的叫声。这种超文本系统甚至还能控制一台幻灯机,把一幅背景图像反映在观众站立的地板上。比如当系统在介绍整个斯德哥尔摩地区尚处于水下的地质时代时,背景便是一片蓝色的海洋,使得用户有身临其境的感觉。正是由于把多媒体信息引入了超文本,这就产生了多媒体超文本,即超媒体。因此可以形象地说,超媒体＝超文本＋多媒体。而创作和关联超媒体的系统,人们把它称为超媒体系统。

综上所述,超媒体在本质上与超文本是一样的。它们都是一种非线性的信息管理方法和技术。只不过超文本技术在诞生的初期管理的对象是纯文本,所以称为超文本;而随着多媒体技术的兴起和发展,超文本技术的管理对象从纯文本扩展到多媒体。为强调管理对象的变化,就产生了超媒体这个词语。尽管超文本发展到超媒体在本质上没有变化,但是它无论在技术方面,还是在应用方面都向前跨进了一大步,极大地促进了计算机多媒体技术的发展和应用。

 扩展阅读 1.3

多媒体技术漫谈——超文本、超媒体、WWW

1. 超文本/超媒体的发展历史

超文本(hypertext)、超媒体(hypermedia)术语与数学家 F. Klein 在 1704 年提出并流行于 19 世纪的 hyperbolic space 有关。Klein 用 hyperspace 描述了一个多维几何空间。科学研究表明,人类的记忆是一种联想式的记忆,构成一种网状互联结构。1932 年,美国著名科学家 V. Bush 提出用一个模拟人类记忆结构的"联想机械数据存储器"(memex),实现交叉链接信息和联想检索。不过,当时没有条件用计算机实现,也没使用超文本的术语。

hypertext 和 hypermedia 两个词在 60 年代由美籍丹麦学者 T. Nelson 创造的。T. Nelson 还设想了一个可由任何人使用、可以记忆任何事情的超文本系统 Xanadu(意为"文字记忆的魔地"),所以被认为是超文本的创始人。

此后人们对超文本的概念、结构和系统不断充实和完善。超文本发展的黄金时期是在 80 年代以后,随着 PC、网络和多媒体的普及和进步,在许多应用系统中引入了超文本、超媒体技术,涌现了一大批各种不同类型的超文本、超媒体系统。其中比较著名的系统有:NoteCards,Intermedia,Guide,KMS,HyperCard,Toolbook,Microcosm 等。

真正引起举世瞩目的,是近年来迅猛发展的基于 Internet 的 WWW 超媒体系统。WWW 是 Word Wide Web(意为"布满世界的蜘蛛网")的缩写,WWW 也有 W3、3W、Web、环球网等多种叫法。1989 年 3 月,位于瑞士日内瓦的欧洲粒子物理实验室(CERN)的科学家 T. Berners-Lee 首先提出 WWW 这一概念,并把它作为高能物理学界科学家传输新想法、新成果的工具。到了 1990 年末,第一个 WWW 软件在 NEXT 计算机上实现。1993 年,美国国家巨型机应用中心的 E. Andressen 和他的同事在 SUN 工作站上开发了一个软件,不仅能追踪 Internet 上不同地点的 HTML 超文本文档,而且能以统一的方式显示出来,这就是著名的 Mosaic。到 1994 年夏天,WWW 已成为访问 Internet 资源最流行的手段。

WWW 把 Internet 上现有多种类型的信息集成起来,并提供友好的操作界面。WWW 为世界范围内提供了查找和共享知识的手段,是一个全球性的超媒体网络。

2. 概念

超文本是由节点(note)及节点间的链路(称为超链 link)构成的语义网络,节点、链路和网络是超文本组成中的三要素。超文本非线性结构类似人类的联想记忆结构,从而使信息节点按"联想"关系加以组织。作为一种新颖的数据管理技术，超文本提供了一种与传统数据库不同的、沿链（从链源到链宿）访问数据的新方法。作为表达思想的工具，它提供了类似人工智能中的语义网式的表达方法。由于超文本交互界面采用"控制按钮"访问数据，即按钮作为连接节点之间的"链"，使超文本成为一种良好的接口模型。

随着多媒体技术崛起，计算机可综合处理多种媒体的信息。多媒体系统表达信息方式有两类：一是按时间对多媒体信息进行编辑和剪裁；二是在空间上安排多媒体信息，共同表达事物。多媒体技术使表达信息的形式扩展到视觉、听觉甚至触觉，从而为用户控制表现过程及存取信息提供了更强的能力。

超文本的节点和链路形式很容易推广到多媒体表达信息。超文本技术与多媒体技术的融合，构成超媒体（也有称为多媒体超文本）。在超媒体系统中，节点可以是文本、符号、数字、图形、图像、动画、视频、语音、音乐、声响及各种媒体的混合、索引、规则甚至动作等。超媒体不仅交互界面更加丰富、生动，而且加大了信息量，更大地提高了表达思想的准确性和人机交互的友好性，超媒体技术正在成为多媒体信息管理的主要技术。

图 1-3 是上述有关几个概念的简单对比，图 1-4 则反映它们的发展过程。

类　型	信息组织方式	含有媒体种类	表现媒体
文本	线性	一种	文本
超文本	非线性	一种	文本
多媒体	线性	多种	文本、非文本
超媒体	非线性	多种	文本、非文本

图 1-3　超文本有关概念比较

实际上，在很多场合，人们已不再区分超文本和超媒体了。超媒体的应用，早期主要在文献管理、软件工程、合作工作、辅助教育等各方面，现在，已涌现了一批新型的应用，诸如决策支持、面向计算的应用、面向媒体空间的应用、虚拟现实的信息组织方式、多媒体数据库的超媒体化接口，以及其他许多应用。可以说，超媒体的应用范围只受人们想象力的限制。

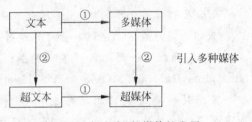

图 1-4　超文本、超媒体的发展

……

3. 未来的超媒体

超媒体作为一门新技术和应用，在 Internet 上取得了空前的成功。但是，即使是 WWW，它的信息组织形式和利用方法也只是一个初级形式，许多地方离用户的要求还有相当大的距离。超媒体技术的潜力是十分巨大的，它涉及信息的结构化、表现、信息相互关系及对内容的直接存取的许多方面，而这些方面的改善几乎可以说是无止境的。下面是超媒体的若干发展方向：

（1）智能超媒体（intelligent hypermedia）或专家超媒体（expertext）

打破常规超媒体文献内部和它们之间严格的链的限制，在超媒体的链和节点中嵌入知识或规则，允许链进行计算和推理，使多媒体信息的表现具有智能化。

（2）协作超媒体(collaborative hypermedia)或组文本(group text)

利用超媒体技术建立人与人之间的链接关系，把电子邮政、公共提示板等协同工作方式应用到超媒体系统之中。

（3）开放式超媒体(open hypermedia)

将超媒体的链的有关信息从数据文献中分离出来，如同数据一样，单独进行管理和提供链的服务，这就是开放式超媒体的思想。这样，不仅可以使这些链支持大型的应用和大量的数据，还可以将超媒体的功能特性集成到普通的计算环境之中，支持各种不同系统的工具和来自不同用户的需求。

——摘自 温立新. 多媒体技术漫谈——超文本、超媒体、WWW[J]. 电脑,1996(08)

1.2　多媒体的关键技术与应用领域

1.2.1　多媒体的关键技术

多媒体技术研究和应用涉及的范围非常广泛，从多媒体计算机硬件系统到相关应用软件，从多媒体数据的采集到数据的压缩、存储、传输和再生。下面本书将简要介绍其中的关键技术，主要包括多媒体硬件技术、多媒体数据压缩和编码技术、多媒体数据存储和检索技术以及多媒体数据通信技术。

1. 多媒体硬件技术

多媒体硬件技术是多媒体计算机实现其多媒体功能的物质基础。因此，可以说多媒体硬件技术是多媒体其他相关技术的基石。近年来，多媒体硬件技术突飞猛进，为相关多媒体应用软件和产品的运用和普及奠定了坚实的基础。

自 19 世纪 80 年代以来，多媒体个人计算机(Multimedia Personal Computer,MPC)越来越多地进入到科学研究、办公、家庭等各个领域，逐渐取代了以往只用于科学计算、仅能处理文本数据的一般计算机。现在大多数场合下人们能见到的个人计算机（Personal Computer,PC)都是多媒体个人计算机。我们可以这样界定多媒体个人计算机：

多媒体个人计算机，是能够输入、输出并综合处理文字、图形、图像、音频、视频和动画等多种媒体信息的计算机。它将计算机软、硬件技术、数字化声像技术和高速通信网络技术等结合起来构成一个整体，使多媒体信息的获取、加工、处理、传输、存储和展示集于一体。简单地说，多媒体个人计算机就是一种具有多媒体信息处理功能的个人计算机。

通过上述定义可以看出，多媒体个人计算机并不是一种全新的计算机，它是在一般个人计算机的基础上，通过扩充使用图形、音频、视频处理软硬件来实现高质量的图形、立体声和视频处理。与一般个人计算机 PC 相比，多媒体个人计算机 MPC 的主要硬件除了常规的硬件，如主板、中央处理器(Central Processing Unit,CPU)、内存、硬盘、键盘、鼠标、显示器等外，还针对多媒体信息量大、处理方式复杂多样、实时性强等特点，对上述硬件进行了改进和扩展，并配有光盘驱动器、相关音视频处理硬件等。另外，随着其他计算机相关外围设备的应用和普及，多媒体个人计算机硬件系统得到了极大的扩充，计算机处理多媒体信息的能力也得到了极大的增强。当前典型的多媒体个人计算机硬件系统如图 1-5 所示。

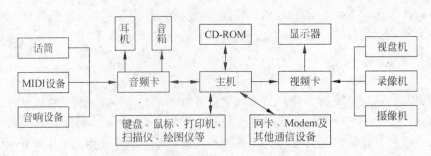

图 1-5　多媒体个人计算机硬件系统组成

2. 多媒体数据压缩和编码技术

多媒体数据压缩和编码技术是多媒体计算机技术中最为关键的核心技术。

多媒体数据经过数字化处理后数据量非常大。例如，一幅具有中等分辨率（640×480 像素）真彩色图像（24 位/像素），它的数据量约为每帧 7.37Mb。若要达到每秒 25 帧的全动态显示要求，每秒所需的数据量为 184Mb，而且要求系统的数据传输速率必须达到 184Mb/s。这在目前是无法达到的。又以一般彩色电视信号为例，设代表光强、色彩和饱和度的 YIQ 色空间中各分量的带宽分别为 4.2MHz，1.5MHz，0.5MHz。根据采样原理，仅当采样频率≥2 倍的原始信号的频率时，才能保证采样后的信号可被保真地恢复为原始信号。假设各分量均被数字化为 8 比特，那么 1 秒钟的电视信号的数据量为 $(4.2+1.5+0.5) \times 2 \times 8 = 99.2$Mb，也就是说，彩色电视信号的数据量约为 100Mb/s，因而一个 1GB（约为 1000MB = 8000Mb）容量的 CD-ROM（只读光盘）仅能存储 1 分钟的原始电视数据（每字节后面附有 2 位校验位）。而最近上市的高分辨率电视（HDTV），其数据量约为 1.2Gb/s，因此一张 1GB 的光盘还存不下 6 秒钟的 HDTV 图像。对于声音信息也是如此。如果不进行数据压缩处理，计算机系统就无法对它进行存储和交换。因此，在多媒体计算机系统中，为了达到令人满意的图像、视频画面质量和听觉效果，必须解决图像、音频信号数据的大容量存储和实时传输问题。

那么，如何解决在多媒体系统中有效地保存和传送海量数据这一多媒体计算机所面临的最大难题呢？除了提高计算机本身的性能及通信信道的带宽外，更重要的是对多媒体信息进行有效的压缩处理。因而，多媒体数据压缩和编码技术正是解决上述问题的重要途径。

多媒体数据之所以能够压缩，是因为图像、音频、视频这些媒体具有很大的压缩力，即大多数多媒体信息的原始数据都存在一定的或者说很大的冗余。譬如，在目前常用的位图格式图像存储方式的图像数据中，像素与像素之间无论在行方向还是在列方向上都具有很大的相关性，因而整体上数据的冗余度很大。在允许一定限度失真的前提下，能对图像数据进行很大程度的压缩。又如，视频信息的原始数据在空间、时间和视觉等方面均存在大量的冗余。其一，视频信息存在空间冗余：视频信息（运动图像）是由一幅幅静态图像组成的。一幅图像表面上各采样点的颜色之间往往存在着空间连贯性，即它们相互之间具有空间（或空域）上的强相关性，在图像中就表现为空间冗余；其二，视频信息存在时间冗余：视频信息（运动图像）一般为位于时间轴区间的一组连续画面，相邻帧往往包含相同背景和运动物体，只不过运动物体所处的空间位置略有不同，所以，前后相邻两帧数据存在许多共性，这正是由于相邻帧记录了相邻时刻的同一场景画面，所以称为时间冗余；其三，视频信息存在视觉冗余：人类的视觉系统对图像场的敏感度是非均匀的，这样在数据压缩和量化过程中引入的噪声，会使图像发生变化，只要这个变化值不超过视觉的可见阈值，就认为是足够好。此类冗余称为视觉冗余。多媒体数据除了上述冗余类型外，还存在其他一些冗余类型，如知识冗余和结构冗余等。

多媒体数据压缩和编码技术正是指对多媒体信息的原始数据进行重新编码，以除去原始数据中的冗余，以较小的数据量表示原始数据的技术。它是实现在计算机上处理图像、音频和视频等多种媒体数据的前提。随着计算机网络和计算机通信技术的发展，多媒体数据压缩和编码技术得到了前所未有的重视，并迅速普及和发展起来。

通过上述讲解可以看出，数据的压缩实际上是一个编码过程，即把原始的数据进行编码压缩。数据的解压缩是数据压缩的逆过程，即把压缩的编码还原为原始数据。因此数据压缩方法也称为编码方法。目前数据压缩技术日臻成熟，适应各种应用场合的编码方法不断产生。针对多媒体数据冗余类型的不同，相应地有不同的压缩方法。一般而言，根据压缩后信息是否有缺失，数据压缩可分为无损压缩和有损压缩这两种主要类型。

(1) 无损压缩：压缩后的数据经解压缩还原后，得到的数据与原始数据完全相同。无损压缩是一种基于信息熵原理的、可逆的编码方法，其原理是统计压缩数据中的冗余部分。无损压缩比较适合压缩由计算机生成的图形，因为它们一般都具有连续的色调。但对于数字视频和自然图像，无损压缩的压缩效果则不理想，因为这类图像色调细腻，不具备大块的连续色调。常用的无损压缩算法有行程编码、哈夫曼编码算术编码以及 LZW(Lemple-Ziv-Welch)编码等。常用在原始数据的存档，如文本数据、程序以及珍贵的图片和图像等。

(2) 有损压缩：压缩后的数据经解压缩还原后，得到的数据与原始数据不完全相同。因此有损压缩是一种不可逆的编码方法。由于图像、音频或视频的频带宽、信息丰富，而人类视觉和听觉系统对频带中的某些频率成分并不敏感，所以有损压缩以牺牲这部分信息为代价，换取了较高的压缩比。常用的有损压缩算法有：PCM(脉冲编码调制)、预测编码、变换编码、插值与外推等。新一代的数据压缩方法有子带编码、基于模型的压缩、分形压缩及小波变换等。几乎所有高压缩的算法都采用有损压缩，这样才能达到低数据率的目标。其丢失的数据与压缩比有关，压缩比越大，丢失的数据越多，解压缩后的效果越差。

(3) 混合压缩：利用各种单一压缩的长处，以求在压缩比、压缩效率及保真度之间取得最佳折中。该方法在许多情况下被应用，如 JPEG 和 MPEG 国际压缩标准就是采用此压缩方法。

3. 多媒体数据存储和检索技术

如前所述，多媒体数据经过数字化处理后数据量非常大。即使经过各种多媒体数据压缩和编码技术处理后，其数据量仍然非常可观。特别是随着人们对多媒体信息品质要求的不断提高，多媒体信息对存储容量的需求也在日趋增长。

譬如，美国在 2003 年率先开通高清晰度电视(High Definition TV，HDTV)的有线网，中国也确立了今后几年内 HDTV 逐渐全面取代传统电视网的计划。HDTV 与当前采用模拟信号传输的传统电视系统不同，HDTV 采用数字信号传输。由于 HDTV 从电视节目的采集、制作到电视节目的传输，以及到用户终端的接收全部实现数字化，因此 HDTV 给人们带来了极高的清晰度，分辨率最高可达 1920×1080，帧率高达 60fps。除此之外，HDTV 的屏幕宽高比也由原先的 4：3 变成了 16：9，若使用大屏幕显示则有亲临影院的感觉。同时由于运用了数字技术，信号抗噪能力也大大加强，在声音系统上，HDTV 支持杜比 5.1 声道传送，带给人高保真（High-Fidelity，Hi-Fi）级别的听觉享受。和模拟电视相比，数字电视具有高清晰画面、高保真立体声伴音、电视信号可以存储、可与计算机完成多媒体系统、频率资源利用充分等多种优点，诸多的优点也必然推动 HDTV 成为家庭影院的主力。

目前有两种方式可欣赏到 HDTV 节目。一种是在电视上实时收看 HDTV，需要满足两个条件，首先是电视可接收到 HDTV 信号，其次是电视符合 HDTV 标准，主要是指电视的分辨率和接收端口而言。另一种是在电脑上通过软件或通过高清播放器等设备播放 HDTV 片源。目前我国只有极少部分地区可接收到 HDTV 数字信号，因此在网络中找寻 HDTV 片源，下载后在个人电脑上或通过高清播放器等设备播放，成为大多数 HDTV 迷们的一个有效方法。因为高清晰电视的数据传输率至少为 23Mbps，那么如果要录制 90 分钟的高清晰电视节目，整个高清数据所占的存储空间就要超过 15GB。如何方便地存储、携带这些海量数据呢？多媒体数据存储技术正是解决这一难题的相关技术。

另外，传统数据库较好地解决了对海量文本数据的管理、查询和检索，极大地方便了人们对大量数据的存储和使用。同样，在多媒体数据使用越来越广泛的今天，大量的图形、图像、音频和视频等多媒体信息也需要数据库的支撑，以达到快速检索、方便管理的目的。传统数据库对文本数据的管理、查询和检索可以精确地描述数据的概念和属性。但在多媒体数据库中，由于数据量较之文本信息更加巨大、种类更加繁多、数据关系异常复杂、数据自身概念不易精确描述，因此如何快速、准确检索和存储相关信息变得较为困难。

由此可以看出，多媒体数据存储和检索技术至少应该解决两个方面的问题。其一，面对多媒体数据的海量特点，要解决其存储介质的问题；其二，面对海量的多媒体数据，要解决其管理和检索问题。

（1）多媒体数据存储介质

当前，多媒体数据存储可以采用的介质有硬盘、光盘和 U 盘（USB disk）等。

近年来，硬盘存储技术得到了令人吃惊的高速发展。具体的表现就是硬盘速度越来越快、容量越做越大。据报道，日立存储技术公司 HGST 表示，他们计划在 2010 年发售容量达到 5TB 的 3.5 寸硬盘。对于这样的硬盘，日立做出了一个通俗的解释："届时，两张盘片的存储容量就将超过整个人脑"。除此之外，硬盘在安全性方面也取得了极大的进步。毕竟，在硬盘速度越来越快、容量越做越大的今天，数据的安全性是人们特别关心的问题。一旦数据丢失，造成的损失远远超过硬盘本身的价值。对此，硬盘的生产厂商也特别重视，纷纷在自己的硬盘中增加了独特的技术来保证数据安全，其中比较有名的包括西部数据的数据卫士（data lifeguard）技术、原昆腾公司的 DPS 技术、迈拓公司的 MaxSafe 和 ShockBlock 技术等。

最近几年，市场上又出现了一种叫做固态硬盘的新型信息存储设备。固态硬盘（solid state disk 或 solid state drive），也称作电子硬盘或者固态电子盘，是由控制单元和固态存储单元（DRAM 或 FLASH 芯片）组成的硬盘。固态硬盘的接口规范和定义、功能及使用方法与普通硬盘相同，在产品外形和尺寸上也与普通硬盘一致。由于固态硬盘没有普通硬盘的旋转介质，因而抗震性极佳。其芯片的工作温度范围很宽（−40℃～85℃）。目前广泛应用于军事、车载、工控、视频监控、网络监控、网络终端、电力、医疗、航空、导航设备等领域。目前由于成本较高，正在逐渐普及到 DIY 市场。固态硬盘与普通硬盘比较，拥有以下优点：

① 启动快,没有电机加速旋转的过程。

② 不用磁头,快速随机读取,读延迟极小。根据相关测试:两台同样配置的电脑,搭载固态硬盘的笔记本从开机到出现桌面一共只用了 18 秒,而搭载传统硬盘的笔记本总共用了 31 秒,两者几乎有将近一半的差距。

③ 相对固定的读取时间。由于寻址时间与数据存储位置无关,因此磁盘碎片不会影响读取时间。

④ 基于 DRAM 的固态硬盘写入速度极快。

⑤ 无噪音。因为没有机械马达和风扇,工作时噪音值为 0 分贝。某些高端或大容量产品装有风扇,因此仍会产生噪音。

⑥ 低容量的基于闪存的固态硬盘在工作状态下能耗和发热量较低,但高端或大容量产品能耗会较高。

⑦ 内部不存在任何机械活动部件,不会发生机械故障,也不怕碰撞、冲击和振动。这样即使在高速移动甚至伴随翻转倾斜的情况下也不会影响到正常使用,而且在笔记本电脑发生意外掉落或与硬物碰撞时能够将数据丢失的可能性降到最小。

⑧ 工作温度范围更大。典型的硬盘驱动器只能在 5℃~55℃ 范围内工作。而大多数固态硬盘可在 −10℃~70℃ 工作,一些工业级的固态硬盘还可在 −40℃~85℃,甚至更大的温度范围下工作。

⑨ 低容量的固态硬盘比同容量硬盘体积小、重量轻。但这一优势随容量增大而逐渐减弱。直至 256GB,固态硬盘仍比相同容量的普通硬盘轻。

光盘存储器具有存储量大、价格低廉、光盘介质携带方便、可交换以及数据保存寿命长等优点,因此目前仍是人们比较欢迎且较为理想的多媒体存储介质。

光盘存储器是一种利用激光将信息写入和读出的高密度存储媒体,通常人们将其简称为光盘。能独立地在光盘上进行信息读出或读、写的装置称为光盘驱动器,简称光驱。现在常见的光盘有 CD(Compact Disc),DVD(Digital Versatile Disc),HD DVD(High Definition DVD),BD(Blu-ray Disc)几种类型。其中 CD 又包括 CD-ROM(Compact Disc-Read Only Memory,只读 CD 光盘)、CD-R(Compact Disc-Recordable,可录 CD 光盘,即限写一次的 CD 光盘)、CD-RW(Compact Disc-Rewritable,可重写 CD 光盘,即可多次读写的 CD 光盘)等类型,DVD 又包括 DVD-ROM(Digital Versatile Disk-Read Only Memory,只读 DVD 光盘)、DVD-R(Digital Versatile Disc-Recordable,可录 DVD 光盘,即限写一次的 DVD);DVD-RW(Digital Versatile Disc-Rewritable,可重写 DVD 光盘,即可多次读写的 DVD 光盘)等类型。

自 20 世纪 80 年代以来,在人类对多媒体信息品质要求日益严格的情况下,光盘存储技术得到突飞猛进的发展,其突出表现为光盘存储容量的巨大变化。一张 CD-ROM 光盘的存储容量为 0.68GB 左右,用其存放的文字相当于 15 万张 A4 纸上所记载的文字,足以容纳二百多部大部头的书。而一张 DVD-ROM 光盘的存储容量则可以高达 4.7~9.4GB 左右,一张 HD DVD 光盘的存储容量可以高达 15~30GB 左右,一张 BD 光盘的存储容量可以高达 23.3~54GB 左右。光盘存储容量的变化,使得它们可以广泛地用来储存高品质的影音和海量数据。

闪存盘是一种采用 USB 接口的无需物理驱动器的微型高容量移动存储产品,它采用的存储介质为闪存(flash memory)。由于闪存盘采用 USB 接口技术与计算机相连接工作,故通常人们将其称为 U 盘,也有人将其称为优盘。U 盘不需要额外的驱动器,将驱动器及存储介质合二为一,只要接上电脑上的 USB 接口就可独立地存储读写数据。U 盘体积很小,仅大拇指般大小,重量极轻,特别适合随身携带。U 盘中无任何机械式装置,抗震性能极强。另外,U 盘还具有防潮防磁,耐高低温(−40℃～70℃)等特性,安全可靠性很好。

随着技术的不断进步,U 盘的存储容量也越来越大。2009 年 7 月,金士顿发布的 DataTraveler 200 系列 U 盘陆续上市,其中包括了全球首款容量高达 128GB 的全黑型号。此款超大容量 U 盘的型号是 DT200/128GB,尺寸 70.39×22.78×12.52mm,性能方面读取速度最高 20MB/s,写入速度最高 10MB/s,支持 Windows Vista Ready Boost 功能,并内置了密码保护软件 Password Traveler(Windows),该 U 盘官方建议零售价 546 美元(5 年质保)。据报道,金士顿高达 256GB 容量的 U 盘也已于 2009 年 7 月发布,并即将上市。该款 U 盘型号为 DataTraveler 300,尺寸 70.68×21.99×16.90mm,读取速度可达 20MB/s,写入速度可达 10MB/s,内置密码保护软件 Password Traveler,并且支持 Windows Vista Ready Boost 功能,预计售价在 5465 元人民币左右。

(2) 多媒体数据管理与检索技术

多媒体数据的管理有以下几种方式。

① 本地存储

目前,许多应用程序使用文件来存储多媒体数据。应用程序和操作系统直接管理多媒体数据和相关的数据模型,多媒体数据存放在本地系统驱动器的一个或多个文件中。这种方法的优点是简单、易于实现和不存在严重的传送问题。然而,由于应用程序直接维护数据模型,随着新的存储格式和数据模型的出现,必须对应用程序进行修改,以访问多媒体数据。不可能使用象视图这样的技术把内部结构映射到旧程序能够理解的格式上。由于不能共享数据存储位置,则必将导致大量重复数据的出现,而且难以更新。如果把文件放在网络文件服务器上,可以缓解上述问题。然而,随之带来的是管理数据传送的同时性这一严重问题。由于高带宽的要求,传统的网络文件系统不能支持多个应用程序同时请求多媒体数据。在网络环境下,需要一个媒体服务器。

② 媒体服务器

媒体服务器是一个类似网络文件服务器的共享存储设施,具有传送多媒体数据的附加性能。应用程序发一个接收多媒体数据文件的请求,媒体服务器则通过打开多媒体数据文件,以同时方式传送多媒体内容加以响应。媒体服务器的第一个问题是应用程序的文献模型依赖于媒体服务器的物理存储格式,多媒体数据存储格式的改变将强制改变访问数据的应用程序。第二个问题是应用程序仍然决定存取方法。另外,因为没有与数据相联系的更高级的数据模型,媒体服务器也无法提供高级的同步性能。

③ 大对象(LOB)

管理多媒体数据的另一种方法就是使用大对象(Large Objects)把多媒体数据集成到数据库系统中。一个大对象就是一个无类型的变长字段,在数据库中用于存储多媒体数据。很多关系数据库都使用大对象的形式来支持对多媒体对象的存取。

IBM 公司的 DB2Universal Database(UDB) V4.5 提供了三种大对象数据类型,即二进制数据(BLOB)、字符串数据(CLOB)和双字节字符数据(DBCLOB)。所有这些 LOB 类型都可以存储容量达 2GB 的数据,可存储文本、图像、视频、音频和指纹等多媒体数据。数据库把多媒体数据作为它的一个属性来存储。由于把 LOB 整个作为一个单一实体,因此很难交互地存取对象的各个部分。同时,当处理依赖于时间的多媒体数据(例如视频和声频)的语义模型时,这种方法的局限性是明显的。

④ 面向对象的方法

克服 LOB 所带来问题的一个著名方法就是使用面向对象的方法。面向对象方法提供了一个可扩展用户定义数据类型的框架,并在面向对象数据库中提供了支持复杂关系的能力。美国 MCC 公司研制的 Orion 数据库系统就是使用面向对象的方法来管理多媒体数据的。面向对象的封装、继承和嵌套类技术允许定义一个标准功能集,然后扩充用于多媒体数据的不同特例。这些特征允许应用程序引入、包含和管理多媒体数据。

面向对象方法的优点是可以更好地了解多媒体数据库及其操作和行为。与 LOB 不同的是,面向对象数据库系统具有丰富的格式定义和媒体语义,在存储、管理和传送数据内容时可以加以利用,使数据库系统可以更好地管理和优化多媒体数据的传送与管理。但是,面向对象系统本身并没有提供关于多媒体数据的基本存储和管理的新技术及方法。因此,目前仍须开发存储和检索的方法,并集成到数据库系统中去。

多媒体数据检索技术是把文字、声音、图形和图像等多种信息的传播载体通过计算机进行数字化加工处理而形成的一种综合技术。目前常用的多媒体信息检索方式是基于内容特征的检索。

基于内容的检索(Content-Based Retrieval,CBR)是根据媒体和媒体对象的内容及上下文语义环境在大规模多媒体中进行检索,如图像的颜色、纹理、形状,视频中的镜头、场景、镜头的运动,声音中的音调、响度、音色等。主要具有以下特点:

- 相似性检索。CBR 采用近似匹配或局部匹配的方法和技术逐步求精以得到检索结果。分析对象的实际内容并用它来评估指定的选择谓词,检索的对象与指定的查询准则近似匹配。基于相似的概念,为每个对象获取一个相应的"特征向量",即把每个多媒体对象映射到一个属性空间点上。给定一个查询点,根据所要求的近似偏差,将查询范围做相应扩展。用一个多维索引结构,从查询范围中检索相应于查询数据点的对象。查询结果可能包括一些不满足查询条件的对象,但却保证包括了全部满足查询条件的对象。然后利用两阶段求解技术再在由粗检索所得到的查询结果中继续搜索。

- 从内容中提取信息线索。多媒体信息的语义描述的特征提取是由计算机自动实现的,融合了图像理解、模式识别、计算机视觉、认知科学和人工智能等技术,然后利用这些内容特征建立索引并进行检索。

基于内容检索的方法有:

① 模式识别法。当用户以图示法(样板法)提出查询要求时,即在查询请求中给定图像、声音或视像数据,系统用模式识别技术,把该媒体对象与多媒体数据库中存储的同类媒体对象进行逐个匹配。

② 特征描述法。采用图像解释法和自然语言描述法给每个媒体对象附上一个特征描述数据,用这种特征描述来表达媒体数据的内容。当用户以查询语言方式提出查询要求时,对多媒体内容的搜索实际上转化为对特征描述数据的内容搜索。

③ 特征矢量法。用图像压缩技术对图像进行分解并矢量化,把图像分解成碎片对象和几何对象等的集合,并将其作为索引矢量建立索引,系统就可以进行图像内容搜索了。

4. 多媒体数据通信技术

早期计算机处理的数据大多集中于文本和图像。随着多媒体压缩技术和存储技术的飞速发展,以及计算机处理数据能力的极大提高,使得处理、利用多媒体数据变得可行和经济,带宽通信技术也极大地提高了多媒体信息在通信网络中的传输能力。各行各业对多媒体数据的使用越来越广泛,特别是 Internet 技术的发展为全球化多媒体信息的交换与共享提供了有力的手段。

多媒体数据通信技术是当今世界科技领域中最有活力、发展最快的高新信息技术,它时时刻刻都在影响着世界经济的发展和科学技术进步的速度,并不断改变着人类的生活方式和生活质量。多媒体数据通信综合了多种媒体信息间的通信,它是通过现有的各种通信网来传输、转储和接收多媒体信息的通信方式,几乎覆盖了信息技术领域的所有范畴,包括数据、音频和视频的综合处理和应用技术,其关键技术是多媒体信息的高效传输和交互处理。

多媒体数据通信技术的发展打破了传统通信的单一媒体、单一电信业务的通信系统格局,反映了通信向高层次发展的一种趋势,是人们对未来社会工作和生活方式的向往。在多媒体通信技术领域,同步技术十分重要。目前,多媒体技术可以处理视觉、听觉甚至触觉信息,但支持的媒体越多,计算机系统的相应处理子系统也越多,处理这些媒体之间的同步问题也就越复杂。分布式多媒体系统中的同步要求主要可分为多媒体通信同步、多媒体表现同步及多媒体交互同步等。这些同步功能表现为多媒体同步体系结构中的不同层次的同步要求。多媒体通信的同步属于中层同步,即合成同步。它的作用就是将不同媒体的数据流按一定的时间关系进行合成,一些要求精度较高的连续同步就属于这一类。多媒体通信的同步要求是分布式处理系统同步的最基本要求,是其他同步功能的基础,它和其他同步要求相互影响、相互制约。

目前解决多媒体数据通信中同步信息的方法很多,下面介绍 3 种基本的方法:

(1) 时间戳法。这种方法既可用于多媒体通信,也可用于多媒体数据的存取。在发送或存储时,设想将各个媒体都按时间顺序分成若干小段放在同一时间轴上,每个单元都做一个时间记号,即时间戳。处于同一时标的各个媒体单元具有相同的时间戳。这样,各个媒体到达接收端或取出时,具有相同时间戳的媒体单元同时进行表现,由此达到媒体之间同步的目的。

用时间戳同步法传输时,不用改变数据流,不需要附加同步信息,因此其应用范围非常广泛。其缺点是选择相对时标和确定时间戳的操作较为复杂,需要一定的比特开销用于同步。此外,在主媒体失步或丢失的情况下都会引起其他媒体的失步或丢失。

(2) 同步标记法。发送时在媒体流中插入同步标记,接收时按收到的同步标记来对各个媒体流进行同步处理,这就是同步标记法的基本原理。同步标记法有两种实现方法,一种是同步标记用另外一个辅助信道来传输,另一种是插入同步标记法,即同步标记和媒体数据在同一个媒体流中传输。

辅助同步信道法的缺陷在于它需要另加同步信道,增加了同步比特开销,而且当数据来自多个信源时,每个媒体流都需要一条同步信道。

插入同步标记法和辅助同步信道法相比,它改变了数据流结构,不能用于设备的直接连接,不能支持复杂的表现同步,不适用于多媒体数据存取的应用,也不适用于媒体流来自多个信源的情况。

(3) 多路复用法。这种方法将多个媒体流的数据复用到一个数据流中,从而使它们在传输中自然保持媒体间的相互关系,以达到媒体间同步的目的。多路复用的同步方法,接收端无须重新同步,无须全网同步时钟和附加同步信道,故实现起来比较简单,同步比特的开销较少;不足之处在于它的灵活性较差,无法满足不同层次的同步要求。

通信网络是多媒体应用的传输环境,多媒体数据通信对信息的传输和交换都提出了新的更高的要求,网络的带宽、交换方式及通信协议都将直接影响能否提供多媒体通信业务与多媒体通信的质量。多媒体通信网络的要求主要体现在以下几方面:

(1) 多媒体的多样化,能同时支持音频、视频和数据传输。

(2) 交换节点的高吞吐量。

(3) 有足够的可靠带宽。

(4) 具有良好的传输性能,如同步、时延、误比特率等必须满足要求。

(5) 具备呼叫连接控制、拥塞控制、服务质量控制和网络管理功能。

这5项是实现宽带多媒体通信必备的技术要求,即多媒体通信应该具有高带宽、实时性、高可靠性及时空约束能力强等特点。

 扩展阅读 1.4

海量存储蓝光技术

1. 蓝光技术分析

蓝光技术简单来说就是采用蓝色激光 DVD 存储技术实现的高密度数据存储技术。读写数据所采用的激光,是一种十分精确的光。在光谱中,红光的波长最长,蓝光的波长最短,红光波长约 700nm,而蓝光只有约 400nm,蓝色激光能够读写一个只有 200nm 的点,而相比之下,红色激光只能读写 350nm 的点,所以同样的一张光盘,点多了,记录的信息自然也就多了。在数据记录表面不变的情况下,更短波长的光线所能读出和记录的数据容量远远大于长波长所能读出和记录的数据。但激光光束的波长越短,在覆盖层上就越容易产生衍射,因此对技术的要求很高。但覆盖层越薄,物镜收敛激光束的性能就越容易提高,我们将物镜的这种收敛性能称为 N.A(Numerical Aperture)镜头数值孔径。N.A 镜头数值孔径是衡量其性能的一个重要参数,收敛激光束的直径与 N.A 成正比,所以 N.A 越大越好。在蓝光技术中 N.A 镜头数值孔径可达 0.85,因此分辨率较高。

2. 蓝光技术的起源

光盘以其体积小、容量大、可靠性高等特点,成为实现多媒体应用的一种重要的存储手段。1980 年索尼研发出了世界首张 CD 光盘,自光盘进入计算机领域后,得以迅速发展,随后出现了 DVD。从 CD 到 DVD 在存储的密度及读写速度这两个方面已经有了长足的进步,但它们都采用红色激光波段进行数据的读取和刻写,使得光存储的密度及读写速度提高的步伐还算不上太大,加上信息对储存容量需求日趋增长的原因,目前市场中正在迅速发展的 4.7GB 的 DVD 显然无法满足需求,因此,业界一直在积极开发更高容量的各种储存技术,蓝光 DVD 技术随之应运而生。

于 2002 年 5 月成立的蓝光光盘组织(Blu-ray Disc Founders),主要以索尼和松下为首的 9 家厂商组成,这 9 家厂商是日立、LG 电子、松下、先锋、飞利浦、三星电子、夏普、索尼和汤姆逊,此后加入的 4 家为戴尔、惠普、三菱电子和 TDK。经过约一周时间的激烈争论,DVD 论坛最终宣布支持采用蓝色激光 DVD 存储技术制定出新的高密度 DVD 标准——Blu-ray Disc(BD),这就是蓝光,作为当前采用红色激光存储技术的各类 DVD 标准的取代者。

蓝光的发起者都是 DVD 论坛的指导委员会成员,并且大多是些全球声名显赫的厂商。蓝光 DVD 的发起,除了被希望用以结束可擦写 DVD 标准之争的局面之外,其更强大的市场推动力是高清晰度数字电视(HDTV)业务在全球范围内的陆续启动(例如美国在 2003 年率先开通 HDTV 的有线网,中国也确立了几年内 HDTV 逐渐全面取代传统电视网的计划)。因为高清晰电视的数据传输率至少为 23Mbps,如果要录制 133min 的高清晰电视节目,光盘的可用空间势必超过 20GB,传统 DVD 的容量是无法满足要求的。

3. 蓝光光盘(BD)与 CD/DVD 的技术比较

BD/DVD/CD 都是将所需要的数据存储在光盘轨道中极小的凹槽内,然后再通过光驱的激光束来进行读取工作。但是在光盘的密度方面,由于采用的激光波长、技术规则等都有很大的不同,则存在着很大的差异,DVD 要比 CD 大得多,BD 又比 DVD 大得多。CD 的最小凹坑长度为 0.834m,光迹间距为 1.6m,采用波长为 780～790nm 的红外激光器读取数据;DVD 的最小凹坑长度仅为 0.4m,光迹间距为 0.74m,采用波长为 635～650nm 的红外激光器读取数据;BD 的最小凹坑长度为 0.16m,光迹间距为 0.32m,采用波长为 405nm 的紫/蓝激光器读取数据。可见,BD 与 DVD/CD 相比,能够让激光束更加准确地在光盘上面聚焦和定位,并能存储更多的数据记录。如表 1-1 所示 CD,DVD,BD 的性能参数。

(1) 单层蓝光光盘的容量为 25GB,双层则为 50GB,与传统 D5 和 D9 格式的 DVD 光盘相比,在容量上至少是后者的 5 倍。这也是为什么蓝光介质更适合存放大容量高清视频数据的原因。

(2) 视频清晰度的高低,往往与视频编码率有关。DVD 的视频编码率为 9.8Mbps,清晰度其实已经不错了。目前 HDTV 高清视频,有不少都是采用 H.264 这个规格较高的编码标准,其视频编码率往往是在 10Mbps 左右。而蓝光影像光盘的最高编码率是 40Mbps。虽然有人认为这么高的码率现在还用不上,但是以后随着高清视频和对应设备的标准提高,蓝光高码率的优点就会体现出来。

(3) 蓝光技术采用了 AACS 版权保护技术,其密钥长度为 128 位,而传统 DVD 光盘的 CPRM 保护技术,密钥长度只有 56 位,毫无疑问蓝光技术对于盗版的保密程度会高很多。

(4) 无论是 CD 刻录盘还是 DVD 刻录盘,放上一段时间不用,盘上的内容就可能读不出来。而蓝光光盘在这方面就有明显改善,从理论上来说其寿命要比 CD 和 DVD 盘要长。

4. 蓝光光盘与 HD DVD 的技术比较

以索尼和松下为首的蓝光光盘组织,推出了 0.1mm 覆盖层技术,于 2002 年初最先获得 DVD 论坛的认可。2002 年 6 月发行了可录型蓝光盘 BD-RE 1.0 版本文本,2003 年 2 月 17 日格式注册成立。因宣传较早,一般人认为,下一代光盘就是蓝光盘。因此,我们习惯上就把以索尼为代表的技术称为蓝光光盘。但是,2002 年 8 月 29 日东芝联合 NEC 向 DVD 论坛提交了新一代 DVD 光盘规格,新一代 DVD 光盘。当时的名字为 AOD(Advanced Optical Disc,高级光盘),现在已经叫做 HD DVD 了。从技术上看,HD DVD 和 BD 最大的区别就是注重与 DVD 的兼容性。因此，在生产成本上和销售价格上具有优势。单纯从技术上讲，BD 处于绝对领先，无论是容量，还是 N.A 值、坑迹的长度、轨道间距、保护层厚度，BD 的技术都是先进的，但是先进的技术，需要较高的实现成本。下面对蓝光光盘与 HD DVD 的特点进行比较。蓝光光盘与 HD DVD 的技术参数见表 1-1。

表 1-1   CD、DVD、BD 及 HD DVD 技术比较

参 数	CD	DVD	BD	HD DVD
盘面	1	1 或 2	1 或 2	1 或 2
层数	1	1 或 2	1 或 $2 \times n$	1 或 $2 \times n$
记录容量：单面单层（单面双层）	0.68GB	4.7GB（9.4GB）	23.3GB 25GB 27GB（46.6GB）（50GB）	15GB（30GB）（54GB）
激光波长	780nm	650nm	405nm	405nm
光盘直径	12cm	12cm	12cm	12cm
光盘厚度	1.2mm	0.6mm×2 EA	1.2mm	1.2mm
记录膜覆盖层厚度	1.1mm	0.6mm	0.1mm	0.6mm
最小凹坑长度	0.834m	0.4m	0.16m	0.22m
光迹间距	1.6m	0.74m	0.32m	0.375m
镜头数值孔径	0.45	0.6	0.85	0.6
标准数据传输速率	1.2Mbps	11.08Mbps	36Mbps	35Mbps
压缩方式	MPEG-1	MPEG-2	MPEG-2	MPEG-2

（1）蓝光光盘的特点。

① 存储容量大。蓝光光盘应用 405nm 的蓝色激光技术，蓝光光盘可以将 12 公分的单面光盘片资料存储容量提升到 27GB。它可以记录两个多小时的高清晰度电视节目，以及超过 13 小时的标准电视视频信息；

② 数据传输速率高。蓝光光盘的传输速率为 36Mbps，可以将高清晰度的电视节目或影像信息以高传输率从摄影机转换到播放媒体上，并能维持影像品质。另外，它还具有任意影像捕捉，以及重复播放等功能；

③ 由于蓝光光盘采用全球标准的 MPEG-2 信息流压缩技术，因此它同时适用于数字广播系统，可执行各种视频记录与播放；

④ 安全性高。蓝光光盘采用了一种独特的 ID 写入模式，可确保资料安全，并为盗版问题提出一套保护版权的解决方案。

使用蓝紫色激光光源，能够在双层架构上实现 50GB，以及在 4 层架构上实现 100GB 的容量。

（2）HD DVD 的特点。

① HD DVD 与 DVD 兼容性能好。因为 HD DVD 与现行 DVD 两种光盘的数据层都在 0.6mm 处，物镜聚焦距离一样，加之数值孔径也一样，光头可以用双波长单物镜型，HD DVD 容易与现行 DVD 实现兼容，成本较低；

② 不用盘片盒。由于数据层上面的保护层有 0.6mm 厚，灰尘和擦伤对数据层的读取影响较小，而且一般伤及不到数据层，故 HD DVD 光盘与 DVD CD 一样，使用时不必带片盒，光盘成本较低，且便于设计薄型电脑光驱；

③ 成本低,工艺简单。从制造角度看,HD DVD 光盘又与制造 DVD 光盘的方法一样,用两片 0.6mm 基板贴合。这样,光盘的制造设置也可与现行 DVD 光盘制造设置共用。而蓝光盘要在 1.1mm 的基板上涂制一层 0.1mm 保护层而成,技术工艺都要更新。所以 HD DVD 生产成本低,工艺简单,容易实现;

④ 物镜数值孔径 N.A 小也有好处。N.A 小,镜片到记录层的工作距离就远,光盘与光头不易碰撞,安全性能好,对伺服系统和光头机械精度要求宽松些,而且 HD DVD 的 N.A 为 0.6~0.65,与现行 DVD 一样,光头和机芯制造设置就可用制造 DVD 的这类设备改造,上马成本低。

(3) 蓝光光盘与 HD DVD 的区别。

① HD DVD 光迹间距为 $0.375\mu m$,最短记录记号长度 $0.22\mu m$,这两者都比蓝光盘大,因此面记录密度只有蓝光盘的一半多一些,即 10.8Gb/平方英寸。由于 HD DVD 的记录密度低,所以光盘的容量较小,HD DVD 单面单层碟才 15GB,单面双层碟可达 30GB,而蓝光光盘单面单层碟可达 25GB,单面双层碟可达 50GB;

② 除了容量小的弱点外,HD DVD 采用 0.6mm 覆盖层在技术上有很多优点。0.6mm 覆盖层方案播放机和光盘的制造技术与现行 DVD 都比较接近,在普及推广面上有众多好处,这也是东芝阵营坚持 0.6mm 覆盖层的原因;

③ 蓝光光盘与 HD DVD 图像记录方式都是 MPEG-2,蓝光光盘的标准数据传送速率是 36Mbps,HD DVD 的标准数据传送速率与蓝光盘基本持平,为 35Mbps。

5. 蓝光技术的未来展望

随着高清时代的日益临近,从 IT 到消费电子,各个平台都在为迎接这个时代的到来做准备。横跨 IT 和消费电子两大领域的光存储技术也从 2006 年开始步入蓝色激光存储的时代,2006 年年初,蓝光光盘协会(Blu-ray Disc Association)宣布蓝光的格式标准已经完成,并且 BD-ROM,BDRE,BD-R 的许可也已经就绪。蓝光规范的完成将标志着内容提供商以及生产商生产蓝光盘片及相关产品应用将大规模展开。一批日系、韩系和台系光存储大厂,纷纷发布各自品牌的蓝光刻录机,并已出现在零售市场中。索尼、三星、飞利浦、松下等电子产品巨头,都推出了针对家庭用户的 DVD 播放器,索尼还推出了广受游戏玩家期待的,内置蓝光驱动器的 PlayStation3 家用游戏机,及内置蓝光驱动器的笔记本电脑等。

蓝光技术的普及还需一定的时间。其一,由于现有的 DVD 产品有大量的、成熟的应用软件支持,而且已经普及到 PC 上,而开发支持蓝光技术的相关软件也需要多年的积累应用,才能达到普及阶段;其二,HDTV 也尚未普及应用在普通电视机上;另外,蓝光产品价格相对偏高,较难进入家庭。所以还需要业界的努力,在技术及价格上都要有所突破,尽快普及蓝光技术。

——摘自 冯素梅.海量存储蓝光技术[J].软件导刊,2007(21)

1.2.2 多媒体的应用领域

多媒体涉及文本、图形、图像、声音、视频和动画等与人类社会息息相关的信息处理,因此它的应用领域极其广泛,已经渗透到了计算机应用的各个领域。不仅如此,随着多媒体技术的发展,一些新的应用领域正在开拓,前景十分广阔。

1. 多媒体在教育领域中的应用

多媒体在教育领域中的应用突出表现为多媒体教室综合演示平台和相关教育软件的开发与应用。

(1) 多媒体教室综合演示平台

多媒体教室综合演示平台又称多媒体教学系统,其核心设备是多媒体计算机。除此之外,它还集成了中央控制器、液晶投影机、投影屏幕以及多种数字音频和视频设备等。常见的多媒体教室综合演示平台设备组成及连接如图 1-6 所示。

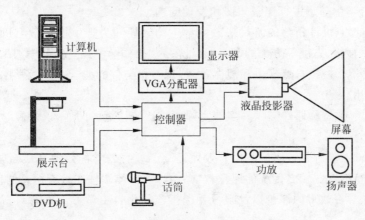

图 1-6　多媒体教室综合演示平台

多媒体教室综合演示平台可实现以下功能:

① 使用计算机进行多媒体教学,呈现教学内容的文、图、声、像。

② 播放视频信号,播放录像带、DVD(VCD)等音像内容。

③ 利用实物展台可以将书稿、图表、照片(包括负片)、文字资料(包括教材)、实物以及教师实时书写的文字投影到银幕上进行现场实物讲解。由于具有变焦功能,对被摄物体没有严格的尺寸要求,局部特写很容易实现。

④ 可以连接校园网,进行网上联机教学,方便教师利用网络查询、播放自己需要的教学资料。

⑤ 通过多媒体中央控制器,完成电动屏幕、窗帘、灯光、设备电源的控制。

(2) 多媒体教育软件

多媒体教育软件通常又被人们称为多媒体课件,简称课件(courseware),是指根据教学大纲的要求和教学的需要,经过严格的教学设计,并以多媒体的表现方式和超媒体结构编制而成的课程软件。在当前,编辑合成多媒体课件的方法一般有两种:一种是采用多媒体创作工具,这些工具预先综合了许多多媒体创作功能,将编程过程极大简化,课件制作者只需经过短时期学习,就可以得心应手地根据课件脚本创造性地编辑、组合各种媒体信息,从而形成多媒体课件。另一种是用高级程序设计语言,如 Visual Basic 和 C++ 等,这些高级程序语言功能强大,使用灵活,能较好地组织各种媒体资源,同时还能进行某些媒体信息的创造,但开发者须经过较长时间的专业训练,不易为一般使用者所掌握。

作为专为课程教学而设计并制作的多媒体课件具有两个基本特点:其一,其作用的领域应该是教学领域;其二,其成品是软件。多媒体课件的功能就是充分利用多媒体计算机

的各种资源实现高效、高质的教学。通常情况下,人们依据多媒体课件应用的教学方式将其分为以下类型:

① 个别指导类型。课件相当于辅导教师,课件模拟和代替教师进行讲授、指导、帮助学生个别学习。

② 训练和操作类型。通过反复训练和操作,形成技能与知识记忆的强化,使学习者熟练掌握某种知识与技能。

③ 咨询对话类型。就是学生主动提问,计算机作应答或提示。这种课件更能发挥学生的主动性,适合学生随意进行探索知识和发现问题。

④ 游戏类型。设计精巧的游戏来激发学生的兴趣和为学生提供学习机会,寓教于乐。也能用于技能、性格、态度等方面的教育,还能实现"协作学习"和"竞赛学习"。

⑤ 模拟类型。模拟自然现象和规律,虚拟现实相类似的情景。在教学中起到演示作用和假设情境之用。

⑥ 问题求解类型。课件提供许多与实际背景比较接近的问题,以发展学生解决问题的能力。

多媒体课件在教育领域中的应用有效地提高了教育教学的效率和质量,促进了教育教学改革的进一步推进。较之传统的课堂教学方式,多媒体课件在教育信息的传递、学习者学习过程的跟踪、学习效果的评价以及学习者进行个别化自主学习方面有自身的优势。主要表现在:

① 信息形式多种多样。信息的表现形式通常有文本、声音、图形、图像和视频等。教师课堂教学时通常只是采用其中的一种或几种,而多媒体课件将多种信息表现形式有机结合起来,表达教育内容,传递教育信息,从而易于取得良好的教学效果。

② 多种媒体形式易于调动学生的积极性。传统的课堂教学,老师讲,学生听,使学习过程枯燥无味;而多媒体课件的多种信息表现形式使得学生的学习变得生动有趣,使得许多抽象的教学内容变得直观具体。这样有利于激发和维持学生的学习动机。

③ 代替教师的某些重复性劳动。传统课堂教学,教师的时间精力有限,只能按照学生的平均水平进行教学设计,不可能做到因材施教。并且,一旦教学结束,整个教育信息传播过程就不可能重现,除非教师再一次进行课堂教学。而多媒体课件可以代替教师的某些重复性劳动,针对不同的学生采取不同的教育进度,使学生制订自己的学习步骤,做到因材施教。多媒体课件的可存储性也使得学生可以对同一学习内容进行多次学习。

④ 传递的教育信息量巨大。传统课堂教学,教师所传递的教育信息非常有限。多媒体课件由于是事先制作完成,所以传递的教育信息量可以非常巨大。甚至有的多媒体课件可以包括相关的扩展内容和参考资料,这样有利于优秀学生在完成特定的学习任务后,进行相关的扩展学习。

⑤ 及时的学习评价和反馈。传统的课堂教学,学习评价和反馈有一定的延迟,不利于维持学生的学习兴趣,也不利于学生及时调整自己的学习策略。优秀的多媒体课件可以对学生的学习过程进行跟踪,针对学生的学习产生一系列的评价曲线,使得学生可以及时调整自己的学习策略,从而取得良好的学习效果。

2. 多媒体在商业领域中的应用

随着人类社会步入高度信息化时代,多媒体在商业领域中的应用越来越多。其中,"商业展示"显示出多媒体在传递信息方面的重要价值。

商业展示实质上是专业人士为了展示企业文化或创造商业经济效益加入了多媒体技术等科技手段,从而使人们在短时间内最大限度地接收信息的一种传播方式。现代展览展示活动,早已不再是一桌两椅,几块展板式的被动展示了。客户参加展览,无非是为了扩大自身企业品牌的影响;保持自身在本行业中的地位。受众不再仅仅是信息的接受者,而是拥有更大的选择自由和参与机会。多媒体技术的加入,真正实现了企业与受众之间良好的互动关系,同时直观有效地提升了企业品牌形象与经济效益。现在世界各地举行的大大小小的展览会上,多媒体技术总是"集万千宠爱于一身"。多媒体技术在商业展示中的应用价值表现为以下几个方面:

(1) 多媒体技术的直观性应用

商业展示要有强烈的视觉冲击,在具体设计时必须从整体空间出发进行综合设计,使观众初入会场,便能从众多的展位中注意到你的展位。

在多媒体数字影像表现中,由二维的点、线、面构成的三维立体空间幻觉要靠视觉对于图形的经验和连续印象来起作用。即使是在虚拟环境中,以二维平面为基础表现的三维空间,仍然可以让观众有身临其境的直观体验。多媒体技术使得文字、图像和声音等各种媒体信息在播放时同步作用于我们的听觉和视觉等感官,既是有效信息的获得也是一种艺术的享受,同时也为企业形象的提升注入了活力。

声音是重要的信息传递者,可让音效主动与观众的行为产生互动,增强展览环境的感染力,运用多媒体技术可整合大量的信息,取代过长的文字叙述,将求知的主动权还给观众,让观众眼前的"企业形象"更加生动突出,节省了他们的参观时间和体力。合理运用多媒体音效技术可以将"展品"和"企业品牌"融入音效中,使展示空间生动有趣,更具节奏、韵律和戏剧效果,为观众营造良好的欣赏环境。

利用多媒体数字技术将企业品牌的创建及发展历程制作成生动的影像记录,是从静态传播走向动态静态相结合的视觉整合传播方式。

一般来说,视觉信息传播分为两种形态:静态视觉信息传播和动态视觉信息传播。静态传播形式所传播的形象更多地追求造型的凝练,力图创造出具有高度概括性的画面。由于图形语言高度概括,这样容易造成单一的画面所传达的信息量不够,从而造成缺乏相关知识背景的受众很难理解所想要表达的深层含义,造成受众的误解。动态视觉传播则更为逼真地呈现了现实场景,带给人们的是生动性、真实性以及强烈的视觉冲击力。这种多媒体技术的融入,综合了视觉和听觉等多种感官元素。动态的视觉画面是其传达信息的主要部分,有声音等其他形式的补充,动态视觉传播所传达的信息量也就更大。因此人们从动态视觉传播形式中获取信息会更直观和省力。把静态视觉传播和动态视觉传播两者相结合起来,用最低的传播成本获取最大的传播效果,营造一种立体化的视觉传播模式。它所带来的全方位的视觉冲击力,是任何一种单一形式的视觉媒体所无法比拟的。

(2) 多媒体技术的互动性应用

多媒体技术不同于传统媒体之处,就在于信息的动态更新和即时交互性。在多媒体技术的氛围中,人们已经不再满足于被动地接受信息的安排,而是要求主动地参与到信息的交流和接受的过程中去,这样就造就了人们对于交互性的追求。在一场针对产品推广的商业展示中,有些人关心的是产品的价格。有些人也许希望知道产品的功能特性与效益的比较。

还有些人需要知道有关便利性、客户支持或品质标准。互动性这种特征允许设计界面本身与受众进行即时的交流与对话。界面则随受众的反馈智能地变化或改进，又即时反馈给受众。这也使交互设计成为一种有趣的个性化的传播形式。在商业展示中，这种智能化的传播方式快速拉近了企业与受众的距离。

在商业展示中，多媒体技术的互动性应用，充分实现了交互式沟通的优越性，并且针对观众的兴趣和问题做出立即的响应。因此互动性为人们提供了一种表达方式，让人能够得到一种实时期待的"个人优先"的自尊感。

总之，多媒体用于商业为商家提供了一种全新的宣传模式，他们可以借助多媒体技术淋漓尽致地表现各种商品，用户也可以通过商家的多媒体演示光盘和相关交互系统观看广告宣传，直观、经济、方便、快捷，效果良好。

3. 多媒体在大众娱乐领域中的应用

多媒体在大众娱乐领域中的应用堪称目前计算机在家庭应用领域中最主要的应用。当前，多媒体在大众娱乐领域中的应用非常丰富，主要体现在数字化音乐欣赏、影视作品点播和电脑游戏互动等方面。

据媒体报道，相关专业人士预测认为 2009 年中国音乐产业市场规模将达 4.5 亿元。随着互联网的飞速发展，音乐已从最传统的到现场听音乐家的表演，发展至今天的以在线视听、下载、背景音乐等形式为主的在线数字音乐。到 2010 年左右，唱片公司与互联网企业之间的版权问题完全解决后，中国在线音乐市场将步入成熟阶段，届时在线音乐潜藏的巨大空间将充分释放。另外，随着数字在线音乐的发展，网络原创音乐俨然已成为"宽带娱乐"中高增长的业务，其市场潜力不言而喻。随着版权保护逐步有序化，音乐网站可借助互联网的优秀传播能力、互动性强、操作便捷、权责清晰的特点再结合原创音乐，建立一个健康可持续发展的商业运营模式，在满足网民对音乐需求的同时也保证了原创者的劳动成果得到应有的价值体现。

另外，根据易观国际 Enfodesk 发布的《2009 年第 1 季度中国网络视频市场季度监测》数据显示，2009 年第 1 季度中国网络视频市场总体用户规模达到 1.87 亿人，较上季度环比增长 8.1%，其中视频分享市场用户规模为 1.51 亿人，较上季度环比增长 7.1%，P2P 直播市场用户规模 0.82 亿人，较上季度环比增长 7.9%。利用多媒体技术制作影视作品、观看交互式电影等已经成为人们日常生活中不可或缺的重要娱乐手段。

随着多媒体技术的出现，计算机游戏日益受到人们的关注。继单机版游戏之后，正在蓬勃发展的网络游戏已经成为人们主要的娱乐类型之一。盛大公司靠网络游戏成功的实例，说明网络游戏越来越受到人们的认可与青睐。不论是青少年玩的动漫游戏，还是成年人玩的"拱猪"，都正在坚实地推动着网络游戏产业的发展。根据 iResearch 艾瑞咨询《2008—2009 年中国网络游戏行业发展报告》统计，2008 年中国网络游戏市场规模为 207.8 亿元，同比增长 52.2%，相比 2006 年的 60% 和 2007 年 77.7% 市场增长率，2008 年市场增长趋于平缓。艾瑞认为未来几年网游行业仍将保持良好的发展势头，预计在 2012 年前，每年的增长率将在 20% 以上，但再次出现爆炸式增长的可能性不大，艾瑞咨询预计到 2012 年整个产业的收入将达到 686 亿元。新华网于 2008 年公布的一项调查显示，与游戏相关的网站和栏目大约有 5292 个，40.51% 的受访网民表示自己经常上网玩游戏。由此可见，网络游戏已成为我国信息技术领域的重要产业和广大网民重要的娱乐途径之一。

4. 多媒体在其他领域中的应用

除了上述教育、商业和大众娱乐领域之外,多媒体还广泛应用于医疗、军事、电子出版、办公自动化、航空航天和农业生产等领域。

譬如,多媒体远程医疗就是多媒体技术在医疗领域中应用的典型代表。所谓多媒体远程医疗是指将多媒体技术、通信技术与医疗技术相结合,旨在提高诊断与医疗水平、降低医疗开支、满足广大人民的保健需求的新型医疗方式。目前正在飞速发展的通信网络已有可能将医学图像高度精确地从一家医院传送到另一家医院,并且提供实时的交互服务。多媒体技术将音频和视频完美地融合在一起,将病人与医生之间的距离拉近,就像在进行面对面的受诊一样,提供完整的医疗信息。因此,从 20 世纪 90 年代中期开始,多媒体远程医疗就已经逐渐引起各国政府和医疗主管部门的重视和支持,同时也得到一批具有远见的企业的关注,相信不久会有一批新的多媒体远程医疗产品问世。

又如,可以将多媒体技术用于军事训练和网上对抗演练。训练效益是衡量训练质量的重要指标。计算机多媒体网络技术运用于指挥训练,可以在实兵训练、演习前对作战理论、兵力部署、作战意图等内容进行网上对抗演练。根据模拟对抗结果反馈的信息,进行修改、补充、完善,并确定最佳方案,使以往许多只有在战场和实兵实装训练场上才能获得的训练经验与训练效果,可以在作战仿真实验室中取得。这样不仅避免了过去一次又一次反复在现场进行实兵实装推演的过程,而且还能使作战理论、训练实践和最后战斗力的形成,在最短训练时间里得到最优化的组合,减少了训练费用,增强了训练的针对性、对抗性、灵活性,实现战场资源、网络资源和训练资源的综合利用,达到省时省钱,安全又有质量的效果。同时还可以利用网络上各院校、科研单位和友邻单位的教学成果,进行网上远程教学和异地同步训练,避免了重复备课和低水平教学。

 扩展阅读1.5

数字多媒体技术——畅想生活新形态

数字化激光签到?无纸化新闻发布会?在上海世博会倒计时 100 天之际举行的"绿色出行从世博开始"活动的新闻发布会现场,活动主办方便独具匠心地采用"激光笔签名"的方式进行签到,让到场嘉宾亲身体验到了"无处不环保"的绿色生活方式。"这只是数字多媒体技术在世博会应用的冰山一角。"激光签名技术方案提供方北京创想文化传播有限公司(www.idpcn.com)项目经理庄少邦介绍说。纵观世博会当前的规划蓝图,无论是基于数字虚拟技术的"网上世博会",还是中国馆即将揭开面纱的"数字动态版清明上河图",数字新媒体技术必将成为世博会的"绿色科技新军",并在中国引领一场"数字"生活新形态的革命。

1. 新技术带来新体验

数字多媒体时代,活动展示将实物与光影和声音及消费者的意志融为一体,创造一种新颖独特、极具关联性的全新体验。

"数字多媒体技术分为互动投影、声光互动、触屏互动等不同应用。"如:互动投影系统提供趣味横生的人性化互动体验,通过捕捉设备对目标影像进行捕捉拍摄,然后由影像分析系统分析,从而产生被捕捉物体的动作,使参与者与屏幕之间产生紧密结合的互动效果。在

2009 年亚运赞助商 TCL"亚运中国行"全国路演中,创想就曾将 TCL 的品牌形象和亚运元素相融合,构建了互动羊、互动泡泡、亚运形象跟踪和篮球球员跟踪等四款互动墙面游戏,让 TCL 路演所到的全国十几个城市的现场观众都能体验到数字互动的快乐,体验到 TCL 所带给受众的亚运快乐,彰显 TCL 的人文关怀和与众不同的品牌形象。

声光互动系统打造声音与光影交相辉映的视听世界。在国际电联 2006 年世界电信展中,开幕式便设计了一个声光互动的击鼓表演,并根据展会"生活在数字世界"的主题制作了击鼓表演背景动画。当击鼓者击鼓的时候,其身后的大屏幕上便会出现精美的文字和炫目的光影,这些图像能够根据击鼓的频率和鼓声的大小相应地产生奇妙的变化,使现场嘉宾叹为观止。

触屏互动则通过单点或多点触摸识别,实现参与者自主选择阅读内容,随心所欲畅游信息天地。"这类技术多应用于图书馆、商场信息查询台等"。去年的台湾兰花展上展示的一个兰花数字作品,参观者触摸第一幅咏兰诗词上的任何一个字,这个字便化作花瓣飞向下一幅画面,并绘出一幅兰花图。20 个字的诗词通过触摸变为 20 幅不同品种的兰花图,引起人们极大的兴趣。这个作品在台湾展出时,每天观者川流不息。

2. 新媒体悄然走进城市生活

数字新媒体技术已悄然走进城市生活的各个角落,出现在博物馆、展会、企业推广活动等各类场所。在以视频方式展示知识和产品同时,它通过墙幕、地幕、穹幕、屏幕等多种形式,开始以更多人机互动的新方式走近寻常百姓,带给人们愉悦和享受。北京创想的庄少邦介绍说:"例如:博物馆安装数字系统后,观众在观赏文物的同时,通过触摸显示屏可了解与该文物相关的历史知识、文物出土、考古发掘等背后故事。比如,北京市博物馆仿制了一条古代渔船,观众只要站到船头,用多媒体技术制作的远古时代人们捕鱼、结网的情景就会展现出来。考古专家对文物进行数字化处理,可方便地比较文物大小、材质等变化,进行更精致细微地研究。"庄少邦还曾经设计了一个房地产展示的作品。"针对万圣节,我们为恒基地产集团旗下的上水中心和新都城广场设计了一个多媒体互动摄影室,游客可以通过脸部跟踪系统将脸部轮廓进行定位,并可以选择各种面具将自己打扮成面具怪人,同时还能将自己的古怪形象现场打印成照片和朋友分享,引起人们极大的兴趣。"

让多媒体技术给消费者更多体验是终端厂商更为推崇的。据专家介绍,比如,恒源祥就曾在奥运会期间创新性地推出一种"虚拟试衣柜",一种试衣间软件可存储百货商店或超市销售的所有服装。摄像头将顾客脸部图像拍摄下来,顾客挑选任何一件服装,自己"试穿"的情景就会出现在屏幕上。这种试衣间 24 小时不打烊,不仅能给消费者试穿带来便利,也能让网上挑选和购买服装成为可能。

"城市,让生活更美好",节能环保的"绿色科技"正是构建和谐城市生活的加速器。不久即将开幕的世博会上,"数字多媒体互动技术"将会大放异彩。届时,随着新媒体技术在中国落地生根,人们的生活也将平添更多"绿色创意"。我们不禁想象,当上班族手捧"电子报纸",双手翻动"互动桌面",生活的每个方面都以可持续利用的数字方式全新呈现。"数字多媒体技术"在高度工业化的城市丛林中为我们提供了畅想环保生活的无限空间。

——摘自 http://www.pjtime.com/2010/1/83212878.shtml

思考与练习

1. 谈谈你对信息含义的理解,它与消息、信号有何区别?
2. 简述媒体的两种含义,"多媒体"一词中的"媒体"是指的哪一种含义?
3. 简述信息与媒体的关系。
4. 谈谈你对多媒体及多媒体技术含义的理解,它们之间有何区别?
5. 简述超文本和超媒体的含义,它们与多媒体之间是何关系?
6. 简述多媒体与多媒体技术的特征。
7. 简述多媒体与多媒体技术的发展历程。
8. 简述多媒体的关键技术和应用领域。

第2章 文本信息的处理与应用

⊙ **学习目标**
- 掌握文本信息获取的方式及相关知识。
- 掌握文本信息处理软件 Microsoft Word 的主要功能。
- 理解文本信息的特点与优势。
- 理解文本信息应用的原则及注意事项。

2.1 文本信息概述

文本是指由数字、字母、字符的序列组成的信息载体。它是计算机多媒体信息处理的基础,也是多媒体信息应用领域最广泛的媒体形式之一。

文本信息大多以文本文件的形式存储于计算机中,文本文件的处理需要相关软件的支持,这类软件通常称为字处理软件。目前应用最广泛、最普遍的字处理软件为 Microsoft Office Word,其创建的文本文件的扩展名为 . doc 或 . docx。常见的文本文件的扩展名还有 . wps、. rtf、. html 等。. wps 为国产金山 WPS 文字处理软件所创建的文本文件的扩展名, . rtf 为 Windows 系统自带的"写字板"程序默认的文件扩展名,. html 为网页文本文件的扩展名。

另外,还有一种文本文件称为纯文本文件。它是指没有应用字体或风格格式的普通文本文件,如系统日志和配置文件等。文本编辑器是用来编写纯文本的计算机软件,如 Windows 系统提供的非常简单的"记事本"程序。常见的纯文本文件的扩展名为 . txt。. txt 文件是包含基本格式信息的文本文件,任何能读取文字的程序都能读取扩展名为 . txt 的文件。因此,通常认为 TXT 文件是通用的、跨平台的。

2.2 文本信息的获取

文本信息的获取主要有以下几种方式:键盘输入、文字识别、语音识别、网络下载等。

2.2.1 键盘输入

键盘输入是获取文本信息最常用的方式。它是指通过键盘输入到字处理软件中而获得所需要的文本内容。键盘是计算机的基本组成部分。利用键盘,人们可以向计算机输入程序、指令、数据等。

1. 键盘的基本知识

现在,微型计算机上配置的标准键盘大部分为 101 键,其键面可划分为 4 个区域:功能键区、主键盘区、辅助键区和编辑键区,如图 2-1 所示。

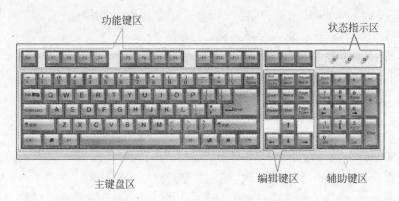

图 2-1　键盘分区图

（1）功能键区：包括 F1～F12 共 12 个功能键，其具体功能由操作系统或应用软件来定义，并在不同的软件中有不同的定义。一般，F1 键定义为显示帮助，F2 键定义为重新命名所选项目，F5 键定义为刷新当前窗口，F12 键在 Word 中的功能为"文档另存为"。

（2）主键盘区：本区包括 26 个英文字母、10 个数字键、标点符号键和特殊符号键，还有一些专用键，这些键的排列大部分和普通的英文打字机相同。基本键区的功能是输入数据和字符。

（3）辅助键区：也称小键盘，在键盘右侧。由 10 个数字键、光标移动键及一些编辑键组成。其功能是专门用于快速输入大批数据、编辑过程的光标快速移动。当使用小键盘输入数字时应按下数字锁定键 Num Lock 键，此键是控制小键盘区的双字符键输入的。按下该键时对应的数码锁定指示灯亮，小键盘区上的双字符键为输入上方数字字符状态，若再按此键，指示灯熄灭，为输入小键盘区双字符键的下方功能符状态。

（4）编辑键区：在主键盘区和辅助键区之间，由 4 个光标移动键和一些编辑键组成。其功能主要是编辑过程的光标移动和快速操作。

如前所述，标准键盘共有 101 个按键。除了英文字母、数字键、标点符号键和特殊符号键之外，还有一些专用键和编辑键等特殊键。下面就对一些常用的特殊键作简要介绍。

（1）各专用键介绍如下。

① Esc 键，Esc 是 Escape 的缩写，其功能由操作系统或应用程序定义。但在多数情况下均将 Esc 键定义为退出键。即在运行应用软件时，按此键一次，将返回到上一步状态。

② Enter 键，又称回车键。其作用是执行命令或在字处理软件中换行分段。按回车键后，计算机才正式处理所输入的内容。在 Word 中，按回车键则换行开始新的段落，若按 Shift＋Enter 键则是人工换行，只换行不分段。

③ Shift 键，又称上档键。键盘上有些键面上有两个字符，所以又称双字符键。当单独敲这些键时，则输入下方的字符。若先按住 Shift 键不放手，再去敲双字符键，则输入上方的字符。Shift 键也可以配合其他键使用，如 Shift＋Delete 键，其功能是永久删除所选项，而不将它放到"回收站"中。

④ Backspace 键或←键，又称退格键。按此键一次，就会删除光标左边的一个字符，同时光标左移一格。常用此键删除错误的字符。

⑤ Ctrl 键，又称控制键。此键需要配合其他键或鼠标使用。例如配合鼠标使用可以选定多个不连续的对象。除此之外，常用的还有：Ctrl＋C 键，其功能为复制；Ctrl＋X 键，其

功能为剪切；Ctrl＋V 键,其功能为粘贴；Ctrl＋Z 键,其功能为撤销；Ctrl＋A 键其功能为选中全部内容,Ctrl＋S,其功能为保存文档。

⑥ Alt 键,又称切换键。此键需要配合其他键或鼠标使用。许多快捷方式都需要 Alt 键配合使用。

⑦ Tab 键,又称制表键,Tab 是 Table 的缩写,中文意思是表格。在文字处理软件里按下 Tab 键可以等距离移动插入点或移动到设置好的制表位。

⑧ Caps Lock 键,英文字母大小写转换键,它是一个开关键。计算机启动后,按字母键输入的是小写字母。按一次此键,则位于键盘右上方的大写锁定指示灯亮,输入的字母为大写字母。若再按一次此键,指示灯熄灭,输入的字母又是小写字母。

⑨ Print Screen 键,又称屏幕打印键。其作用实际上是把屏幕的信息复制到计算机剪贴板中。当需要把显示在屏幕上的全部信息打印时,在打印机连通状态下,放好打印纸,按下此键,就可实现屏幕打印。若按下 Alt＋Print Screen 键,则复制当前活动窗口信息。

⑩ Pause Break 键,又称暂停中断键。可中止某些程序的执行,特别是 DOS 程序。现在 Windows 操作系统下已经很少使用。在进入操作系统前 DOS 自检界面显示的内容在按 Pause Break 键后,会暂停信息翻滚,之后按任意键可以继续。在 Windows 操作系统下按 Windows 标志＋Pause Break 键可以调出系统属性。

⑪ Scroll Lock 键,又称屏幕滚动锁定键。在 DOS 时期用处很大,由于当时的显示技术,限制了屏幕只能显示宽 80 个字符长 25 行的文字。在阅读文档时,使用该键能非常方便地翻滚页面。随着技术发展,在进入 Windows 时代后,Scroll Lock 键的作用越来越小。在 Excel 中它的用处是：如果在 Scroll Lock 关闭的状态下使用翻页键(如 Page Up 键和 Page Down 键)时,单元格选定区域会随之发生移动；反之,按下 Scroll Lock 键后使用翻页键,选定的单元格则不会发生移动。

(2) 下述各键主要是在文本编辑中使用,所以称为编辑键。

① 方向键介绍如下。

↑ 光标上移键。按下此键,光标上移一行。

↓ 光标下移键。按下此键,光标下移一行。

← 光标左移键。按下此键,光标左移一列。

→ 光标右移键。按下此键,光标右移一列。

② Insert 键,又称插入键。默认状态是"插入"状态,即在光标之前插入新内容；按下此键,"插入"状态改变为"改写"状态,即用新输入内容代替光标之后的内容。

③ Delete 键,又称删除键。按下此键一次,可以把紧接光标之后的内容删除。

④ Home 键,又称光标移到行首键,不论光标在本行何处,按下此键,光标立即跳到行首。

⑤ End 键,又称光标跳到行末键。不论光标在本行何处,按下此键,光标就跳到行末。

⑥ Page UP 键,又称上翻页键。当文稿内容较长,超出一屏时,按下此键,可把文本内容向上翻一页。

⑦ Page Down 键,又称下翻页键。当文稿内容较长,在编辑状态,按下此键,可把文本向下翻一页。

(3) 主要组合控制键介绍如下。

① Ctrl＋Alt＋Del 键,热启动键。当由于软件故障或操作失误引起系统死机时,可使用热启动键。操作方法是：用左手两手指分别按住 Ctrl 键和 Alt 键不放,右手一手指再按

下 Del 键,然后再把左右手一同放开即可。

② Alt+F4 键,其作用是关闭当前项目或者退出当前程序。

③ Ctrl+F4 键,其作用是在允许同时打开多个文档的程序中关闭当前文档。

④ Alt+Tab 键,其作用是在打开的项目之间切换。

⑤ Alt+菜单名中带下画线的字母键,其作用是显示相应的菜单。

⑥ Alt+带下画线的字母键,其作用是执行相应的命令或选中相应的选项。

2. 文字输入相关知识

如果要快速准确地输入文字,还要了解文字输入的有关知识。

(1)工作环境。保持屏幕的亮度、对比度要适中、与周边光线反差不要太大、桌面整洁有序。

(2)正确姿势。进行文字输入时保持正确的姿势,可以在提高文字输入速度的同时,有效地减少因使用计算机带来的各种伤害。具体做法是:首先调整桌椅的高度,稳稳坐下;腰部挺直,两脚平稳踏地;身体可略略前倾,身体离键盘不可太远,约 20~30cm;上臂和肘应靠近身体,要拱起手腕;两拇指放在 Space 键上,左手由小指起分别放在 A、S、D、F 各基准键,右手从食指起分别放在 J、K、L、;各基准键上,如图 2-2 和图 2-3 所示;大多数键盘在 F 和 J 键上都有一个小突起的标志,通过这两个标志可以很方便地知道手指是否处于正确的位置。另外,使用计算机的时间一次不要过长,注意休息眼睛,保持经常活动。

图 2-2　手指位置

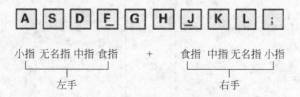

图 2-3　手指基准键位置

(3)文字输入要领。在文字输入的时候,手掌应该保持和键盘平行,且手掌尽量不要放在键盘上,尽可能地放松手臂和手腕,过于紧张容易疲劳且不利于文字输入速度的提高;凭手指的触觉能力准确击键,眼睛不要看键盘;要用心记住键盘各键的位置,用大脑指导手指移向要打的键;手指击键要准确果断,频率稳定,有节奏感,力度均匀;击完键后手指应迅速归位,回到基准键上,为下次击键做准备;无论用哪个手指击键时,其他手指应自然伸展;

第2章　文本信息的处理与应用

不进行文字输入的时候,手掌可以停靠在键盘暂时休息一下,但在文字输入的时候应悬空。

目前,有许多文字输入练习软件可供学习者使用来提高文字输入的速度。常见的有金山打字通、金山打字游戏、学打字练打字、五笔打字员等,如图 2-4 所示。

图 2-4　金山打字游戏

（4）正确使用输入法。一般情况下,Windows 等操作系统都带有几种输入法,在系统安装时就已经附带安装了一些默认的输入法,例如:微软拼音输入法、智能 ABC 输入法等。计算机用户可以通过 Windows 的控制面板自己选择添加或删除输入法。输入法设置的具体操作为:单击"开始"|"控制面板",双击"区域和语言选项"图标;在弹出的对话框中单击"语言"选项卡的"详细信息"按钮(如图 2-5 所示),弹出"文字服务和输入语言"对话框(如图 2-6 所示),在里面即可添加或删除输入法,还可对各个输入法进行详细设定。当然,可直接运行输入法的安装程序来安装所需要的输入法,也可以在语言选项卡上调出"文字服务和输入语言"设置对话框,如图 2-7 所示。

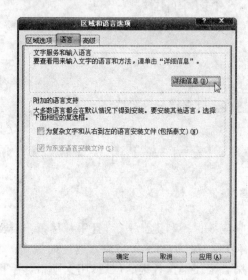

图 2-5　"区域和语言选项"对话框

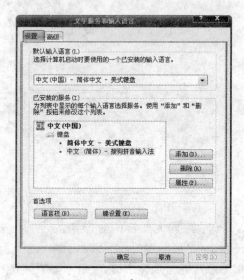

图 2-6　"文字服务和输入语言"对话框

另外,输入法的常用快捷键有:

① Ctrl+Shift 键,其功能是在不同输入法之间进行切换;

② Ctrl+Space 键,其功能是英文和中文输入法的切换;

③ Shift+Space 键,其功能是全角和半角的切换。

图 2-7　语言选项卡设置

 扩展阅读 2.1

中文输入法

中文输入法的需求来源于键盘的限制。键盘原在打字机时代为英文字母而设计,但键盘只有一百多个键,在没有软件的帮助下它是无法输入中文或其他形意文字,所以,中文输入法是为了将汉字输入计算机而采用的编码方法,是中文信息处理的重要技术。

因为地理环境的不同,汉字编码经常被分成两种不同的用户群:简体字用户(中国大陆地区)和繁体字用户(中国港、澳、台地区)。汉字编码的方案很多,但基本依据都是汉字的读音和字形两种属性。简体中文输入法基本上可以分为两类:汉语拼音输入法以及形码输入法。

汉语拼音输入法是利用汉字的读音(汉语拼音)进行输入的一类汉字输入法。中国计算机用户一般都会汉语拼音,会拼音就能打字,非常简单方便,所以以拼音为基础的输入法在中国很普遍。拼音输入法有几种输入方案,包括全拼、双拼和简拼。相对于双拼和简拼,使用全拼时输入汉字的全部拼音,通常不包括音调。相对于全拼而言,双拼输入时简化了拼音的声母和韵母,所有音节都只需输入两个键,故名双拼。简拼输入时只输入拼音的第一码,在输入词组时合理运用简拼可以大大提高输入速度,缺点是容易出现重码,所以简拼经常配合全拼一起使用。

市场上有许多以拼音作基础的输入法软件。多数中文操作系统均附带汉语拼音输入法,如内建于 Windows 操作系统的智能 ABC 输入法和微软拼音输入法。此外紫光拼音、拼音加加、智能狂拼以及近年来互联网门户公司开发的如搜狗拼音、谷歌拼音、QQ 拼音等输入法使用也较为广泛。

形码输入法是完全依据汉字的笔画和字形特征进行编码的输入法。形码输入法由于依据汉字的笔画和字形特征编码,使用者通常必须熟悉汉字的形体才能正确输入,因此惯用形码输入法的使用者通常比使用音码输入法不容易遗忘汉字字形或忘记怎么写字。形码输入法的重码率通常比音码输入法低很多,大部分都不需要也不使用人工智能自动选字。典型的形码输入法有五笔字型输入法、郑码输入法、仓颉输入法等。五笔字型输入法是王永民在1983 年 8 月发明的,它是简体中文使用地区最常用的形码输入法。仓颉输入法是繁体中文使用地区最常用的形码输入法。

目前市场上使用较多的形码输入法软件有万能五笔输入法、智能陈桥五笔输入法、极品五笔输入法等。

41

 扩展阅读 2.2

全角和半角

传统上,英语或拉丁字母语言使用的计算机系统,每 1 个字母或符号,都是占用 1 个字节空间(1字节有8位,共256个编码空间)来存储;而汉字的信息量大,超过256个编码空间,用2个字节来存储1个汉字字符。

因为汉字使用2个字节来存储及显示。在许多文本编辑软件中,为了使字体看起来整齐,英文字母、数字及其他符号,也由原来只占1个字节空间,改为一概占用2个字节空间来显示及存储。

全角,又称全形、全宽,是计算机字符的一种格式。半角,又称半形、半宽,它的宽度只有全角字符的一半。形象地说,在使用英文输入法时,计算机屏幕上1个英文字符(如a)所占的位置,人们称其为"半角",而1个汉字所占的位置则等于2个英文字符的位置,故称其为"全角"。

汉字在屏幕上显示的宽度也比传统的英文、拉丁字母或数字宽。所以,中文称为全形字符,通常的英文字母、数字键、符号键都是半角的,只是在文字处理时才会使用全角字符。在汉字输入法的初始状态下,输入的字母数字默认为半角,但是标点符号则默认为全角,可以通过鼠标单击输入法工具条上的相应按钮来改变输入法设置。以搜狗拼音输入法为例:输入法工具条(如图2-8所示)从左边开始首先是输入法的名字,通过单击及拖动此位置可以改变输入法工具条的位置;旁边的第一个按钮是切换中文和英文输入的;第二个按钮的

图 2-8　输入法工具条

圆或半圆状态分别代表字母和数字的全角或半角;第三个按钮"。,"或". ,"是用来改变标点符号的中英文设置(中文标点即是全角,英文标点即是半角);右边的键盘图标是用来显示软键盘的,可以从显示的键盘中输入一些特殊字符,最右边的工具图标按钮是显示当前输入法属性菜单的。

2.2.2　文字识别

文字识别是获取文字信息的另外一种重要方式。从识别过程看,文字识别可以分成脱机识别和联机识别两大类;从识别对象看,文字识别可以分成手写体识别和印刷体识别两大类。一般计算机用户所接触的文字识别实际上是光学字符识别(Optical Character Recognition,OCR),它是一种脱机印刷体识别;文字识别的另一种应用是手写识别,它属于联机手写体识别。

1. 光学字符识别

光学字符识别是指对文本资料进行扫描,然后对图像文件进行分析处理,获取文字及版面信息的过程。由OCR文字识别软件把图像中的文本图形转换为可编辑处理的文本。常见的文字识别软件有尚书OCR软件、清华紫光OCR软件等,另外某些扫描仪在销售时会随机附送相关的OCR软件。

下面以尚书七号OCR软件为例介绍文字识别软件的使用方法。

(1) 获取图像

对于已经存在的印刷文本资料,可以通过尚书七号OCR软件用扫描仪扫描来获取图像;也可以用数码照相机拍摄,然后将拍摄的照片输入到计算机中。

但要注意的是,尚书七号OCR软件能处理的图像文件的扩展名只能为.bmp,.tiff, .jpg三种。同时,建议将扫描获取的图像分辨率设置为300dpi,这样既可保证良好的识别效果,又能减少扫描操作所需的时间。如果文档字体较小则需要将扫描分辨率设定为

更高值,如 400dpi 或 600dpi。另外,在文字识别处理前,务必先将待识别文件的只读属性去掉。

(2)图像预处理

为提高识别率,可以用尚书七号 OCR 软件对扫描后的图像进行自动倾斜校正,去噪声(如麻点和下划线等)等处理。需要特别注意,"自动倾斜校正功能"只能对原稿做 ±2.8° 的倾角的校正,如果原稿的倾斜角度大于 2.8°,系统会建议用户重新扫描稿件,以提高识别率。

除此之外,也可以使用 Photoshop 图像处理软件对扫描的图像或拍摄的照片进行图像校正处理。

在处理纯英文文档时,可以利用该软件的"文件"|"系统配置"菜单命令调出"设置系统参数"对话框,如图 2-9 所示。在该对话框中将语言选项设定为"纯英文"以取得最好的识别效果;当处理含有繁体字的文档时,语言选项应设定为"简繁混合"。

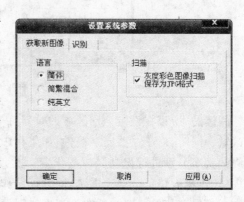

图 2-9 "设置系统参数"对话框

(3)版面分析

利用"文件"|"打开图像"菜单命令或单击 按钮,用尚书七号 OCR 软件打开需要识别的图像,如图 2-10 所示。

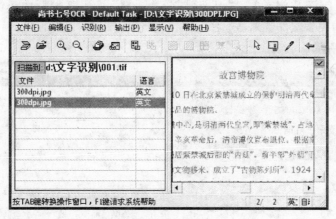

图 2-10 打开文件

自动分析:单击工具栏中的 按钮或单击"识别"|"版面分析"命令,自动对图像的版面布局、内容进行分析理解,切分图像页,判别图像框的版面属性(横栏、竖栏、表格、图像),并以不同颜色的线框标识图像框属性。对分析错误的版面可以手动调整,具体方法为:先用鼠标选中需要调整的版面块,再调整版面块的边框改变大小,或单击工具栏上的属性按钮 改变该版面块属性,如图 2-11 所示。

手动分析:对于某些比较复杂的图像内容,可以进行手动分析。手动分析时,只要把图像中的文字块按照文章内容的先后,分别拖出选择框即可。如某些文章是分成两个栏目进

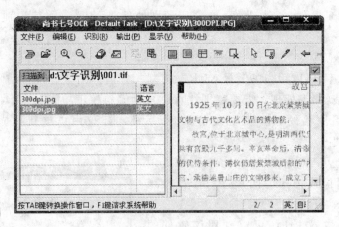

图 2-11　版面分析

行阅读的,所以在设定识别区域的时候,需要将这两个栏目分别选定,也就是设定两个识别区域。同时,对于一些文字稿件,如果在中间插有图片的时候,建议采用绕开的方式,对所环绕的文字分别进行识别区域的设定。此外,对于表格类的图像,为了将标题栏也能识别进去,建议将表格部分整个框选,同时标题作为一个单独的框选区域。

如果表格结构因为断线而识别错误,可以先用工具按钮中的画笔在图像上弥补断线再重新进行版面分析。

(4)识别图像

单击工具栏上 按钮或单击"识别"|"开始识别"命令,按照版面属性(横栏、竖栏、表格、图像),自动对图像文件管理器选择的图像进行批量识别,识别后的文字会显示在窗口的上方,如图 2-12 所示。

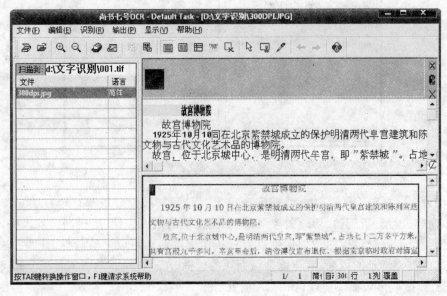

图 2-12　识别图像

（5）文字校对

通过对比识别结果文本和原图像，以发现识别错误的文字。软件会用醒目的红色标出识别可信度不高的文字，单击这些文字，窗口中的图像会自动移动至相应位置，此时就可方便地进行校对。要修正时，直接输入正确的字即可。要注意文字编辑的状态是插入还是覆盖，在状态栏的最右方有编辑状态说明，如图 2-13 所示。

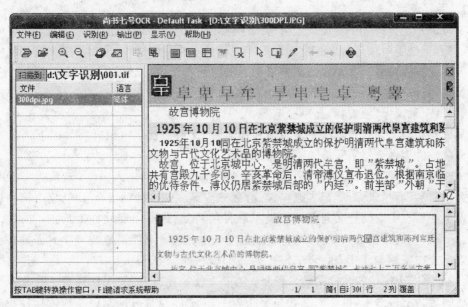

图 2-13　文字校对修改

（6）文件存盘

一种方法是：单击"输出"|"到指定格式文件"命令，将识别并修改好的文本输出保存成可供计算机阅读和查询检索的 RTF、HTML、XLS、TXT 格式的电子文档，如图 2-14 所示。

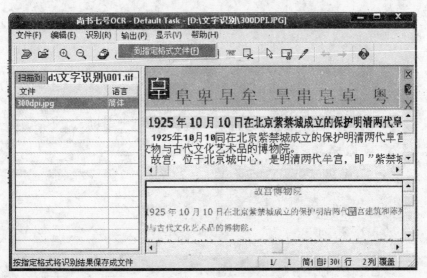

图 2-14　文件输出保存

建议选择 TXT 格式保存,因为这种格式可以用几乎所有的文档编辑器打开;如果进行表格识别,识别结果可以选择保存为 XLS 格式,这样用 Excel 就能够直接打开;而 HTML 格式是针对网页设计使用的,用 IE 等网络浏览器或网页编辑器可以打开。

另一种方法是:在尚书七号 OCR 软件中选择识别出的文字,单击"编辑"|"复制"命令,或直接按下 Ctrl+C 键复制,然后在 Word 文件中进行粘贴,再把 Word 文件保存。

2. 手写识别

手写识别是指将在手写设备上书写的字体,即产生的有序轨迹信息转化为汉字内码的过程,实际上是手写轨迹的坐标序列到汉字内码的一个映射过程,由计算机来辨别使用者手写的汉字或其他符号。手写识别能够使用户按照最自然、最方便的输入方式进行文字输入,易学易用,可取代键盘或者鼠标。用于手写输入的设备有许多种,比如电磁感应手写板、压感式手写板、触摸屏、触控板、超声波笔等。

常见的手写识别软件有汉王手写输入法软件、文通慧视小灵鼠软件等。下面以文通慧视小灵鼠软件为例介绍手写输入法软件的使用。

文通慧视小灵鼠软件是一种全新的纯软件手写文字识别输入系统,该系统支持所有输入装置,用户可通过鼠标、笔记本触摸板、电磁感应屏、电阻触摸屏、手写板、超声笔等进行手写输入。在系统中安装好文通慧视小灵鼠软件后将其打开,出现软件工具条,如图 2-15 所示,工具条最左边是输入法软件的名字,通过单击及拖动此名字可以改变工具条的位置;旁边的第 1 个按钮相当于 Backspace 键;第 2 个按钮相当于 Delete 键;第 3 个按钮相当于 Enter 键;第 4 个按钮的功能是插入符号;第 5 个按钮是打开/关闭软键盘;单击第 6 个按钮启动固定写字板输入,鼠标限制在写字板内手写输入,虽然有限制但是输入速度很快;第 7 个按钮可以激活对输入文字进行修改和联想输入;第 8 个按钮的功能是把图片上的文字转换为可编辑的文字;单击第 9 个按钮激活鼠标手写输入,使鼠标指针转变为画笔,可以在屏幕的任何地方书写输入;最后一个按钮是系统设置等相关属性。写字板鼠标手写识别过程、鼠标手写输入过程如图 2-16 和图 2-17 所示。

图 2-15　手写软件工具条

图 2-16　写字板鼠标手写识别

图 2-16 （续）

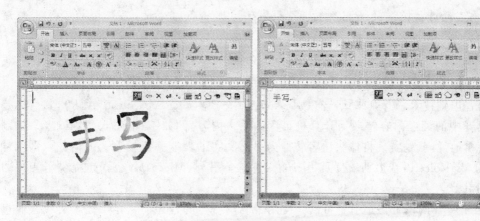

图 2-17 鼠标手写输入

 扩展阅读 2.3

手写数字的识别

字符识别处理的信息可分为两大类：一类是文字信息，处理的主要是用各国家、各民族的文字（如：汉字、英文等）书写或印刷的文本信息，目前在印刷体和联机手写方面技术已趋于成熟，并推出了很多应用系统；另一类是数据信息，主要是由阿拉伯数字及少量特殊符号组成的各种编号和统计数据，如：邮政编码、统计报表、财务报表、银行票据等，处理这类信息的核心技术是手写数字识别。因此，手写数字的识别研究有着重大的现实意义，一旦研究成功并投入应用，将产生巨大的社会和经济效益。

数字的类别只有十种，笔画又简单，其识别问题似乎不是很困难。但事实上，一些测试结果表明，数字的正确识别率并不如印刷体汉字识别正确率高，甚至也不如联机手写体汉字识别率高，而只仅仅优于脱机手写体汉字识别。这其中的主要原因是数字字形相差不大，使得准确区分某些数字相当困难；第二，数字虽然只有十种，而且笔画简单，但同一数字的写法千差万别，全世界各个国家各个地区的人都用，其书写上带有明显的区域特性，很难完全做到兼顾世界各种写法的极高识别率的通用性数字识别系统。另外，在实际应用中，对数字

47

识别单字识别正确率的要求要比文字要苛刻得多。这是因为数字没有上下文关系,每个单字的识别都至关重要,而且数字识别经常涉及的财会、金融领域其严格性更是不言而喻的。因此,用户的要求不是单纯的高正确率,更重要的是极低的、千分之一甚至万分之一以下的误识率。此外,大批量数据处理对系统速度又有相当的要求,许多理论上很完美但速度过低的方法是行不通的。因此,研究高性能的手写数字识别算法是一个相当有挑战性的任务。

多年的研究实践表明,对于完全没有限制的手写数字,几乎可以肯定:没有一种简单的方案能达到很高的识别率和识别精度。因此,最近这方面的努力向着更为成熟、复杂、综合的方向发展。研究工作者努力把新的知识运用到预处理,特征提取,分类当中,如:神经网络、数学形态学等。

数字识别面对的都是极其大量的数据报表,一般都要求达到每分钟几页到几十页的处理能力(包括扫描到完成识别的全过程)。而众所周知,处理速度与处理精度是一对矛盾,既要达到前面提到的高识别精度,又要有如此之高的速度,无疑增加了系统的设计难度。

2.2.3 语音识别

语音识别技术,又称自动语音识别(Automatic Speech Recognition,ASR),其目标是将人类语音中的词汇内容转换为计算机可读的输入内容,例如字符序列、按键或者二进制编码。简单地说,就是实现将口头语言转换为书面文字的功能。比较著名的语音识别软件有IBM 的 ViaVoice 语音识别软件及语音输入王等。另外,Microsoft 公司也提供了相关的语音识别引擎。

Microsoft 的语音识别引擎可以让使用者利用特定的程序向文档中插入文本。通过使用语音识别引擎,可以在任意 Microsoft Office XP 程序、Internet Explorer 5 或更高版本和Outlook Express 5.0 或更高版本软件中口述文本。可以将文字听写到任何 Office 程序中,还可以用声音选择菜单项、工具栏项、对话框(仅用于美国英语)项和任务窗格(仅用于美国英语)项。但是要注意的是,语音识别并不是设计为完全徒手操作,如果将声音与鼠标或键盘组合使用将会获得最佳效果。下面就对 Microsoft 语音识别引擎的使用及相关知识作简要介绍。

1. 语音识别准备

语音识别引擎是基于特定语言的。目前可供 Windows 使用的 Microsoft 语音识别处理器有简体中文、美国英语及日语三种,将来会提供其他语言。若要使用语音识别,首先要有支持高品质近距离讲话的麦克风以及声卡,还必须安装 Microsoft 语音识别引擎。

如果计算机安装了 Microsoft Windows XP 操作系统,则语音识别引擎一般已包含在内,但也可能尚未安装。确定在所使用的计算机中是否已安装了语音识别功能,可以双击该计算机控制面板中的语音图标,调出"语音属性"对话框以查看是否安装有语音识别。如果已有"语音识别"选项卡,则表明已安装了语音识别引擎;如果没有"语音识别"选项卡,则该引擎尚未安装,如图 2-18 所示。

需要注意的是,在 Microsoft Office 2007 程序中无法使用语音识别功能。如果操作系统是 Microsoft Windows XP,则必须运行 Microsoft Office 2003 或以前版本的程序才可以

图 2-18 已安装语音识别引擎

使用语音识别功能。

如果是在 Microsoft Office 2003 中首次使用语音识别软件,可通过单击 Microsoft Word 的"工具"菜单上的"语音"命令进行安装,或进行自定义安装。在 Word 中安装成功后,语音识别将安装在所有的 Office 程序中。

或者使用控制面板中的"添加或删除程序"功能安装语音识别,具体方法是:在"控制面板"中打开"添加或删除程序",依次单击"更改或删除程序"、Microsoft Office XP/2003 以及"更改",单击"添加或删除功能",然后单击"下一步",在"要安装的功能"下,双击"Office 共享功能",双击"可选用户输入方法",单击 ⊞,单击"语音输入",然后单击"从本机运行",最后单击"更新"。

安装语音识别后,可在任何支持语音功能的 Office 程序中的"工具"菜单上使用它。如果是运行独立版本的 Access、Excel、FrontPage、Outlook、PowerPoint 或 Publisher,则首次使用语音识别时,"工具"菜单中可能不会出现"语音"选项,当重新启动计算机后,"工具"菜单才会出现"语音"选项。

如果没有安装语音识别引擎,也可以下载语音识别引擎进行安装,还可以下载相关语音识别软件进行安装。

2. 语音识别训练

Office 语音识别是建立在对使用者说话发音方式熟悉的基础之上的。安装了语音识别引擎后,应该训练它,使其适应环境和使用者的说话风格。通过朗读预制的训练文字,对计算机进行数分钟的训练使其识别使用者的发言特点,包括重音、发音甚至习惯用语,这样可以提高语音识别的准确性。建议训练时间为 15min,训练得越多,识别精确度也就越高。训练将为不同的说话者创建语音配置文件。具体的语音识别训练方法如下:

在 Word 中安装语音识别成功后,可以单击"下一步"按钮训练语音识别。可通过单击

"语言"栏上的语音工具 按钮,单击"选项",再单击"配置麦克风"来调整麦克风。如果在安装语音识别后没有进行训练,可通过单击"语言"栏上的 按钮,再单击"训练",训练从帮助使用者调整麦克风开始。也可以在"控制面板"中单击"语音"按钮,在"语音识别"选项卡上,单击"训练配置文件",并使用"语音训练向导"训练系统,使其能够识别背景噪声(例如,风扇声、空调设备的噪声或其他办公室内的声音)。

3. 使用语音识别

使用 Office 语音识别功能,主要可以完成对软件操作的声音控制以及录入内容两项任务。通过单击"语言"栏上的按钮或口述"声音命令模式"或"听写模式"在"声音命令"和"听写"工作模式之间切换来使用语音识别。

如果首先完成听写,再检查文件,然后设置文本格式或进行更正,将会减少在"听写" 和"声音命令" 之间来回切换的频率并节省时间。

(1) 听写模式

"听写"模式下,可以在 Office 程序中能够输入文字的任何地方进行听写。

当使用者讲话时,将会看到屏幕上有一个蓝条,意味着计算机正在处理声音。当使用者的话语被识别之后,文字就会出现在屏幕上。当计算机处理使用者的声音时,可以继续讲话,不必等到蓝条消失。

还可以按拼写听写。例如,口述"拼写模式",暂停,然后口述 s-u-n。

(2) 声音命令模式

在"声音命令"模式下,通过口述菜单项、工具栏项、对话框(仅用于美国英语)项和任务窗格(仅用于美国英语)项的名称即可以选择这些项。

例如,若要更改字体格式,可以口述"字体"打开"格式"工具栏上的"字体"框,再口述字体名称,如"黑体"。或者如果格式化选定文字,可以口述"加粗"或"下划线"。要关闭"字体"对话框,则口述 OK。

2.2.4 网络下载

随着 Internet 的普及,从网上获取文本信息也变得越来越普遍。如果需要相关文本信息,可以使用 Google 和百度等搜索引擎来检索。当在网络上检索到自己需要的文本信息后,可以直接从网页中复制所需要的文字,粘贴到字处理文件中。

对于某些网页将左键或右键进行了屏蔽,而导致其中的文字无法复制,可选择"查看"|"源文件"命令,从生成的源文件记事本中复制;或把该网页保存为 .txt 文件,然后再进行复制。

需要注意的是,有时从网页中下载的文字是表格中的文字,这时就需要把表格转换成文本。具体方法是:只要在表格的任意位置处单击,Word 中就会出现"表格工具"菜单,选择需要转换成文本的表格内容(如图 2-19 所示),然后在"布局"选项卡上的"数据"组中,单击"转换为文本"按钮,在弹出的"表格转换成文本"对话框的"文字分隔符"中(如图 2-20 所示),单击要用于代替列边界的分隔符对应的选项,如段落标记或制表符,最后单击"确定"按钮,表格中的文字就转换成了常规文字,如图 2-21 所示。

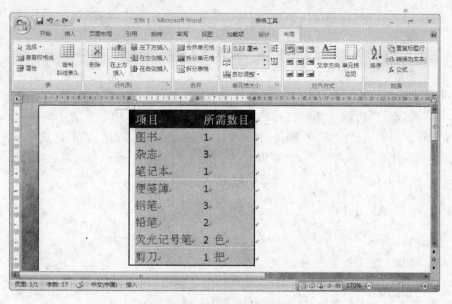

图 2-19 选择表格内容

图 2-20 "表格转换成文本"对话框

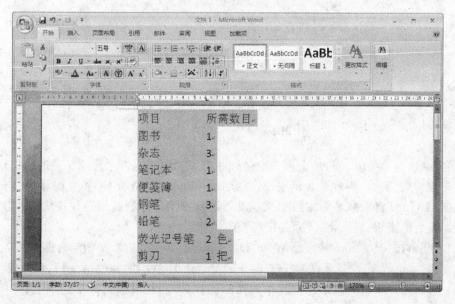

图 2-21 表格转换成文本

2.3　文本信息的处理

文本信息的处理主要是使用文字处理软件 Microsoft Office Word 或金山 WPS 软件来进行。文字处理软件可以处理带格式的文本以及图像等，基本功能有文字编辑、制表、图文混排、排版等。Microsoft Office Word 是一个功能强大的创作程序，它不但具有一整套编写工具，还具有易于使用的用户界面，可以通过它创建和共享文档。下面以 Microsoft Office Word 2007 软件的使用来说明文本信息的处理。

2.3.1　初识 Word

1. 启动 Word

常用的启动方法有以下三种。

（1）利用"开始"|"所有程序"|Microsoft Office 菜单命令启动 Word；

（2）通过新建 Word 文档或打开已有的 Word 文档启动 Word；

（3）通过双击计算机桌面上的 Word 快捷图标，以快捷方式启动 Word。

2. 界面组成

打开 Word 2007 后，可以看到它与之前的 Word 2003 版本相比有了较大变化。Word 2007 的窗口由标题栏、功能区、选项卡、文档编辑窗口、状态栏等组成，其操作界面如图 2-22 所示。

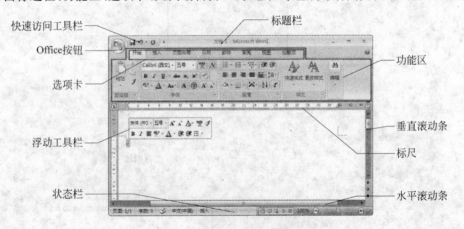

图 2-22　Word 2007 界面

（1）标题栏。Word 窗口最上面一栏是标题栏。标题栏有两个作用：一是标识作用，二是控制主窗口的变化。标题栏显示出程序的名称 Microsoft Word 和正在编辑的文档名，新建立的文档 Word 自动取名为文档 1、文档 2 等以示区别。标题栏的最右方是控制窗口的三个按钮：最小化按钮、最大化/还原按钮和关闭按钮。

（2）Office 按钮。Office 按钮是 Word 2007 新增加的一个功能，类似于之前版本的"文件"菜单，单击它可执行新建、打开、保存、打印、查看最近使用的文档、修改 Word 选项等操作。

（3）功能区。原来的菜单栏被现在的功能区代替，功能区包括 8 个选项卡，其中，在每个选项卡里有不同的组组成的主要活动区，每组又由多个命令组成。有些组的右下方还会有个小型对话框启动器 。

（4）工具栏。Word 2007 的工具栏与之前版本的工具栏也有所不同,现在的工具栏有浮动工具栏和快速访问工具栏两种。可以根据个人情况,把使用较多的工具添加在快速访问工具栏中。

（5）状态栏。把视图按钮添加在了状态栏中,此外,还增加了显示比例滑块。

3. 创建文档

常用的新建文档的方式有:

（1）Word 启动后,自动创建一个名为"文档 1"的新文档;

（2）Word 启动后,单击"Office 按钮"|"新建"命令,创建新文档;

（3）以快捷方式直接在计算机的文件夹里建立新的 Word 文档。

在 Word 2007 中可以创建新的空白文档,也可以根据模板创建新文档。

4. 打开文档

常用的打开文档的方式有:

（1）Word 启动后,单击"Office 按钮"|"打开"命令打开文档;

（2）双击一个已存在的 Word 文档,从而打开文档;

（3）Word 启动后,单击"Office 按钮",在"最近使用的文档"中查看 Word 所保留的最近用过的文档名,单击需要打开的文档名,或输入文档名前面的数字,从而打开文档,如图 2-23 所示。

图 2-23　打开文档

2.3.2 基本编辑

1. 文本定位

文档编辑就是在文档中对文字、字块及段落等，进行插入、删除、修改、移动、修饰等操作。在 Word 编辑窗口中，有一个垂直闪烁的光标"|"，它所在位置就是插入点，又称当前输入位置，如图 2-24 所示。因此最基本的操作就是将插入点移动到要处理的位置，或选定要处理的文本，即文本定位。

图 2-24　插入点示意

 实用小技巧 2.1

移动插入点的快捷键及功能如表 2-1 所示。

表 2-1　移动插入点的快捷键及功能

键	←	→	↑	↓	PageUp	PageDown	Home	End	Ctrl+Home	Ctrl+End
功能	左移一个字符或汉字	右移一个字符或汉字	上移一行	下移一行	上移一屏	下移一屏	移到当前行的开头	移到当前行的末尾	移到文档的开头	移到文档的结尾

2. 文本输入

找到文本的插入点后，就可以通过键盘把文本信息输入到 Word 文档中，或从其他文件中把文本复制粘贴到该文档中。

按下键盘上的 Insert 插入键或用鼠标单击状态栏中的"插入/改写"状态来切换当前输入状态是插入新的文本还是用新文本替换原有文本。

Word 有自动换行功能，当输入到达每行的末尾时不必按下 Enter 键，Word 会自动换行，只在建立另一新段落时才需要按下 Enter 键；如果需要人工换行，按下 Shift+Enter 键则插入一个人工换行符，其作用是只换行但不建立新段落。

3. 选定文本

通常用鼠标或键盘选定需要的文本以做进一步的修改。

 实用小技巧 2.2

用鼠标选定文本的方法

(1) 选定连续的文本：在想要选定文本的第一个文字前单击鼠标，再按住鼠标左键拖动到所要选定的文本全部选定即可。或先将插入点移动到该文本区域的起点，按下 Shift 键不放，再将鼠标移到区域的终点单击，则选定起点到终点间的全部文本内容。

(2) 选定单词或词组：在单词或词组的左边或中间双击。

(3) 选定一句：在一个句子中间的任何位置，按下 Ctrl 键，单击。

(4) 选定一行：把鼠标移动到编辑区的左边空白处（选定区），当鼠标变成向右的箭头时对准一行，单击。

(5) 选定多行：鼠标在选定区纵向拖动。

(6) 选定一个段落：在选定区双击，鼠标指向的段落即被选定，或将鼠标置于一个段落中间的任何位置，三击即可。

(7) 选定整个文档：将鼠标移入选定区，三击，或者按下 Ctrl 键，单击，或按下 Ctrl＋Alt 键。

(8) 选定矩形块：将鼠标指针移到列的起始处，按下 Alt 键，向右下或右上拖动鼠标，即可拖出一个矩形的列选定区域。

 实用小技巧 2.3

用键盘选定文本的方法

(1) 按下 Shift＋方向键，用来选定文档。

(2) 按下 Shift＋Home 或 Shift＋End 就选定插入点到行首或行尾的全部字符。

(3) 按下 Shift＋PageUp 或 Shift＋PageDown，就选定以上几页和以下几页。

(4) 按下 Ctrl＋A 可选定整个文档。

4. 删除文本

当输入有误时，按下 Backspace 键则可删除插入点左边的一个字或字符（向前）；按下 Delete 键，则删除插入点右边的一个字或字符（向后）。如果要删除大块文本，则应先选定需要删除的文本，再按下 Backspace 键或 Delete 键；或选定需要删除的文本后单击"开始"选项卡上的"剪切"按钮或按 Ctrl＋X 键。

5. 替换文本

选定需要替换的文本，然后输入新的文本即可替换原有文本的内容。

2.3.3　格式设置

1. 设置文本字体格式

设置文本字体格式一般有以下三种方法。

(1) 选定要处理的文本，鼠标停止不动时旁边会出现浮动的"字体"格式工具栏，如图 2-25 所示，即可在工具栏上单击相应的按钮如粗体按钮等，修改文本格式；

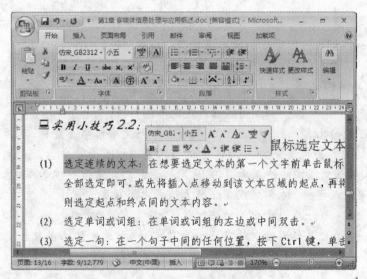

图 2-25　"字体"格式工具栏

（2）选定要处理的文本，右击，在出现的快捷菜单中选择"字体"命令；

（3）先选定要处理的文本，然后单击"开始"选项卡，即可在该选项卡的字体组里找到需要的字体格式命令，如字体、字号、字符边框、上标、下标、字体颜色、字符底纹等。

2. 设置文本段落格式

设置段落格式常用的方法有以下三种。

（1）选定要处理的文本段落或行，右击，在出现的快捷菜单中选择"段落"命令，在"缩进和间距"选项卡里可以设置段落和行的对齐方式、缩进方式、行距、段间距等，也可在出现的快捷菜单中选择"项目符号"或"编号"命令为每个段落或每行添加项目符号或编号。

（2）选定要处理的文本段落或行，然后单击"开始"选项卡，即可在该选项卡的段落功能区里找到需要的段落格式命令，即可设置段落的项目符号和编号、对齐方式、行距、底纹、边框等，如图 2-26 所示。

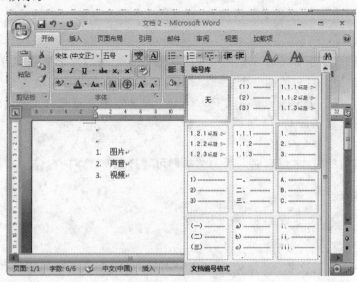

图 2-26　设置编号

（3）通过使用"开始"选项卡里的"格式刷"命令快速地应用已有的文本格式和一些基本图形格式，如边框和填充。首先，移动插入点到已有的文本处或选定具有要复制的格式的文本或图形。如果要复制文本格式，只需选择该文本；如果要复制段落格式，则要选择整个段落，包括段落标记。然后单击"格式刷"按钮 格式刷 ，指针改变为 形状，最后选定需要应用该格式的文本或图形，格式应用完成。

如果想更改文档中的多个选定内容的格式，可以双击"格式刷"按钮，分别应用到多个文本上，停止应用时可按 Esc 键或再次单击"格式刷"命令。

3. 设置文本样式

（1）应用样式。如需对文档中的文本快速格式化，可以使用 Word 中的样式功能区里的相关命令。对文档中所选文本应用样式非常简单，只需选中要应用样式的文本，在"开始"选项卡里的"样式"组中，单击所需的样式，常见的有正文样式、标题 1 样式、标题 2 样式等。如果未看见所需的样式，可单击"更多" 按钮以展开快速样式库。将指针放在要预览的样式上，可以看到所选的文本应用了特定样式后的外观。样式功能区如图 2-27 所示。

图 2-27　样式功能区

（2）创建新样式。如果样式库中的样式不能满足文档的要求，使用者也可以创建其他的样式。选择要创建为新样式的文本，使用"字体"命令设置文本的格式。右击所选内容，在弹出的快捷菜单中使用"样式"|"将所选内容保存为新快速样式"菜单命令（如图 2-28 所示），为样式取一个名称（例如章标题，如图 2-29 所示），然后单击"确定"按钮，新样式创建成功。所创建的章标题样式及其名称显示在快速样式库中（如图 2-30 所示），需要使用时即可单击该样式。

图 2-28　保存样式

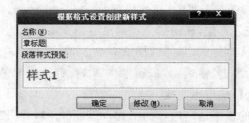

图 2-29   确定样式名称

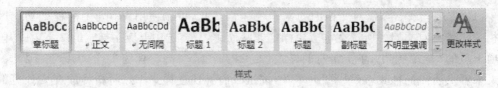

图 2-30   创建新样式后的样式功能区

4. 制表符分隔文本

制表位经常用于创建易于格式化的文档。譬如，每一行的文字都对齐于某些特定的位置。典型的一个例子就是，教师编制试卷时利用制表位可以快速设置所有选择题的选项位置。

具体方法如下：

（1）选定要处理的文本，首先要确保文档边缘有标尺（如果没有显示标尺，单击"视图"|"显示/隐藏"|"标尺"命令）；

（2）然后调出"段落"对话框，单击对话框左下方的"制表位"按钮，如图 2-31 所示；

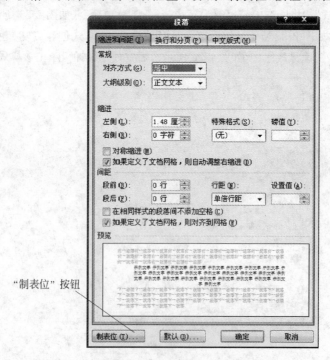

图 2-31   "段落"对话框

（3）在弹出的"制表位"对话框的制表位位置里填写数字，该数字代表要将文本从左到右隔开的字符距离，在对齐方式中选择要对齐的方式选项，如图 2-32 所示。"左对齐式制表符"制表位设置文本的起始位置，在输入时文本将移动到右侧。"居中式制表符"制表位设置文本的中间位置，在输入时，文本以此位置为中心显示。"右对齐式制表符"制表位设置文本的右端位置，在输入时，文本移动到左侧。"小数点对齐式制表符"制表位使数字按照十进制字符小数点对齐，无论位数如何，小数点始终位于相同的位置。"竖线对齐式制表符"制表位不定位文本，它在制表符的位置插入一条竖线。在前导符里选择需要的前导符号，然后单击"设置"按钮，接着可再设置下一个制表位，最后单击"确定"按钮。

图 2-32　"制表位"对话框

（4）在使用制表符时，按下一次 Tab 键，插入点就自动跳转到下一个制表位处，以此为基点输入文本，如图 2-33 所示。

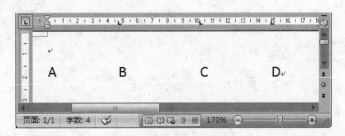

图 2-33　左对齐制表位对齐文本

2.3.4　表格制作

1. 插入表格

在 Word 中插入表格，可以从 Word 内置的预先设好格式的快速表格中选择，也可以通过选择需要的行数和列数来插入表格，或者直接用鼠标绘制表格。

（1）使用表格模板插入一个预先设好格式的表格

在要插入表格的位置单击，在"插入"选项卡的"表格"组中，单击"表格"按钮，在出现的下拉列表中用鼠标指向"快速表格"命令，然后再单击所需要的表格模板。表格模板包含示例数据,可以使用所需要的数据替换模板中的相关数据。使用表格模板插入表格如图 2-34 所示。

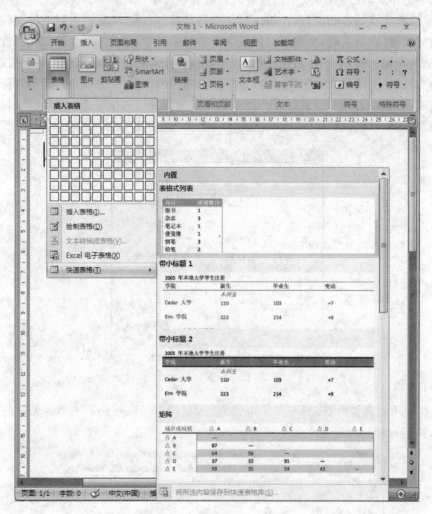

图 2-34　使用表格模板插入表格

（2）通过拖动鼠标创建表格

在要插入表格的位置单击,在"插入"选项卡的"表格"组中,单击"表格"按钮,然后在下拉列表的"插入表格"命令下,拖动鼠标在示意的表格中选择需要的行和列,如图 2-35 所示。

（3）使用"插入表格"命令

在要插入表格的位置单击,在"插入"选项卡的"表格"组中,单击"表格"按钮,然后在出现的下拉列表上单击"插入表格"命令,最后在弹出的"插入表格"对话框中输入表格的列数和行数,还可以在对话框中选择相关选项来调整表格尺寸,如图 2-36 所示。

（4）通过绘制需要的行和列来创建表格

一般复杂的表格常通过绘制来创建。例如,绘制包含不同高度的单元格的表格或每行的列数不同的表格。在"插入"选项卡的"表格"组中,单击"表格"按钮,然后在出现的下拉列表上单击"绘制表格"命令,此时指针改变为🖊笔形,首先在需要插入表格的位置绘制一个矩

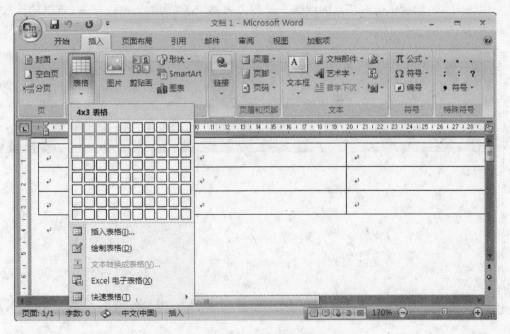

图 2-35　拖动鼠标创建表格

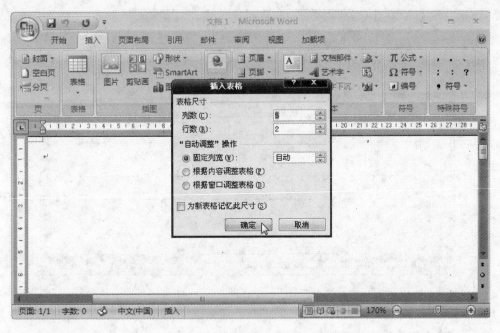

图 2-36　使用"插入表格"命令

形来定义表格的外边界,如图 2-37 所示。外边界绘制出来以后(在 Word 的标题栏上会自动出现"表格工具"菜单,原先的 8 个选项卡增加为 10 个),在该矩形内绘制列线和行线,不仅可以绘制水平和垂直线,还可以绘制斜线,如图 2-38 所示。如果要擦除表格的一条线或多条线,在"表格工具"的"设计"选项卡的"绘制边框"组中,单击"擦除"命令,此时指针改变

为 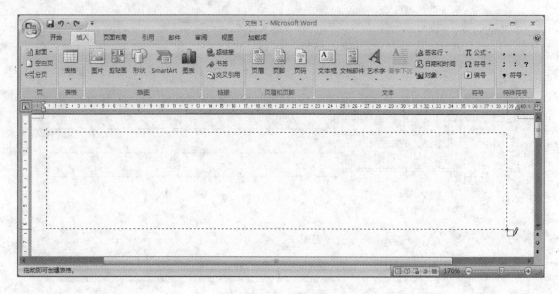 橡皮形状,然后单击要擦除的线条。绘制完表格以后,在单元格内单击,可以输入或插入内容。

图 2-37　绘制表格外边界

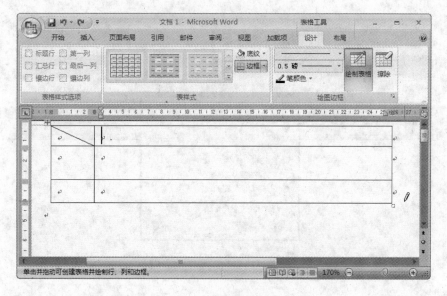

图 2-38　绘制列线和行线

（5）将文本转换成表格

具体方法如下：

首先,在文本中插入分隔符(分隔符：将表格转换为文本时,用分隔符标识文字分隔的位置,或在将文本转换为表格时,用其标识新行或新列的起始位置,例如逗号或制表符),以指示将文本分成列的位置。例如,在希腊字母表中,用制表符标识每列的位置,如图 2-39所示。

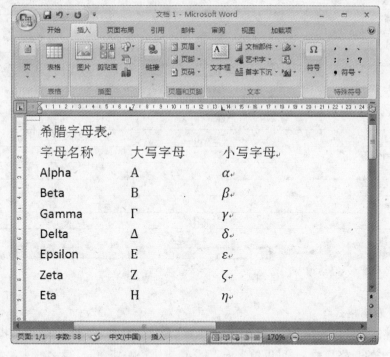

图 2-39　用制表符分隔的文本

　　然后,选择要转换的文本,在"插入"选项卡上的"表格"组中,单击"表格"按钮,选择"文本转换成表格"菜单命令,在弹出的"将文字转换成表格"对话框的"文字分隔位置"组下,单击在文本中使用的分隔符的选项,如制表符,最后单击"确定"按钮,如图 2-40 和图 2-41所示。

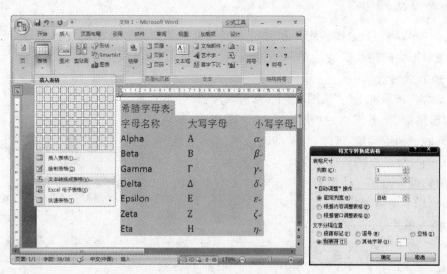

图 2-40　文字转换成表格设置

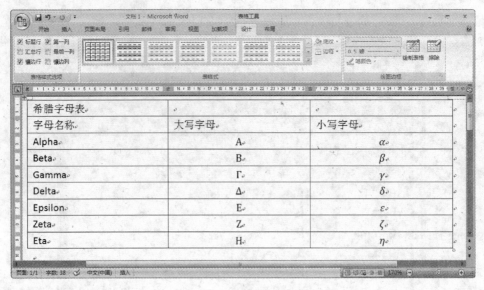

图 2-41 文本转换的表格

2. 设置表格格式

创建表格后,可以使用"表格工具"选项卡的"设计"组中,在"表样式"中将指针停留在预先设置好格式的表格样式上,可以单击向下　或其他　按钮,预览更多的表格样式外观,如果预览的样式符合要求,则单击此样式来确定表格的格式。

可以使用"设计"选项卡里的边框和底纹的设置来改变表格的外观。使用"布局"选项卡可以通过拆分或合并单元格、添加或删除列或行、改变单元格大小及对齐方式等为表格创建自定义外观。

2.3.5　图文混排

Word 可以将多种来源的图片和剪贴画等图形图像插入或复制到文档中,还可以更改文档中图形图像的格式以及与文本的位置关系。

1. 插入剪贴画

在"插入"选项卡上的"插图"组中,单击"剪贴画",如图 2-42 所示。

在"剪贴画"任务窗格的"搜索文字"文本框中,输入描述所需剪贴画的单词或词组,可以选择"搜索范围"和"结果类型",或输入剪贴画文件的全部或部分文件名,然后单击"搜索"按钮,所需要的剪贴画就出现在结果框中了。单击文本中要插入剪贴画的位置,然后单击需要插入的剪贴画,剪贴画则插入到文本中。

图 2-42　"插图"组

2. 插入图片

单击要插入图片的位置,在"插入"选项卡上的"插图"组中,单击"图片"命令,找到要插入的图片,双击图片则插入到文本中。

插入形状图形、SmartArt 图形和图表都与插入剪贴画和图片基本相同,不再赘述。

3. 设置格式

双击插入内容,则会在标题栏上出现"图片工具"、"图示工具"或"绘图工具"等菜单,菜单与其下的"格式"选项卡上的选项内容会根据插入内容的不同而有所变化。可以使用"格式"选项卡来对插入的图形图像进行格式设置。与文字环绕的方式在"排列"组中设置,可以实现所需要的图文混排效果,如图 2-43 所示。

图 2-43 "图片工具"菜单

2.3.6 文档排版

1. 插入页眉页脚

页眉和页脚是文档中每个页面的顶部、底部和两侧页边距中的区域。

可以在页眉和页脚中插入或更改文本或图形。例如,可以添加页码、时间和日期、公司徽标、文档标题、文件名或作者姓名。

(1) 在整个文档中插入相同的页眉和页脚

双击页眉页脚区域,或者在"插入"选项卡上的"页眉和页脚"组中单击"页眉"或"页脚"命令,然后在出现的下拉列表中单击"编辑页眉"或"编辑页脚",或者在下拉列表中单击内置的页眉或页脚样式,如图 2-44 所示,当前文本编辑状态转变为页眉页脚编辑状态,可以在页眉页脚部位插入文本、图形、页码、日期和时间等,如图 2-45 所示。

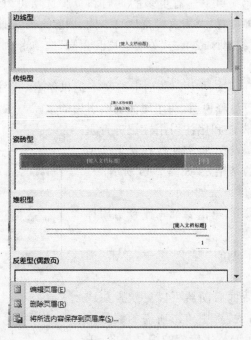

图 2-44 "页眉"下拉列表

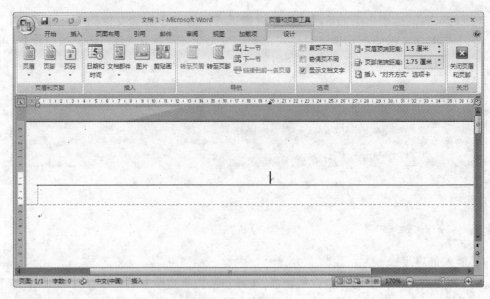

图 2-45　页眉页脚编辑

（2）保存页眉页脚样式

首先选择页眉或页脚中的文本或图形，然后单击"页眉"|"将所选内容保存到页眉库"或"页脚"|"将所选内容保存到页脚库"命令，则将新的页眉或页脚样式保存到样式库中。

（3）更改页眉页脚样式

首先选择页眉或页脚，然后在样式库中单击页眉或页脚，整个文档的页眉或页脚都会改变。在"页眉和页脚工具"菜单下还有更多的页眉和页脚选项可以对页眉页脚进行相关设置，如页码格式、页眉页脚位置、页眉页脚奇偶页不同、删除页眉页脚等。

更改完成，双击文本编辑区或单击"关闭页眉和页脚"选项卡，则退出页眉页脚编辑。

2. 插入脚注、尾注

脚注和尾注用于在打印文档中为文档中的文本提供解释、批注以及相关的参考资料。可用脚注对文档内容进行注释说明，而用尾注说明引用的文献。在添加、删除或移动自动编号的注释时，Word 将对脚注和尾注引用标记进行重新编号。在默认情况下，Word 将脚注放在每页的结尾处而将尾注放在文档的结尾处，如图 2-46 所示。

插入脚注、尾注的具体方法如下：

（1）在页面视图模式下，单击要插入注释引用标记的位置。

（2）在"引用"选项卡上的"脚注"组中，单击"插入脚注"或"插入尾注"。

（3）单击"脚注"对话框启动器可以更改脚注或尾注的格式。在"编号格式"框中单击所需的编号格式；如果要使用自定义标记替代传统的编号格式，单击"自定义标记"旁边的"符号"命令，然后从可用的符

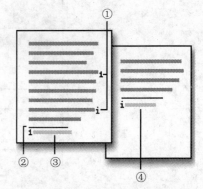

①—脚注和尾注引用标记；　②—分隔符线；
③—脚注文本；　④—尾注文本

图 2-46　脚注尾注示意图

号中选择标记,最后单击"插入"按钮。

（4）Word 将在文中插入引用标记,并将插入点置于须输入注释文本的注释编号旁,输入注释文本。

（5）双击脚注或尾注编号,可返回到文档中的引用标记处。

（6）如要删除注释,一定要通过删除文档中的注释引用标记,而不是直接去删除注释文字。

3. 插入题注

题注是一种可添加到图表、表格、公式或其他对象中的编号标签,如图 2-47 所示。

可以为不同类型的项目设置不同的题注标签和编号格式,例如"表 II"、"公式 1-A"、"图 1-1"等,也可以创建新的自定义题注标签,例如"照片 1"、"图 2-5 界面图示"等。

（1）添加题注

选择要添加题注的对象（表格、公式、图表或其他对象）,在"引用"选项卡上的"题注"组中,单击"插入题注"命令。弹出"题注"对话框,如图 2-48 所示,在"标签"列表中,选择最能恰当地描述该对象的标签,例如图片或公式。如果列表中未提供正确的标签,请单击"新建标签",在"标签"框中输入新的标签,然后单击"确定"按钮,新建标签名则出现在标签列表中。单击"编号"按钮,还可以更改编号格式。设置完成后,在"题注"文本框中则出现自动编号的标签名,再继续手动输入要显示在标签之后的任意文本（包括标点）。

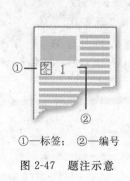

①—标签; ②—编号

图 2-47 题注示意

图 2-48 插入标签

（2）更改属于同一类型的所有题注标签

首先选择要更改其标签的题注编号。例如,要将"图"的所有实例更改为"表格",则选择题注"图 1"中的"1"。在"引用"选项卡上的"题注"组中,单击"插入题注"。在"标签"框中,单击所需的标签或"新建标签",例如,单击"表格"标签。单击"确定"按钮后所有名为"图"的题注都更改为了"表格"的题注。

需要注意的是,如果插入新的题注,Word 将自动更新题注编号;但是,如果删除或移动了题注,则必须手动更新题注。

4. 插入分页符

使用分页符可以开始新的一页。常用的两种方法如下所示。

（1）单击要开始新页的位置,在"插入"选项卡上的"页"组中,单击"分页"命令,如图 2-49 所示。

（2）在"页面布局"选项卡上的"页面设置"组中,单击"分隔符"命

图 2-49 "页"组

令,在下拉列表的"分页符"组中,单击"分页符"命令,如图 2-50 所示。

5. 插入分节符

可以使用分节符改变文档中一个或多个页面的版式或格式。例如,可以将单列页面的一部分设置为双列页面;可以分隔文档中的各章,以便每一章的页码编号都从"1"开始;也可以为文档的某节创建不同的页眉或页脚。

图 2-50 "页面设置"组

控制文档最后一部分格式的分节符不显示为文档的一部分。要更改这部分文档格式,则在文档的最后一个段落中单击进行修改。

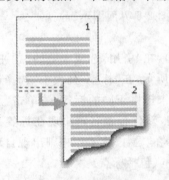

图 2-51 "下一页"分节符示意(双虚线代表一个分节符)

默认状态下,普通视图中可以显示出分节符。

(1)分节符类型

"下一页"命令用于插入一个分节符并在下一页开始新的节,如图 2-51 所示。

这种类型的分节符尤其适用于在文档中开始新章。

"连续"命令用于插入一个分节符并在同一页上开始新节,如图 2-52 所示。连续分节符适用于在一页中实现一种格式更改,例如更改列数。

"偶数页"或"奇数页"命令用于插入一个分节符并在下一个偶数页或奇数页开始新节,如图 2-53 所示。如果要使文档的各章始终在奇数页或偶数页开始,很适合使用"奇数页"或"偶数页"分节符。

图2-52 "连续"分节符示意(双虚线代表一个分节符)

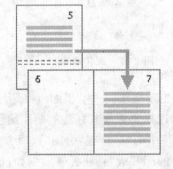

图 2-53 "奇数页"分节符示意(双虚线代表一个分节符)

(2)分节符更改文档版式或格式

单击要更改版式或格式的位置。有时需要在所选文档部分的前后插入一对分节符。在"页面布局"选项卡上的"页面设置"组中,单击"分隔符"命令,在下拉列表的"分节符"组中,单击需要的分节符类型来更改文档版式。

(3)删除分节符取消文档版式的更改

分节符控制它前面的文本节的格式。删除某分节符会同时删除该分节符之前的文本节的格式,这部分文本将成为后面的节的一部分并采用该节的格式。例如,如果用分节符分隔了文档的各章,然后删除了第2章开头处的分节符,则第1章和第2章将位于同一节中并采用第2章使用的格式。

首先要看到双虚线分节符,然后选择要删除的分节符,按 Delete 键删除。

6. 修订和批注

在编辑文档时,可以轻松地做出修订和批注并查看它们,这有助于了解对文档的修改和记录。利用"修订"功能,可以跟踪对文档的所有更改,包括插入、删除和格式更改等。Word可以使用批注框显示删除的内容、批注、格式更改和已移动的内容,也可以更改设置以便按需要的方式显示修订和批注。

(1) 进行修订和批注

打开要修订的文档。在"审阅"选项卡上的"修订"组中,单击 ![image] 图像按钮或单击"修订"按钮,在下拉列表中可以设置修订选项和打开修订。

可以向状态栏添加修订指示器,右击状态栏,然后单击"修订",修订指示器则添加到了状态栏上。单击状态栏上的修订指示器也可以打开或关闭修订,如图2-54所示。

图 2-54　修订指示器

打开修订后,通过插入、删除、移动或格式化文本或图形进行所需的修订,也可以单击"新建批注"命令添加批注,如图2-55所示。

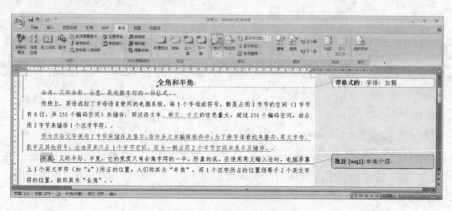

图 2-55　修订和批注示意

(2) 消除修订和批注

关闭修订后,对文档所做的修订则不会被跟踪,但是,关闭修订不会消除文档中的修订。如果要确保文档中不再有修订,先确保所有修订都已显示,然后对文档中的修订使用"更改"组的"接受"或"拒绝"命令,可以对单个修订使用命令,也可以对所有修订一起使用命令。

如果要删除批注,先选择要处理的批注,然后单击"批注"|"删除"命令,或右击,在弹出的快捷菜单中单击"删除批注"命令。可以删除单一批注,也可以删除所有批注。

7. 保护文档

在"审阅"选项卡中还有"校对"、"中文简繁转换"、"比较"和"保护"选项卡,其中,可以使用"保护文档"命令对文档设置限制格式和编辑的保护,如图 2-56 所示。"限制访问"指定一组用户及其权限管理文档,需要安装"信息权限管理"客户端软件。在"限制格式和编辑"对话框中可以设置对文档进行格式设置还是编辑设置,然后启动强制保护,如图 2-57 所示。在"启动强制保护"对话框中可以设置密码保护,如要设置"用户验证"则也需要安装"信息权限管理"客户端软件,如图 2-58 所示。

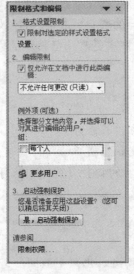
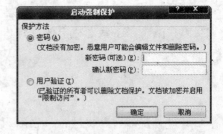

图 2-56 "保护文档"列表　　图 2-57 "限制格式和编辑"对话框　　图 2-58 "启动强制保护"对话框

8. 添加目录

通常,Word 通过在文本中标记标题样式(如标题 1、标题 2 和标题 3)来创建目录。Word 会自动根据所选标题样式等级设置目录项文本的格式和缩进,然后将目录插入文档中。

(1) 标记目录项

创建目录首先要标记目录项。最简单的方法是使用内置的标题样式(Word 有 9 个不同的内置标题样式:标题 1 到标题 9)创建目录。当然还可以基于已应用的自定义样式创建目录,或者可以将目录级别指定给各个文本项。

(2) 标记文本项

如果目录需要包括没有设置为标题格式的文本,则要标记各个文本项。

首先选择要在目录中包括的文本。然后在"引用"选项卡上的"目录"组中,单击"添加文字",接着单击要将所选内容标记为的级别,例如,为目录中显示的主级别选择"级别 1"。目录创建完成后,所需要显示的文本则会出现在目录中。

(3) 创建目录

标记了目录项之后,就可以生成目录了。首先单击要插入目录的位置,通常在文档的开始处。在"引用"选项卡上的"目录"组中,单击"目录",然后在下拉列表中单击所需的内置目录样式。

也可以单击"插入目录"命令,在弹出的"目录"对话框中对选项更改后创建目录,如图 2-59 所示。

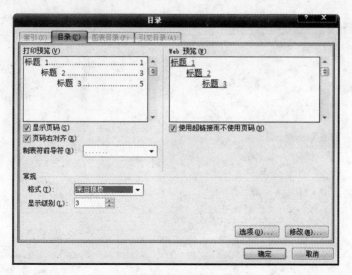

图 2-59 "目录"对话框

（4）更新目录

如果添加或删除了文档中的标题或其他目录项，可以快速更新目录。在"引用"选项卡上的"目录"组中，单击"更新目录"命令。可以选择"只更新页码"或"更新整个目录"。

（5）删除目录

单击"目录"按钮，然后在下拉列表中单击"删除目录"命令。

如果在 Word 文档中没有标记目录项，则可以采用手动填写目录的方法，单击"引用"|"目录"|"手动表格"，则在插入点插入目录，可以手动对目录进行填写和修改，如图 2-60 和图 2-61 所示。

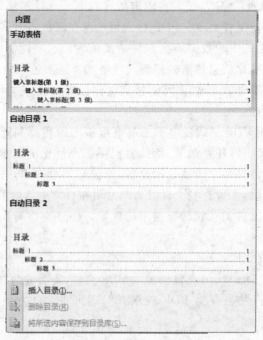

图 2-60　插入手动目录

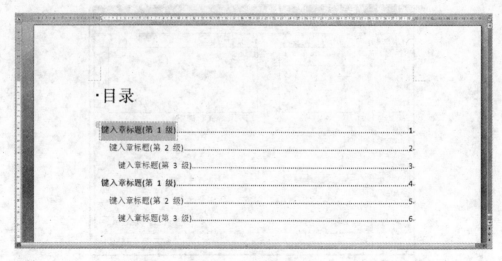

图 2-61　手动填写目录

2.3.7　格式转换

随着信息化的发展和计算机的普及,人们使用电子文件的频率越来越高、范围越来越广,Word 文件和其他格式的文本文件之间的转换也越来越多。

1. Word 文件转换为 WPS,RTF,HTML 等格式文件

单击"文件"|"另存为"|"其他格式",在弹出的"另存为"对话框中可以选择多种保存类型,如 WPS,RTF,HTML 等文件类型。

2. Word 文件转换为 PDF 文件

PDF 是共享文档的通用格式,是一种固定版式的电子文件格式,称为可移植文档格式,可以保留文档格式并支持文件共享。PDF 格式可确保在联机查看或打印文件时,文件可以完全保持预期格式,且文件中的数据不会轻易地被更改。这一性能使它成为在 Internet 上进行电子文档发行和数字化信息传播的理想文档格式。越来越多的电子图书、产品说明、公司文告、网络资料、电子邮件开始使用 PDF 格式文件。PDF 格式文件目前已成为数字化信息事实上的一个工业标准。

对普通读者而言,用 PDF 格式的电子书具有纸版书的质感和阅读效果,可以逼真地展现原书的原貌,而显示大小可任意调节,给读者提供了个性化的阅读方式。由于 PDF 文件可以不依赖操作系统的语言和字体及显示设备,阅读起来很方便。这些优点使读者能很快适应电子阅读与网上阅读,无疑有利于计算机与网络在日常生活中的普及。

Word 文件和 PDF 文件的互相转换越来越频繁,Word 文件转换为 PDF 文件有以下几种方法。

（1）另存为 PDF 或 XPS

如要在 Word 中直接把 Word 文件转换为 PDF 文件,需要安装"另存为 PDF 或 XPS"加载项,安装完成之后,通过"另存为 PDF 或 XPS",即可将文件方便快速地导出为 PDF 或 XPS 格式,如图 2-62 所示。

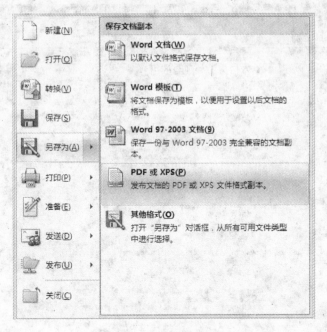

图 2-62　加载项安装完成后

（2）虚拟打印

如果系统里安装了 Macromedia Flashpaper，可以直接在 Word 中单击"打印"然后选择打印机 Macromedia Flashpaper 进行虚拟打印，在弹出的 Macromedia Flashpaper 窗口中选择"保存为 PDF 文档"即可将 Word 文件转为 PDF 文件，如图 2-63 和图 2-64 所示。

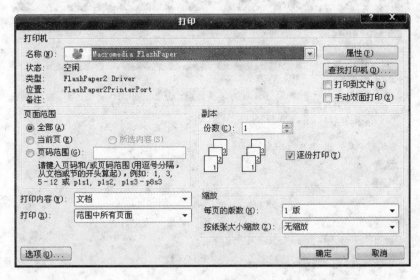

图 2-63　"打印"对话框

（3）软件转换

也可以使用一些软件来实现把 Word 文件转换为 PDF 文件的功能，如 Advanced Word to PDF Converter 软件，如图 2-65 所示。

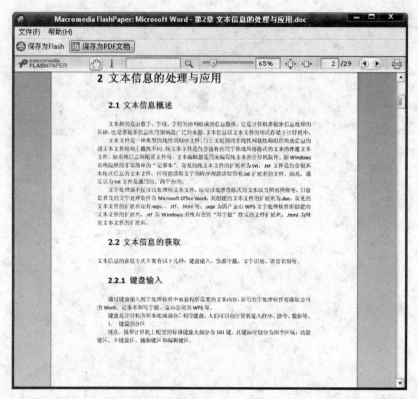

图 2-64　Macromedia Flashpaper 界面

图 2-65　Advanced Word to PDF Converter 软件界面

3. PDF 文件转换为 Word 文件

(1) Adobe Acrobat Reader 软件

Adobe Acrobat Reader 软件可以阅读和简单编辑 PDF 文件,能够把 PDF 文件转换成 TXT 纯文本文件,再转换成 Word 文件,不能够直接转换成 Word 文件,如图 2-66 所示。

(2) Solid Converter PDF 软件

Solid Converter PDF 软件在把 PDF 文件转换成 Word 文件方面有突出的优势,并且还可以把纸质文件扫描成 Word 文件,建立或合并 PDF 文件,简单修改 PDF 文件等,如图 2-67 所示。

图 2-66　Adobe Acrobat Reader 软件

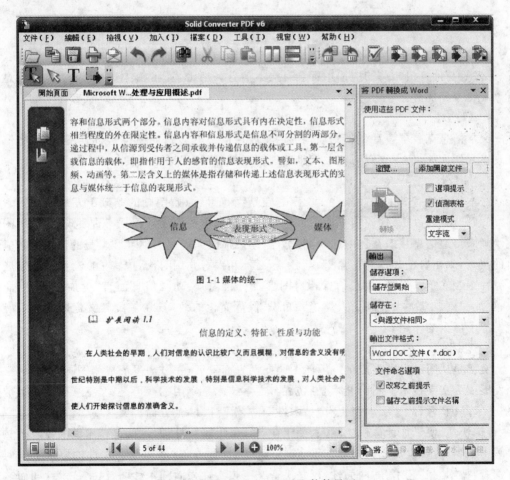

图 2-67　Solid Converter PDF 软件界面

(3) 免费的转换网站

通过免费又专业的网站 http://www.pdftoword.com 可以把 PDF 文件转换成 Word 文件,并将转换后的文件以邮件的方式发送给需要者,如图 2-68 所示。

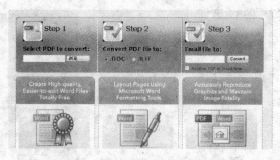

图 2-68　网站转换步骤图

2.4　文本信息的应用

2.4.1　文本信息的特点与优势

在多媒体应用中,文本信息的应用是最广泛的,在日常电子公文、电子出版物、邮件、博客、课件等与计算机相关的应用中都会有文本信息。相比其他的媒体表现形式,文本信息具有以下特点和优势。

1. 静态性

文本信息克服了声音、视频、动画等信息表现形式的转瞬即逝性,它能够长久地将信息展现在人们面前,使得人们对相关信息的理解更加深刻、记忆更为长久。

2. 抽象性

文本信息具有高度的抽象性。文字是在结绳符号、原始图画的基础上发展而来的。中国"书画同源"的说法,这说明早期图形符号是文字的重要源泉。根据考古发现,人类用图形或绘画来传递信息从旧石器时代晚期就开始了。那时人们将自然界和自身的认识绘制成简单的图画,刻在岩壁或各种石器上。到了新石器和铜石并用时代,这些早期绘画已经发展成了一种图画文字。但是,文本信息相对图形、图像、视频、动画信息而言,更加简洁、更加抽象、更加深刻。它大大提高了人类记载知识、传承文化的效率,在各民族文化形成和发展过程发挥了巨大的作用。

3. 艺术性

文字是从图画发展而成的。原始图画向两方面发展,一方面发展成为图画艺术,另一方面发展成为文字技术。图画艺术是欣赏的,文字技术是实用的。可是,文字从娘胎里也带来了"艺术基因",因此文字本身也有"技术性"和"艺术性"两个方面。文字要学习容易、书写方便、传输快速、便于往计算机中输入、便于在计算机上进行处理,这些是技术性的要求。文字要写出来美观,要发展成为书法艺术,悬挂起来装饰厅堂,这些也是艺术性的要求。任何文字都有"技术"和"艺术"的两面性,可是拼音文字技术性强而艺术性弱,汉字技术性弱而艺术性强。因此汉字被称为世界上最美的文字,有人认为:"从来没有一种文字能像汉字那样给人们带来那么多的美学和艺术享受"。书法家通过挥书几个汉字,可以尽情表现胸中的情感和志向,并可以将之传给观赏者。因此,文本信息也具有很强的艺术性。

2.4.2　文本信息应用的原则及注意事项

文本信息在应用时应注意以下原则和事项。

1. 文本信息的技术性

文本信息在多媒体作品中承担着表意、说明、概括、总结等作用，一般还是传递信息的主要载体。可以说，文本信息的质量直接决定了信息传播过程的效果和成败。文本信息在应用时一定要考虑文本信息语义的准确性。另外，还要考虑文本信息的易读性、字号大小、排列密度、对齐方式等因素。

2. 文本信息的艺术性

文本信息的艺术性主要体现在字体应用上。字体是文字书写的形式，或端庄刚劲，或飘逸秀丽，其种类繁多，各具特色。譬如，篆书细劲挺直、笔画无顿挫轻重；隶书结体扁平、工整、精巧；楷书从隶书演变而来，字形由扁改方、笔划规矩整齐。专为计算机配用的艺术字库，字体更为丰富，可供选择的范围更大。运用不同的字体，可以取得不同的艺术效果。因此，要根据文本信息具体应用的场合和需要，选择合适的字体。

3. 文本与其他信息表现形式的合理搭配

如果想用语言丝毫不差地反映事物的特征是非常困难的，我们常感到"只可意会，不可言传"，正是语言有限性的真实写照。因此，在多媒体作品设计制作和信息传播过程中，要根据实际需要，合理地选择、搭配不同的信息表现形式。在多媒体作品中，应特别注意避免大量文本信息的堆砌。一般而言，文本信息应用时一定要遵循"简洁、必需"的原则。它和图形、图像一起使用时，更多的是起"画龙点睛"的作用。

思考与练习

1. 简述文本信息获取的方式及其过程。
2. 请列举标准键盘上常用的特殊键及其功能。
3. 简述文字输入的要领。
4. 简述用鼠标选定文本的常用方法。
5. 简述用键盘选定文本的常用方法。
6. 简述在 Word 中如何设置文本字体格式。
7. 简述在 Word 中如何设置文本段落格式。
8. 简述在 Word 中如何设置文本样式。
9. 简述在 Word 中如何插入表格。
10. 简述在 Word 中如何插入页眉和页脚。
11. 简述在 Word 中如何使用脚注、尾注、题注、分页符、分节符等功能。
12. 简述在 Word 中如何使用修订和批注功能。
13. 简述在 Word 中如何添加目录。
14. 简述 Word 文件和其他格式的文本文件之间转换的方法。
15. 谈谈你对文本信息特点与优势的认识。
16. 简述文本信息应用的原则及注意事项。

第3章 图形和图像信息的处理与应用

⊙ **学习目标**

- 理解位图、矢量图、像素、像素大小、分辨率等图形和图像的相关概念。
- 掌握色彩模型、色彩模式、色彩深度等色彩基本知识。
- 掌握常见的图形图像文件格式。
- 掌握图形和图像信息获取的方式及相关知识。
- 掌握图像处理软件"光影魔术手"的主要功能。
- 掌握位图图像处理软件 Adobe Photoshop 的主要功能。
- 掌握矢量图形处理软件 Adobe Illustrator 的主要功能。
- 理解图形图像信息的特点与优势。
- 理解图形图像信息应用的原则及注意事项。

3.1 图形和图像信息概述

图形和图像信息是多媒体信息表现形式中非常重要的类型,其应用非常广泛。特别是随着现代多媒体通信技术的发展,影像技术、电子信息技术逐渐兴盛,视觉文化迅速兴起,逐步发展成为一个全球化的景观,成为当代文化的重要组成部分,甚至是主导。在摄影数字化以后,数字化图像以其真实、快捷、大众化、可复制性迅速征服了世界,视觉的需求成为人们获取信息的主渠道之一。因此,有人宣称现在已经进入了读图时代。同时,图形和图像信息已经成为计算机多媒体作品中不可或缺的媒体表现形式。可以说,任何一个计算机多媒体作品都要或多或少地处理、应用图形和图像这两种媒体表现形式。

3.1.1 基本概念

1. 位图和矢量图

在计算机中,图形(graphic)与图像(image)是两个不同的概念。通常,人们将图形称为矢量图形,简称矢量图;将图像称为位图图像,简称位图。但是需要指出的是,在很多场合下人们对于"图形"和"图像"这两个术语的使用并不严格区分,有时将图形和图像信息统称为"图像"或者"图片"。这就需要我们根据使用的场合判断它们的含义。为保证使用术语的科学性和准确性,本书一般情况下都尽可能地准确使用上述概念的精确含义。但为了叙述方便,在本书中有时可能也不严格区分这些术语,希望读者根据上下文自行判断其具体含义。

(1) 位图

位图在技术上称为栅格图像,又称为点阵图,它由网格上的点组成(实际上是许许多多的小矩形块),这些点称为像素(pixel),如图 3-1 所示。每个像素点记录了图像相应的颜色信息,每个像素点的位置、色彩、亮度不同,组合在一起形成规则的点阵结构,就组成了图案。利用相关软件处理位图时,实际上是编辑像素而不是图像本身。譬如,位图处理软件 Adobe Photoshop 就是通过修改像素点来处理图像的。

图 3-1　不同放大级别的位图图像示例

位图图像是连续色调图像最常用的电子媒介。数码照相机拍摄的相片、扫描仪扫描的图片、屏幕上抓取的图像等都属于位图。

相对于矢量图而言,位图具有以下特点:

① 在屏幕上缩放位图图像时,它们可能会丢失细节,因为位图图像与分辨率有关,它们包含固定数量的像素,每个像素都分配有特定的位置和颜色值。放大位图图像时,系统无法为它创建新的像素,只是将原来的像素变大填充放大后的空间,因此图像会产生锯齿。

② 位图可以表现层次和色彩比较丰富、画面细致的图像。

③ 位图图像所占存储空间较大。

(2) 矢量图

矢量图用数学的向量方式来记录图形内容,图形以线条和色块为主,如图 3-2 和图 3-3 所示。例如,一条线段只需要记录两个端点的坐标、线段的粗细和色彩即可。通常,矢量图是由图形软件创建的。常用的矢量图形处理软件有 Adobe Illustrator 和 CorelDraw 等。

图 3-2　矢量图实例 1

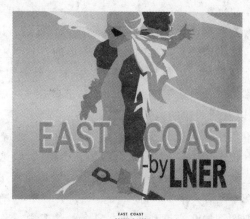

图 3-3　矢量图实例 2

相对于位图而言,矢量图形具有以下特点:

① 矢量图形与分辨率无关,也就是说,可以将它们任意缩放,可以按任意分辨率打印,而不会丢失细节和清晰度。这意味着可以移动线条、调整线条大小或者更改线条的颜色,而

不会降低图形的品质,如图 3-4 所示。

3:1

24:1

图 3-4　不同放大级别的矢量图形示例

② 矢量图形不适合制作色调丰富、色彩变化太多的图像,无法像照片一样表现自然界的景象。矢量图形适用于设计者创作与众不同的图形或制作缩放到不同大小时也必须保持线条清晰的图形(如徽标)。

③ 相对于位图图像来说,矢量图形文件所占存储空间较小。

但是需要注意的是,由于计算机显示器只能在网格中显示图像,因此矢量图形和位图图像在屏幕上均显示为像素。

2. 像素和像素大小

多媒体作品中出现的图片大多情况下都是位图图像,一般非计算机相关领域专业人员在计算机和网络上浏览、处理、传输、使用的图片大多也都是位图图像。如前所述,位图图像是由像素组成的。利用相关软件处理位图时,实际上是编辑像素而不是图像本身。那么,什么是像素?像素大小又是指的什么含义呢?

(1) 像素

像素对应的英文单词为 pixel,它是由 picture(图像)和 element(元素)这两个单词的字母所组成的。像素是用来计算数码影像的一种单位,对于数字图像而言,它是组成位图图像的最小单元。

像素具有两个特点:其一,像素是矩形的;其二,像素是单一颜色的。

像素可以是长方形的或者正方形的,用长宽比来进行表述。例如 1.25∶1 的长宽比表示每个像素的长度是其宽度的 1.25 倍。计算机显示器上的像素通常是正方形的,但是用于数码影像的像素也有矩形的,例如,那些用于 CCIR 601 数字图像标准的 PAL 和 NTSC 制式的,以及所对应的宽屏格式。

单色图像的每个像素有自己的灰度。0 通常表示黑,而最大值通常表示白色。例如,在一个 8 位图像中,最大的无符号数是 255,所以这是白色的值。在彩色图像中,每个像素可以用它的色调、饱和度和亮度来表示,但是通常用红绿蓝强度来表示。

(2) 像素大小

位图图像在高度和宽度方向上的像素总量称为图像的像素大小。一幅位图图像的像素总量可以通过下面的公式计算:

像素总量＝宽度×高度(以像素点计算)

例如,通常当我们说一张图片为 1024×768 像素时,意思是说这幅图像横向有 1024 个像素点,纵向有 768 个像素点,或者说这幅图像总共是由 1024 行、768 列像素构成的。那么,组成这幅位图图像的像素总量为 1024×768＝786 432 个像素。也就是说这幅图像的像素大小为 786 432 像素，通常说成 1024×768 像素。

由此可见，像素大小并不是指的单个像素的面积大小，而是指构成一幅位图图像的像素总量。

位图图像的像素大小决定了这幅图像中细节的数量。换句话说，像素大小决定了图像的品质。

3. 分辨率

分辨率是和图像相关的一个重要概念。但分辨率的种类有很多，其含义也各不相同。正确理解分辨率在各种情况下的具体含义，弄清不同表示方法之间的相互关系，对于理解图像的处理、输出等相关问题是至关重要的。

（1）图像分辨率（打印分辨率）

图像分辨率又称打印分辨率，它是由打印在纸上每英寸像素的数量决定的，通常以"像素/英寸"（ppi）来衡量。

打印时，高分辨率的图像比低分辨率的图像包含的像素更多，因此像素点更小。与低分辨率的图像相比，高分辨率的图像可以重现更多细节和更细微的颜色过渡，因为高分辨率图像中的像素密度更高。

在图像处理软件 Adobe Photoshop 中，可以更改图像的分辨率。通常如果图像用于网络或屏幕显示，设置为 72ppi 或 96ppi 即可，如用于印刷，则应不小于 300ppi。那么，是不是可以通过提高图像分辨率的方式使得图像变得更加清晰呢？如果一幅图像的原始数据不清晰，利用图像处理软件 Adobe Photoshop 提高图像的分辨率也不会使图像变得清晰，因为该软件只能在原始数据的基础上进行调整，而无法生成新的原始数据，因此图像的效果不会因为分辨率的增加而变得清晰。

另外，要制作出高品质的图像，需要了解图像的像素大小与图像（打印）分辨率之间的区别和关系，这一点很重要。像素大小与图像打印分辨率之间的关系是什么？它们分别又是干什么用的呢？可以用下面这两句话来描述：

图像的像素大小等于图像文档（输出）大小乘以图像分辨率。

图像中细节的数量取决于像素大小，而图像分辨率控制打印像素的空间大小。

利用图像处理软件 Adobe Photoshop 处理图像时，无须更改图像中的实际像素数据便可以修改图像的分辨率，需要更改的只是图像的打印大小。但是，如果想保持相同的输出尺寸，则更改图像的分辨率需要更改像素总量。也就是说，在保持图像像素大小不变的情况下修改图像的分辨率，随之更改的是图像的打印大小。但是，在想保持相同的打印输出尺寸情况下，修改图像的分辨率会伴随着像素大小总量的改变，如图 3-5 所示。

（2）显示器分辨率与屏幕分辨率（显示分辨率）

显示器分辨率是指在显示器中每个单位长度显示的点数，通常以"点/英寸"（dpi）来衡量。

譬如，我们说某个显示器的分辨率为 80dpi，是指在显示器的有效显示范围内，显示器的显像设备可以在每英寸荧光屏上产生 80 个光点。

屏幕分辨率也称为显示分辨率，通常用"水平像素数×垂直像素数"的数字来表示。

譬如，以屏幕分辨率（显示分辨率）为 1024×768 的屏幕来说，即每一条水平线上包含有 1024 个像素点，共有 768 条线，即扫描列数为 1024 列，行数为 768 行。

81

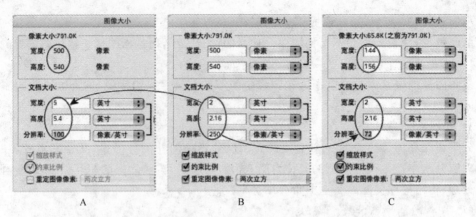

图 3-5　像素大小与图像分辨率之间的关系

A—降低分辨率而不更改像素大小（文档变大，不重新取样）；B—原始大小和分辨率；

C—降低分辨率而保持相同的文档大小（像素大小减少，重新取样）

dpi 中的点（dot）与图像分辨率中的像素（pixel）是容易混淆的两个概念，dpi 中的点可以说是硬件设备最小的显示单元，而像素则既可是一个点，又可是多个点的集合。

譬如，12 英寸显示器的有效显示区域约 200mm×160mm，如果荧光屏的光点直径为 0.31mm，通过换算可知，相应的分辨率为 80dpi（25.3995mm/inch÷0.31mm/dot≈80dot/inch），荧光屏上最大可显示的光点数为 640（200÷0.31）×480（160÷0.31）。

在这种情况下，显示卡的屏幕分辨率（显示分辨率）最高可设置为 640×480，这时 1pixel 由 1dot 组成。如把显示卡的显示模式调整为 320×200，在显示一幅 320×200 的图像时，一个像素就要对应于 4 个光点。

对于同一台显示器（如显示器为 15 英寸）、同一幅图像（如尺寸为 640×480 像素），在显示器屏幕分辨率设置较小时（如屏幕分辨率设为 640×480）要比屏幕分辨率设置较大时（如屏幕分辨率设为 832×624），该图像所占屏幕空间比例要大，即显示面积要大。

对于不同大小的显示器（如显示器分别为 15 英寸和 20 英寸），在屏幕分辨率相同的情况下（如屏幕分辨率设为 640×480），同一幅图像（尺寸为 640×480 像素）所占屏幕空间比例相同，而大显示器的每个像素看起来会比较大，如图 3-6 所示。

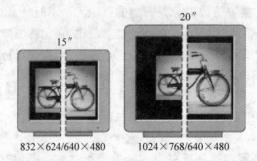

832×624/640×480　　1024×768/640×480

图 3-6　在不同大小和分辨率的显示器上显示的图像示例

注意：在制作用于联机显示的图像时，像素大小变得格外重要。应该控制图像的大小，确保图像在较小的显示器上显示时不会占满整个屏幕，从而给 Web 浏览器窗口留出一些显示空间。

（3）打印机分辨率

打印机分辨率以所有激光打印机(包括照排机)产生的每英寸的油墨点数（dpi）为度量单位。这里的点和上面显示器分辨率中的点含义非常接近，它是打印机这种硬件设备最小的打印单元。而像素则既可是一个点，又可是多个点的集合。譬如，分辨率为1ppi的图像，在300dpi的打印机上输出，此时图像的每一个像素，在打印时都对应了300×300个点。

提高打印机分辨率不会改善低品质图像的实际打印效果。更改图像的打印机分辨率只会使每个像素变大，从而导致像素化，这样打印出的图像像素大而粗糙。提高图像的打印机分辨率不会在图像中添加任何像素信息。可以以充分利用低分辨率图像中的像素数为原则选择打印尺寸，以此来实现最佳效果。

3.1.2　色彩基本知识

对于颜色现象的成因以及颜色概念和原理的认识，通常从光色谈起。因为光不仅是生命之源，而且也是颜色的起因。光让我们感受到瑰丽的颜色世界，决定了我们的视觉对自然界的感知，没有光线，色与形在我们的视觉中就消失了。我们在图形图像处理中运用的一切有关颜色的法则都是自然规律的反映。

光色是一种物理现象。1665年，英国科学家牛顿（Isaac Newton）进行了太阳光实验，让太阳光通过窗板的小圆孔照射在玻璃三角棱镜上，光束在棱镜中折射后，扩散为一个连续的彩虹颜色带(红、橙、黄、绿、青、蓝、紫)，牛顿称之为光谱，表示连续的可见光谱。牛顿将太阳光分解成光谱的现象称之为光的色散。

现代科学证实，光是一种以电磁波形式存在的辐射能，具有波动性及粒子性。而可见光谱只是所有电磁波谱中的一小部分。颜色世界的本质是一种光波运动，缤纷的颜色是光线辐射的结果，而不同物体对吸收和反射光波的情况是有差异的，如我们看到的绿色树叶，它是吸收了光线中的其他颜色，从而将绿色的光波反射出来。黄色、红色、蓝色的颜色显现也都是基于同样的道理。至于白色，则是反射了所有的光线，而黑色则把光线全部吸收了。

此外，光学与医学的研究证明，人的颜色感觉首先来自锥体细胞机能，它能感受、分辨色光中的红、蓝、绿，并做出综合反映。在视觉中枢和其他神经的配合下产生多项运动的色感觉，不仅可以形成一个个活跃的色单位感觉，还能产生统一的色调感觉。而且，人的视觉感受还会受到生理或心理变化的影响，面对各类颜色会产生不同的生活体验或联想。所以，光的运动和色光的反射是造成颜色现象的外界因素，而颜色概念则是由人的视觉思维形成的。

1. 颜色模型

如前所述，我们只能看到电磁光谱的一小部分。这一小部分通常称为可见光谱，如图3-7所示。这部分的颜色就已经是千变万化了，那么如何在计算机中准确地描述这些千变万化的颜色呢？

为了能够量化颜色，人们确定了相应的衡量标准——颜色模型。

颜色模型是用表现颜色的一种数学算法来描述我们看到的和处理的颜色。每种颜色模型分别表示用于描述颜色和对颜色进行分类的不同方法。所有颜色模型使用数值表示可见色谱。

图3-7　人们只能看到电磁光谱的一小部分

使用特定颜色模型(如 RGB 或 CMYK)可以生成的颜色范围称为色彩空间。可以说,色彩空间是另一种形式的颜色模型。颜色模型用数学算法来描述颜色,色彩空间将这些算法定义为颜色。

某些颜色模型有固定的色彩空间(如 Lab 和 XYZ),因为它们描述的是人眼能看到的所有颜色,不限于设备所生成的颜色,这些模型被视为与设备无关。还有一些颜色模型(RGB,HSL,HSB,CMYK 等)具有许多不同的色彩空间,这些颜色模型主要用于设备,由于每个设备都具有自己的独有的色彩空间,它们只能重现自己色域内的颜色,因此它们被视为与设备相关。例如,RGB颜色模型有许多 RGB 色彩空间,如 Adobe RGB,sRGB,ProPhoto RGB,可以采用相同的 RGB 值:R=220,B=230,G=5,指定描述不同 RGB 色彩空间的配置文件。每个色彩空间中的颜色显示效果不同,但数值和模型仍然相同。在 Adobe Photoshop 中,每个颜色模型都有一个与其关联的颜色工作空间配置文件。

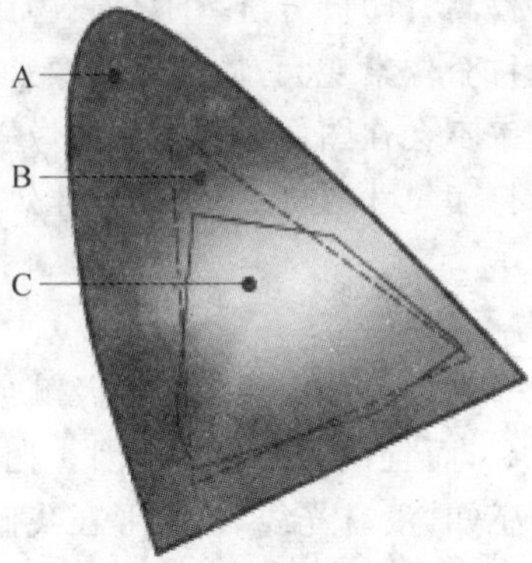

色彩空间包含的颜色范围称为色域,如图 3-8所示。

下面就对常见的颜色模型作简要介绍。

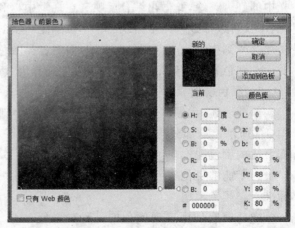

图 3-8　不同色彩空间的色域
A—Lab 色彩空间包括所有可见颜色;
B—RGB 色彩空间;C—CMYK 色彩空间

(1) HSB 颜色模型

HSB 颜色模型是以人眼对色彩的感觉为基础的,它描述了颜色的 3 种基本特性:H,S,B,分别指色相(Hue)、饱和度(Saturation)、亮度(Brightness),也就是说 HSB 颜色模型是用色彩的三要素来描述颜色的,如图 3-9 所示。由于 HSB 颜色模型能直接体现色彩之间的关系,所以非常适合于色彩设计,绝大部分的图像处理软件都提供基于 HSB 颜色模型的颜色处理,如图 3-10 所示。同时,HSB 色彩空间源自 RGB 色彩空间,并且是和设备相关的色彩空间。

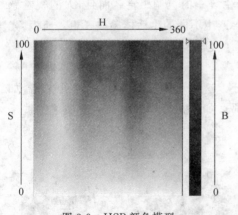

图 3-9　HSB 颜色模型
H—色相;S—饱和度;B—亮度

图 3-10　Adobe Photoshop 中的拾色器

① 色相(Hue),有时也称为色别,是指从物体反射或透过物体传播的颜色,是与颜色主波长有关的物理和心理特性。在通常的使用中,色相由颜色名称标识,如红色、橙色或绿色。在 0～360°的标准色轮上,按位置度量色相,如图 3-11 所示。通过增加色轮中相反颜色的数量,可以减少图像中某一颜色的数量,反之亦然。在标准色轮上,处于相对位置的颜色被称做补色。

② 饱和度(Saturation),有时也称为色度或纯度,是指颜色的强度或纯度。饱和度表示色相中灰色分量所占的比例,它使用从 0%(灰色)至 100%(完全饱和)的百分比来度量。在标准色轮上,饱和度从中心到边缘递增。当一种颜色的色素含量达到极限时,颜色的纯度最纯是该色相的标准色,这时这个颜色就达到了饱和程度。饱和度的变化,不会改变原来的色别,只是颜色浓淡、深浅、鲜艳程度的变化,如图 3-12 所示。

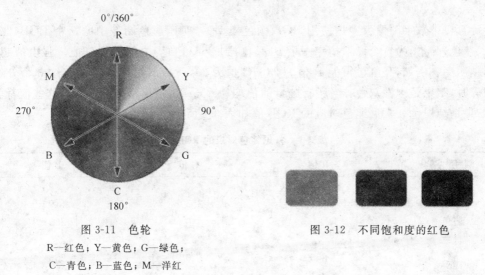

图 3-11　色轮
R—红色；Y—黄色；G—绿色；
C—青色；B—蓝色；M—洋红

图 3-12　不同饱和度的红色

③ 亮度(Brightness),是颜色的相对明暗程度,通常使用从 0%(黑色)至 100%(白色)的百分比来度量。亮度有两种情况,一是指同一种色相的颜色由于受光强弱不同而形成不同的明暗程度;二是对于不同色相的颜色来说,其明暗程度也会有所差异。如标准色轮上的所有颜色当中,黄色最亮,蓝色最暗。

(2) RGB 颜色模型

RGB 是指红(Red)、绿(Green)、蓝(Blue)三种颜色。根据色彩的三刺激理论,人眼的视网膜中假设存在三种锥体视觉细胞,它们分别对红、绿、蓝三种色光最敏感。因此,绝大多数可见光谱可用红色、绿色和蓝色三色光的不同比例和强度的混合来表示。所以,红、绿、蓝三种色光也被人们称为三基色。

RGB 颜色模型是从物体发光的原理来设定的,通俗点说它的颜色混合方式就好像有红、绿、蓝三盏灯,当它们的光相互叠加的时候,色彩相混,而亮度却等于两者亮度之和。因此,RGB 颜色模型也称为加色模型。也就是说,RGB 颜色模型的混色方式是加色方式,所以 RGB 颜色模型的混色方式也称为加色法。在这三种颜色的两两重叠处分别产生红、绿、蓝三基色的互补色——青、品红、黄等三种合成色,将所有颜色加在一起可产生白色,即所有可见光波长都传播回眼睛。加色被用于光照、视频和显示器。例如,显示器通过红色、绿色和蓝色荧光粉发射光线产生颜色,如图 3-13 所示。

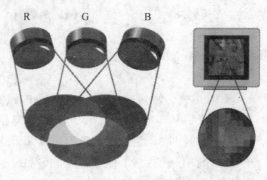

图 3-13　加色(RGB 模型)

计算机中数字图像大多是使用 RGB 颜色模型的,对于彩色图像中的每个 RGB(红色、绿色、蓝色)分量,为每个像素指定一个 0(黑色)到 255(白色)之间的强度值。强度值越高,色彩越明亮。例如,亮红色可能 R 值为 246,G 值为 20,而 B 值为 50。当所有这 3 个分量的值相等时,结果是中性灰色;当所有分量的值均为 255 时,结果是纯白色;当这些值都为 0 时,结果是纯黑色。常见纯色对应的 RGB 值如表 3-1 所示。

表 3-1　常见纯色对应的 RGB 值

颜色名称	R 值	G 值	B 值
红色	255	0	0
绿色	0	255	0
蓝色	0	0	255
青色	0	255	255
品红色	255	0	255
黄色	255	255	0
黑色	0	0	0
白色	255	255	255

另外,在 Adobe Photoshop 中新建图像的默认模式为 RGB,计算机显示器使用 RGB 模型显示颜色。这意味着在使用非 RGB 颜色模式(如 CMYK)时,Photoshop 会将 CMYK 图像插值处理为 RGB,以便在屏幕上显示。

(3) CMYK 颜色模型

CMYK 颜色模型以打印在纸上的油墨的光线吸收特性为基础。当白光照射到半透明的油墨上时,某些可见光波长被吸收(减去),而其他波长则被反射回眼睛。这些颜色因此称为减色。

日常生活中,类似的现象有很多。譬如,当周围的光线照射到物体时,有一部分的颜色被吸收而余下的部分会被反射出来,反射出来的颜色就是我们所看到的物体色。

CMYK 的混合方式刚好与 RGB 相反,是减色模型,当它们的色彩相互叠合的时候,色彩相混,而亮度却会减低。

理论上,纯青色(C)、洋红(M)和黄色(Y)色素在合成后可以吸收所有光线并产生黑色。由于所有的打印油墨都存在一些杂质,这三种油墨混合后实际会产生土棕色。因此,在 4 色打印中除了使用纯青色、洋红和黄色油墨外，还会使用黑色油墨（K）。为避免与蓝色混淆，黑色用 K 而非 B 表示，如图 3-14 所示。

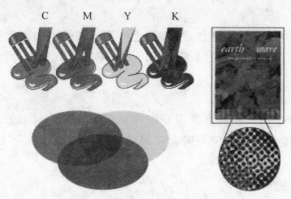

图 3-14　减色（CMYK 模型）

在 Adobe Photoshop 的 CMYK 颜色模式中，为每个像素的每种印刷油墨指定一个百分比值。为最亮（高光）颜色指定的印刷油墨颜色百分比较低，而为较暗（暗调）颜色指定的百分比较高。例如，亮红色可能包含 2% 青色、93% 洋红、90% 黄色和 0% 黑色。在 CMYK 图像中，当 4 种分量的值均为 0% 时，就会产生纯白色。

在制作要用印刷色打印的图像时，应使用 CMYK 颜色模式。

（4）Lab 颜色模型

CIE L* a* b* 颜色模型（Lab）是由国际照明委员会（CIE）创建的数种颜色模型之一，CIE 是致力于在光线的各个方面创建标准的组织。

Lab 中的数值能够描述正常视力的人能够看到的所有颜色。因为 Lab 描述的是颜色的显示方式，而不是设备（如显示器、桌面打印机或数码照相机）生成颜色所需的特定色料的数量，所以 Lab 被视为与设备无关的颜色模型。色彩管理系统使用 Lab 作为色标，将颜色从一个色彩空间转换到另一个色彩空间。

Lab 从亮度或其明度成分（L）及以下两个色度成分的角度描述颜色：a 成分（绿色和红色）和 b 成分（蓝色和黄色），如图 3-15 所示。

在 Adobe Photoshop 中，Lab 颜色模式的明度分量（L）用一个 0～100 之间的数表示，而 a 分量（绿色-红色轴）和 b 分量（蓝色-黄色轴）的范围可从 +127～−128。

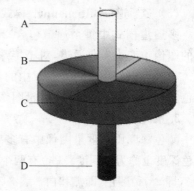

图 3-15　L* a* b*（Lab）模型

A—亮度＝100（白色）；B—绿色到红色成分；

C—蓝色到黄色成分；D—亮度＝0（黑色）

2. 颜色模式

颜色模式以颜色模型为基础，颜色模式确定用于显示和打印所处理的图像的颜色方法。

图像处理软件 Adobe Photoshop 中常用的颜色模式有：RGB、CMYK、Lab 和灰度模式等。Photoshop 还包括用于特殊色彩输出的颜色模式，如索引颜色和双色调等。颜色模式决定了图像中的颜色数量、通道数和文件大小。选取颜色模式操作还决定了可以使用哪些工具和文件格式。下面简要介绍除基本的 RGB 模式、CMYK 模式和 Lab 模式之外，Photoshop 支持的其他颜色模式。

（1）位图（bitmap）模式

位图模式使用两种颜色值（黑色或白色）之一表示图像中的像素。因为其颜色深度为 1，所以位图模式下的图像也被称为 1 位图像。要把彩色模式转换为位图模式，首先要将其转换为灰度模式。

（2）灰度（grayscale）模式

灰度模式使用最多 256 级灰度来表现图像。灰度图像的每个像素有一个 0（黑色）～255（白色）之间的亮度值。灰度值一般常用黑色油墨覆盖的百分比来表示，0% 等于白色，100% 等于黑色。

（3）双色调（duotone）模式

双色调模式通过 1～4 种自定油墨创建单色调、双色调、三色调和四色调的灰度图像。单色调是用非黑色的单一油墨打印的图像，双色调、三色调和四色调分别是用两种、三种和四种油墨打印的图像。在这些图像中，可以使用彩色油墨来重现带色彩灰色。使用此模式的重要用途之一是使用尽量少的颜色来表现尽量多的颜色层次。要把彩色模式转换为双色调模式，首先要将其转换为灰度模式（只能将 8 位灰度图像转换为双色调）。

（4）索引颜色（indexed color）模式

索引颜色模式是网上和动画中常用的图像模式，是包含最多 256 种颜色的 8 位图像文件。当彩色图像转换为索引颜色模式时，Photoshop 将构建一个颜色查找表（CLUT），用以存放并索引图像中的颜色。如果原图像中的某种颜色没有出现在该表中，则程序将选取最接近的一种现有颜色来模拟该颜色，这样可以减小图像文件的大小。在这种模式下只能进行有限的编辑，要进一步进行编辑，应转换为 RGB 模式。

（5）多通道（multichannel）模式

多通道模式中每个通道包含 256 个灰阶的图像模式。原始图像中的颜色通道在转换后的图像中变为专色通道，对于特殊打印很有用。

尽管可以使用 Photoshop 中的 HSB 颜色模型定义"颜色"调板或"拾色器"对话框中的颜色，但是没有用于创建和编辑图像的 HSB 模式。

3. 颜色深度

颜色深度用来度量图像中有多少颜色信息可用于显示或打印像素，单位是"位"。因此，颜色深度也称为位深度。1 位有两个可能的数值：0 或 1，所以一个颜色深度为 1 位的图像包含 2（即 2^1）种颜色，即黑和白。表 3-2 中列出了常见的色彩深度、颜色数量和色彩模式的关系。

表 3-2　常见的色彩深度、颜色数量和色彩模式的关系

色 彩 深 度	颜 色 数 量	色 彩 模 式
1 位	2（黑和白）	位图
8 位	256	索引颜色
16 位	65 536	16 位/通道，灰度
24 位	1670 万	RGB
32 位	2^{32} 种	CMYK，带 Alpha 通道的 RGB
48 位		RGB，16 位/通道

例如：RGB 图像使用三种颜色或三个通道在屏幕上重现颜色。这三个通道将每个像素转换为 24（8 位×3 通道）位颜色信息。对于 24 位图像，可重现多达 1670 万种颜色。对于 48 位图像（每个通道 16 位），可重现更多颜色。

 扩展阅读 3.1

有关色彩的视觉心理基础知识

1. 色彩的冷、暖感

色彩本身并无冷暖的温度差别，是视觉色彩引起人们对冷暖感觉的心理联想。

暖色：人们见到红、红橙、橙、黄橙、红紫等色后，马上联想到太阳、火焰、热血等物像，产生温暖、热烈、危险等感觉。

冷色：见到蓝、蓝紫、蓝绿等色后，则很容易联想到太空、冰雪、海洋等物像，产生寒冷、理智、平静等感觉。

色彩的冷暖感觉，不仅表现在固定的色相上，而且在比较中还会显示其相对的倾向性。如同样表现天空的霞光，用玫红那种清新而偏冷的色彩画早霞感觉很恰当，而描绘晚霞则需要暖感强的大红了。但如与橙色对比，前面两色又都加强了寒感倾向。人们往往用不同的词汇表述色彩的冷暖感觉，暖色——阳光、不透明、刺激的、稠密、深的、近的、重的、男性的、强性的、干的、感情的、方角的、直线型、扩大、稳定、热烈、活泼、开放等；冷色——阴影、透明、镇静的、稀薄的、淡的、远的、轻的、女性的、微弱的、湿的、理智的、圆滑、曲线型、缩小、流动、冷静、文雅、保守等。

中性色：绿色和紫色是中性色。黄绿、蓝、蓝绿等色，使人联想到草、树等植物，产生青春、生命、和平等感觉。紫和蓝紫等色使人联想到花卉和水晶等稀贵物品，故易产生高贵、神秘感的感觉。至于黄色，一般被认为是暖色，因为它使人联想起阳光和光明等，但也有人视它为中性色，当然，同属黄色相，柠檬黄显然偏冷，而中黄则感觉偏暖。

2. 色彩的轻、重感

这主要与色彩的明度有关。明度高的色彩使人联想到蓝天、白云、彩霞及许多花卉，还有棉花、羊毛等，产生轻柔、飘浮、上升、敏捷、灵活等感觉。明度低的色彩易使人联想到钢铁及大理石等物品，产生沉重、稳定、降落等感觉。

3. 色彩的软、硬感

其感觉主要也来自色彩的明度，但与纯度亦有一定的关系。明度越高感觉越软，明度越低则感觉越硬，但白色反而软感略改。明度高、纯度低的色彩有软感，中纯度的色彩也呈柔感，因为它们容易使人联想起骆驼、狐狸、猫、狗等好多动物的皮毛，还有毛呢、绒织物等。高纯度和低纯度的色彩都呈硬感，如它明度又低则硬感更明显。色相与色彩的软、硬感几乎无关。

4. 色彩的前、后感

由各种不同波长的色彩在人眼视网膜上的成像有前后，红和橙等光波长的色在后面成像，感觉比较接近，蓝和紫等光波短的色则在外侧成像，在同样距离内感觉就比较后退。

实际上这是视错觉的一种现象，一般暖色、纯色、高明度色、强对比色、大面积色、集中色等有前进感觉，相反，冷色、浊色、低明度色、弱对比色、小面积色、分散色等有后退感觉。

5. 色彩的大、小感

由于色彩有前后的感觉,因而暖色、高明度色等有扩大、膨胀感,冷色、低明度色等有显小、收缩感。

6. 色彩的华丽、质朴感

色彩的三要素对华丽及质朴感都有影响,其中纯度关系最大。明度高、纯度高的色彩和丰富、强对比的色彩感觉华丽、辉煌。明度低、纯度低的色彩和单纯、弱对比的色彩感觉质朴、古雅。但无论何种色彩,如果带上光泽,都能获得华丽的效果。

7. 色彩的活泼、庄重感

暖色、高纯度色、丰富多彩色、强对比色感觉跳跃、活泼有朝气,冷色、低纯度色、低明度色感觉庄重、严肃。

8. 色彩的兴奋与沉静感

其影响最明显的是色相,红、橙、黄等鲜艳而明亮的色彩给人以兴奋感,蓝、蓝绿、蓝紫等色使人感到沉着、平静。绿和紫为中性色,没有这种感觉。纯度的关系也很大,高纯度色给人以兴奋感,低纯度色给人以沉静感。

——摘自 http://info. china. alibaba. com/news/detail/v3-d5328088. html

3.1.3 图形图像文件格式

图形图像的文件格式是计算机存储图形图像的方式与压缩方法,要针对不同的程序和使用目的来选择需要的格式。不同的图形图像程序也各有其内部格式,如 PSD 格式是 Adobe Photoshop 本身的格式,由于内部格式带有软件的特定信息,如图层与通道等,其他图形图像软件一般不能打开它。那么如何使一幅 PSD 格式的图像用在其他程序中呢? 这就需要转换图形图像的文件格式。目前,常见的图形图像格式有以下几种。

1. BMP

BMP 是英文 Bitmap(位图)的简写,它是 DOS 和 Windows 兼容计算机上的标准 Windows 图像格式,BMP 格式是一种与硬件设备无关的图像文件格式。这种格式的特点是包含的图像信息丰富,几乎不进行压缩,但由此导致了它与生俱来的缺点——占用磁盘空间较大。

BMP 格式支持 RGB、索引颜色、灰度和位图颜色模式,可以为图像指定 Windows 或 OS/2 格式和位深度。对于使用 Windows 格式的 4 位和 8 位图像,还可以指定 RLE 压缩。

BMP 图像通常是自下而上进行编写的,但也可以选择"翻转行序"选项,自上而下编写。还可以通过"高级模式"选择其他编码方法("翻转行序"和"高级模式"对于游戏程序员和其他使用 DirectX 的人员而言最有用)。

2. JPEG/JPEG 2000

JPEG 是 Joint Photographic Experts Group(静止图像压缩标准)的缩写,文件扩展名为.jpg 或.jpeg。JPEG 格式是在 World Wide Web 及其他联机服务上常用的一种格式,用于显示超文本标记语言(HTML)文档中的照片和其他连续色调图像。JPEG 格式支持 CMYK、RGB 和灰度颜色模式,但不支持 Alpha 通道。与 GIF 格式不同,JPEG 保留 RGB 图像中的所有颜色信息(支持 24 位真彩色),但通过有选择地扔掉数据来压缩文件大小。

JPEG 图像在打开时自动解压缩。压缩级别越高,得到的图像品质越低;压缩级别越低,得到的图像品质越高。在大多数情况下,"最佳"品质选项产生的结果与原图像几乎无分别。

JPEG 2000 是一种新型的文件格式,它比标准 JPEG 格式提供更多选项和更大的灵活性。使用 JPEG 2000 可以生成压缩和品质更适合于 Web 和印刷出版的图像。

与传统的 JPEG 文件(使用有损压缩)不同,JPEG 2000 格式支持可选的无损压缩。JPEG 2000 格式有一个极其重要的特征在于它能够实现渐进传输,即先传输图像的轮廓,然后逐步传输数据,不断提高图像质量,让图像由朦胧到清晰显示。此外,JPEG 2000 格式还支持所谓的"感兴趣区域"特性,可以任意指定影像上的感兴趣区域的压缩质量,还可以选择指定的部分先解压缩。

JPEG 2000 格式还支持 16 位颜色或灰度文件、8 位透明度,而且它可以保留 Alpha 通道和专色通道。JPEG 2000 格式仅支持灰度、RGB、CMYK 和 Lab 模式。

3. GIF

GIF 是 Graphics Interchange Format(图形交换格式)的缩写,它是在 World Wide Web 及其他联机服务上常用的一种文件格式,用于显示超文本标记语言(HTML)文档中的索引颜色图形和图像。GIF 是一种用 LZW 压缩的格式,目的在于最小化文件大小和电子传输时间。GIF 格式保留索引颜色图像中的透明度,但不支持 Alpha 通道。

GIF 格式有两个主要的特点:一是它最多支持 256 种颜色;二是一个 GIF 文件中可以存放多幅彩色图像,如果把存于一个 GIF 文件中的多幅图像数据逐幅读出并显示到屏幕上,就可以构成一种最简单的动画。

4. PNG

PNG(Portable Network Graphics,便携网络图形)格式是作为 GIF 的无专利替代品开发的,用于无损压缩和显示 Web 上的图像。与 GIF 不同,PNG 支持 24 位图像并产生无锯齿状边缘的背景透明度;但是,某些 Web 浏览器不支持 PNG 图像。PNG 格式支持无 Alpha 通道的 RGB、索引颜色、灰度和位图模式的图像,保留灰度和 RGB 图像中的透明度。

5. TIFF

TIFF(Tag Image File Format,标记图像文件格式)用于在应用程序和计算机平台之间交换文件。TIFF 是一种灵活的位图图像格式,受几乎所有的绘画、图像编辑和页面排版应用程序的支持。而且,几乎所有的桌面扫描仪都可以产生 TIFF 图像。TIFF 文档的最大文件大小可以达到 4GB。

TIFF 格式支持具有 Alpha 通道的 CMYK、RGB、Lab、索引颜色和灰度图像,并支持无 Alpha 通道的位图模式图像。Photoshop 可以在 TIFF 文件中存储图层;但是,如果在另一个应用程序中打开该文件,则只有拼合图像是可见的。Photoshop 也能够以 TIFF 格式存储注释、透明度和多分辨率金字塔数据。

6. PSD

PSD 格式是 Photoshop 默认的文件格式,而且是除大型文档格式(PSB)之外支持大多数 Photoshop 功能的唯一格式。由于 Adobe 产品之间是紧密集成的,因此其他 Adobe 应用程序(如 Adobe Illustrator,Adobe InDesign,Adobe Premiere,Adobe After Effects,Adobe GoLive)可以直接导入 PSD 文件并保留许多 Photoshop 功能。

7. WMF

WMF 是一种矢量图形格式,Word 中内部存储的图片或绘制的图形对象属于这种格式。无论放大还是缩小,图形的清晰度不变,WMF 是一种清晰简洁的文件格式。

8. EPS

EPS 是 Encapsulated PostScript 的缩写,它是跨平台的标准格式,专用的打印机描述语言,可以描述矢量信息和位图信息。作为跨平台的标准格式,其扩展名在 Windows 平台上是 .eps,在 Macintosh 平台上是 .epsf,主要用于矢量图像和光栅图像的存储。该格式分为 Photoshop EPS 格式(Adobe Illustrator EPS)和标准 EPS 格式,其中标准 EPS 格式又可分为图形格式和图像格式。

EPS 格式采用 PostScript 语言进行描述,并且可以保存其他一些类型信息,如多色调曲线、Alpha 通道、分色、剪辑路径、挂网信息和色调曲线等,因此 EPS 格式常用于印刷或打印输出。

9. AI

AI 是 Adobe 公司的图形处理软件 Illustrator 的专用格式。

10. CDR

CDR 是 Corel 公司的图形处理软件 CorelDRAW 的专用格式。

3.2 图形和图像信息的获取

图形图像信息的获取途径很多,目前比较常用的途径有:设备输入、软件创作、屏幕捕捉和网络下载等方式。

3.2.1 设备输入

设备输入是当前应用较为广泛的一种图形图像获取技术,输入常用的方法有:使用扫描仪扫描图像和利用数码照相机拍摄图像等。

1. 扫描仪扫描

扫描仪是一种通过光电原理把平面图形、图像数字化后输入到计算机的设备,如图 3-16 所示。利用扫描仪配合扫描软件可以从已有的印刷品、幻灯片和照片中快速获取数字图形。当前扫描仪种类繁多,但具体的使用方法都大同小异。初次使用扫描仪一般需经历以下几个步骤。

图 3-16　佳能(Canon)CanoScan LiDE 700F 扫描仪

（1）扫描仪的安装

扫描仪的安装包括硬件的安装与软件的安装。在使用扫描仪之前，首先需要将扫描仪与计算机正确连接，现在的产品大都是用 USB 接口与计算机连接，具体情况可依据产品配套说明书来定，然后进行驱动程序的安装及配套扫描软件的安装，这样扫描仪就可以正常使用了。

（2）扫描前计算机显示器的调整

要保证扫描所获得的图形在所有显示器上都能真实、准确地显示，必须在扫描前对计算机的显示器作调整。几乎所有扫描仪所带的支持软件都含有显示器的调整程序，可以按调整程序的要求对显示器进行调校。

（3）选择扫描图形深度、分辨率等参数

大多数扫描仪在扫描彩色图形时，都会将图形深度设置成 24 位真彩色（RGB），分辨率设为 300dpi，使得获取的图片具有较高的质量。但是图形的深度及分辨率与图形文件所占的磁盘空间是成正比的，图形深度越大，分辨率越高，其所占用的磁盘空间就越大，扫描的时间就越长，图形的调用时间也就越长。事实上扫描仪一般也支持黑白、灰度、8 位彩色等图形深度及各种分辨率，在扫描时应根据具体情况具体分析的原则进行选择，以避免造成不必要的资源浪费。另外，在扫描时可以调整的参数还有高度和对比度等，在扫描时都应根据具体的情况对其进行调整，以确保扫描的质量。

（4）预扫描，选择扫描区域

相关参数设置后，可以使用扫描仪的预视扫描功能初步进行扫描以确定扫描区域，在完成扫描区域的选择及调整后，即可进行正式扫描。

（5）扫描、编辑、保存图片

在选定了扫描区域后，使用扫描仪的扫描功能就可以进行图形的扫描了。扫描完成后可根据具体的情况使用其自带的编辑软件或专用的图形编辑软件进行图片的编辑，最后保存图形即可。

2. 数码照相机拍摄

使用照相机直接拍摄自然影像一直是获取图像信息的重要方法。特别是随着数码相机技术的日益成熟和普及，利用这种方法获取图像信息变得更加方便、快捷。

（1）数码照相机的基本知识

数码照相机（Digital Camera，简称 DC），是一种利用电子传感器把光学影像转换成电子数据的照相机。数码照相机是传统照相机与现代电子技术高度融合的产物，与普通照相机在胶卷上靠溴化银的化学变化来记录图像的原理不同，数码照相机的传感器是一种光感应式的电荷耦合器件（CCD）或互补金属氧化物半导体（CMOS）。数码照相机将光信号转换为电信号，再进行模数转换后记录在存储器上，最后利用计算机或数码打印机将图片输出。

数码照相机的分类有很多种，根据感光器材料的不同，可以分为 CCD 数码照相机和CMOS 数码照相机；按感光器件形式的不同，可以分为面阵型数码照相机和扫描型数码照相机；按照相机的光机结构分为数码单镜头反光照相机、数码轻便机、数码机背等三类。

数码照相机的主要组成器件包括：镜头、CCD 芯片或 CMOS 芯片、光圈、快门、取景器、液晶显示器、A/D（模/数转换器）、MPU（微处理器）、存储器、电池和输出接口。其工作原理如图 3-17 所示，其外观（以 Nikon P5100 数码照相机为例）如图 3-18 和图 3-19 所示。

94

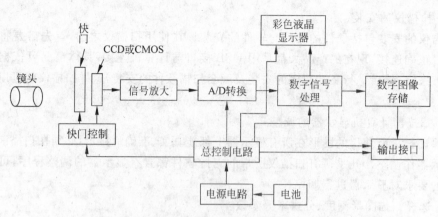

图 3-17　数码照相机的主要组成器件和工作原理

图 3-18　Nikon P5100 数码照相机(1)

下面对数码照相机主要的组成器件作简要介绍。

① 镜头。数码照相机的镜头与传统照相机的镜头作用相同,是将要拍摄的景物成像在感光平面上。传统照相机的感光平面是胶卷或胶片表面所在的位置;数码照相机的感光平面是 CCD 或 CMOS 感光芯片表面所处的位置。

衡量镜头的性能指标主要是焦距和最大相对口径。焦距数值的大小决定了镜头的成像特性。根据焦距是否可变化,数码照相机所用镜头分为定焦距镜头和变焦镜头两大类。

定焦距镜头是指焦距固定不变的镜头。根据焦距的数值相对于数码照相机中感光芯片

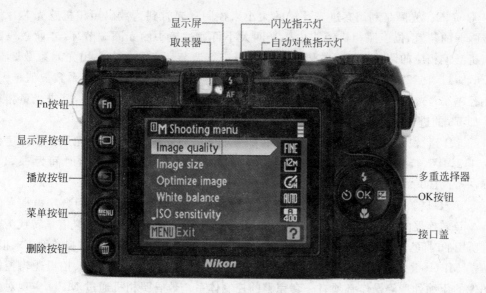

图 3-19   Nikon P5100 数码照相机(2)

对角线的长度来分,定焦距镜头可分为标准镜头、短焦镜头(广角镜头)、长焦镜头(远摄镜头)三类。标准镜头是指焦距长度与感光芯片的对角线长度接近的镜头。不同的数码照相机所用感光芯片的大小不同,标准镜头的镜头焦距数值差别很大,如尼康 D100(CCD 尺寸 23.7×15.6mm)数码照相机标准镜头的焦距在 35mm 左右,而一般的轻便数码照相机标准镜头的焦距为 10~20mm。短焦镜头又称广角镜头,是焦距长度比感光芯片的对角线长度短得多的镜头。广角镜头具有摄取视角大(大于 57°)、夸张变形、扩大透视等特点,适宜于在短距离内拍摄宽阔范围的景物,以及需要增强透视的拍摄。长焦镜头又称远摄镜头,是指焦距数值比感光芯片的对角线长度长的镜头。远摄镜头具有将远处物体拍得较大的特点,尤其适宜于在拍摄难以接近的物体时使用。远摄镜头还有缩小透视的特点。

变焦镜头的焦距都可在较大范围内变化,在不改变拍摄距离的情况下,能够在较大幅度内调节拍摄的成像比例及透视,一只变焦镜头可替代若干个不同焦距的定焦镜头。数码照相机可用变焦镜头的变焦比越来越大,变焦范围越来越广($f=7.8$~23.4mm 相当于 35mm 的 38~114mm),质量越来越高,不少变焦镜头的质量已与定焦距镜头的成像质量相媲美。变焦镜头的变焦具有手动变焦与电动变焦两种形式,在轻便数码照相机上的变焦镜头,几乎都采用电动变焦,单反数码照相机上的变焦一般为手动变焦。

② 感光芯片。数码照相机中的感光芯片的作用是将光信息转化为电信号。目前,数码照相机的感光芯片主要有 CCD(电荷耦合器件)和 CMOS(互补型金属氧化物半导体)两种。CCD 芯片比 CMOS 芯片更灵敏,因此 CCD 芯片可在昏暗的光线下获得较好的相片。用 CCD 芯片的照相机获得的相片也比 CMOS 清楚。

③ 聚焦系统。数码照相机的聚焦方式有自动聚焦和手动聚焦。当半按下快门按钮时,数码照相机自动测定拍摄距离,镜头自动前后移动,使被拍摄的景物在感光芯片平面上清晰成像,完成自动聚焦。高档专业数码照相机往往同时具有自动聚焦和手动聚焦系统,普通数码照相机一般只有自动聚焦而没有手动聚焦系统。手动聚焦是用手转动数码照相机上的聚焦环或按数码照相机上的聚焦按钮来完成的。

④ 光圈。光圈是利用其进光孔径的大小来控制曝光时到达数码照相机感光芯片上的光线强弱的装置,位于照相机镜头内。光圈大小可通过镜头的光圈调节环(专业数码照相机)、机身上相应的调节按钮或数码照相机自身进行调节。光圈的大小用光圈系数 2,2.8,4,5.6,8,11,16,22,32 等表示。光圈系数与光圈孔径的大小成反比,光圈系数数值越大,光圈孔径越小;光圈系数数值越小,光圈孔径越大。两相邻光圈系数的光圈,其进光量相差一倍。如 F8 的进光量是 F11 的两倍。

⑤ 快门。快门是利用其开启时间的长短控制曝光时间,从而控制曝光量。快门速度通常用 1,2,4,8,15,30,60,125,250,500,1000 等表示,分别表示快门开启时间为 1s,1/2s,1/4s,…,1/1000s 等,即所标数值的倒数表示实际快门开启的时间。

⑥ A/D 转换器(模/数转换器)。模/数转换器是将模拟电信号转换为数字电信号的器件。A/D 转换器的主要指标是转换速度和量化精度。转换速度是指将模拟信号转换为数字信号所用的时间,由于高分辨率图像的像素数量庞大,量化位数高,因此对转换速度要求很高。

⑦ MPU(微处理器)。数码照相机要实现测光、运算、曝光、闪光控制、拍摄逻辑控制以及图像的压缩处理等操作必须有一套完整的控制体系。数码照相机通过 MPU 实现对各个操作的统一协调和控制。MPU 通过对 CCD 感光强弱程度的分析,调节光圈和快门,又通过机械或电子控制调节曝光。

⑧ 取景器。取景器是供拍摄者观察被摄景物和景物范围,确定画面构图和聚焦的装置。数码照相机采用的取景方式为取景器取景和利用彩色液晶显示器取景。

⑨ 存储器。数码照相机中的 CCD 或 CMOS 芯片将光信号变为模拟电信号,并将电信号输出,经处理后保存在存储器里。数码照相机中存储器的作用是保存数字图像数据,这如同胶卷记录光信号一样,不同的是存储器中的图像数据可以反复记录和删除。数码照相机可用存储器件多种多样,一般来说,可以分为内置存储器和可移动存储器。内置存储器为半导体存储器,安装在照相机内部,用于临时存储图像;可移动存储器可以插拔,种类分为:PCMCIA 卡、CF 卡、SM 卡、SD 卡、Memory Stick 等。不同的数码照相机使用不同的存储器件,如 Nikon P5100 数码照相机使用 SD 卡,SONY 数码照相机使用 Memory Stick 存储卡。

⑩ 供电部分。数码照相机可用电池供电,也可用交流适配器供电。有彩色液晶显示器的数码照相机,一般在有交流电的地方最好使用交流适配器供电。

(2) 数码照相机的性能指标

随着数码照相机技术发展的越来越快,更多更高性能的产品相继面市。但大多数消费者在选购、使用数码照相机的时候,并不真正了解数码照相机的技术功能指标以及这些指标对拍摄效果会有什么影响。评价一台数码照相机的性能指标主要有以下几个。

① 分辨率。数码照相机的分辨率是数码照相机拍摄记录景物细节能力的度量。数码照相机分辨率的高低,取决于数码照相机中 CCD 芯片或 CMOS 芯片像素的多少,像素越多,分辨率越高。CCD 芯片的分辨率——像素的多少常被用作划分数码照相机档次的主要依据。数码照相机的分辨率使用图像的绝对像素数来衡量,这是由于数码照相机大多数采用面阵 CCD 芯片。数码照相机的分辨率还直接反映出能够打印出的照片尺寸的大小。分辨率越高,在同样的输出质量下可打印出的照片尺寸越大。相比同类数码照相机而言,分辨率越高,档次越高,但占用的存储器空间就越多。

CCD 的分辨率是一个重要的指标,在同样的最大拍摄图像的分辨率下,CCD 的分辨率越大越好。如对于同样可以拍摄图像分辨率如（1280×1024）的数码照相机，500万像素的CCD数码照相机的拍摄质量比400万像素CCD的数码照相机好。

照片分辨率厂家都会标明其照相机的最大分辨率如1280×1024。用户也可以调低分辨率从而在相同的存储卡上保存更多数量的照片。不同用途的照片可以选用不同的分辨率以及压缩比。同一分辨率下可以有不同的压缩比，分辨率和压缩比同时决定照片的质量。

② 颜色深度。颜色深度是用来表示数码照相机的色彩分辨能力，数码照相机的色彩位数越多，记录的细节数量就越多。一般数码照相机有24位的色彩位数，可以生成真彩色的图像。广告和大型图片出版摄影用数码照相机，需要有30位或36位的颜色深度。

③ 相当感光度。对于传统照相机，感光度是指感光材料对光的敏感程度。数码照相机与普通照相机的工作原理不同，但它本身包含了用于接收光线信号的CCD或CMOS芯片，对曝光多少也就有相应的要求，也就有感光灵敏度高低的问题，相当于胶卷具有一定的感光度一样。为了方便使用者，数码照相机厂家将数码相机的CCD的感光度等效转换为传统胶卷的感光度值，所以数码照相机也就有了"相当感光度"的说法。数码照相机的相当感光度可以用ISO100，ISO200，ISO400，ISO800，ISO1600，ISO3200等表示。

④ 镜头变焦倍数。现在市场上的数码照相机都有光学变焦和数码变焦两种功能。数码照相机的变焦公式为：

$$变焦＝光学变焦×数码变焦$$

光学变焦是依靠光学镜头结构来实现变焦，变焦方式与35mm照相机差不多，就是通过镜头的镜片移动来放大与缩小需要拍摄的景物，光学变焦倍数越大，能拍摄的景物就越远（在不损失画质的前提下）。数码变焦的放大方式是把原来CCD感应器上的一部分像素放大到整个画面，所以放大后的效果会对成像质量有所影响。有的照相机标有高倍变焦，但是消费者要弄清它的光学变焦和数码变焦各多少，数码变焦没有太大实际意义，不必要求过高。

带有光学变焦的数码照相机使用者可以通过焦距调节拍摄出远处放大的景物，并能拥有很清晰的照片。对于目前的数码照相机而言，拥有同样分辨率的CCD，如果一款变焦照相机和一款定焦（一般只有数码变焦）照相机相比，它们从价格上也有很大的差别，对于高像素的数码照相机来说一般都要拥有3倍以上的变焦功能，如果经常拍摄一些远端景物或动物，还可以选择6倍光学变焦功能的数码照相机。限于CCD的尺寸，数码照相机通常采用10倍以内的光学变焦镜头，部分特殊产品甚至采用拥有12倍左右光学变焦能力的镜头，且变焦后不会对影像质量造成明显的影响。

需要指出的是，很多时候厂家销售时都会宣传拥有"10倍"、"14倍"的变焦能力，这是光学变焦和数码变焦相乘以后得到的所谓能力，光学变焦对影像质量有较大影响，因此在选购时应只以镜头的光学变焦能力作为主要的参考指标。

当然，除了上述4个主要的性能指标外，评价一台数码照相机还要考虑最大光圈、快门范围、附加功能实用价值、显示屏分辨率及可视角度、存储卡容量、电池容量、品牌及做工等指标。

（3）数码照相机拍摄图像的方法

利用数码照相机拍摄图像的方法和传统照相机基本类似，主要的操作步骤如下：

① 拍摄准备。装入电池及存储卡，开机并进行有关设置。主要设置感光度ISO、图像格式和分辨率、调整白平衡方式、曝光方式以及拍摄场景等。

② 取景聚焦。按动变焦开关，向W方向，拍摄对象缩小，增大拍摄范围；向T方向，拍

摄对象增大,缩小拍摄范围。对准拍摄对象轻轻将快门按钮按下一半,AF 指示灯闪动进行自动对焦,当 AF 指示灯停止闪动,表示对焦完成,可以进行拍摄。

③ 拍摄。取景构图完成后,按下快门按钮完成曝光,在触动快门按钮的一刹那照相机不得有丝毫震动,以保持图像清晰。拍摄完成后可以按相机 LCD 屏旁边的"播放键",查看拍摄图像的效果,若效果不满意,可以按"删除键"将图像删除,重新拍摄。

④ 导出数据。拍摄完成后,关闭照相机电源,将存储卡取出插入读卡器,将读卡器插入计算机的 USB 端口,将存储卡中的图像数据导入计算机中。对于数码照相机内存中的图像数据可以用 USB 数据连接线将数码照相机与计算机相连,打开数码照相机的电源,在计算机显示的存储器中将图像数据读出。

在利用数码照相机拍摄获取图像信息的过程中,需要注意以下事项。

① 选择适当的分辨率。数码照相机分辨率一般都很高,根据不同的需要选择图像的分辨率。图像分辨率越高占的空间就越大,分辨率小则占的空间就小些。

② 准确聚焦。数码照相机都有自动聚焦功能,将数码照相机取景器里的聚焦标志对准要拍摄的物体,半按下快门按钮,直到物体的影像清楚为止。

③ 保持照相机稳定。数码照相机的快门有时滞现象,如果按完快门就移动照相机,结果会得到模糊的照片。若使用 LCD 取景可以让拍摄更加方便,但让手离开身体会不自觉地有些晃动,而且这种晃动往往不为拍摄者察觉。所以应尽量使用取景器,把照相机靠紧头部可以有效地减轻晃动。在光线不好的时候尽可能使用三脚架或其他支撑物以保证照相机在较长时间曝光时不会晃动。

④ 注意保护镜头。不要用手触摸光学镜头,镜头一旦有污迹,请使用镜头纸进行擦拭。

⑤ 正确使用存储卡。对于数码摄影而言,存储卡在摄影过程中扮演着相当重要的角色。只有在数码照相机已经关闭电源、照相机完全处于关闭的情况下才能安装和取出存储卡,否则可能造成储存卡的损坏。因此,关闭照相机电源后,确定照相机已完全处于停止状态再安装和取出存储卡。注意,一般情况下都不要随便取出存储卡。

⑥ 注意电池维护。数码照相机对电力的需求特别大。一般是用锂电池,这些可重复使用且电量也较大的电池深受用户的欢迎。使用时应该尽量将电量全部用完再充电。长时间不使用数码照相机时,必须将电池从数码照相机中或是充电器内取出,存放在干燥、阴凉的环境中,而且不要将电池与金属物品存放在一起。

当前,除了可以通过扫描仪及数码照相机获取图像信息外,还可以使用数字化仪、实物投影仪等设备,相关设备的使用可参看相关书籍,在此不再一一介绍。

3.2.2 软件创作

要想获得一些简单的图形图像,可利用绘图工具软件,如:CorelDRAW、PhotoShop、Illustrator、画图软件等自行绘制。这些工具软件都提供了相当丰富的绘画工具和编辑功能,能轻松完成基本的图形绘制操作,如图形描绘和着色等,并具有对外部输入的图形进行编辑的能力。下面是一个利用 Photoshop 完成圆锥体绘制的实例,完成效果如图 3-20 所示。

图 3-20 圆锥体绘制完成的效果

实例的具体制作方法及过程如下。

（1）按下 Ctrl＋N 键，或执行菜单栏上的"文件"|"新建"命令，打开"新建"对话框，设置如图 3-21 所示。

（2）在文档窗口中间创建一条纵向辅助线，选择"矩形选框工具"（快捷键 M），按下 Alt 键不放，以该辅助线为对称中心创建一个矩形选区，如图 3-22 所示。

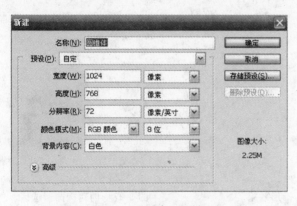

图 3-21 "新建"对话框　　　　　图 3-22 创建一个矩形选区

（3）选择"渐变工具"（快捷键 G），在选项栏上设置渐变方式为"线性渐变"（选中图 3-23 中标示为"2"的位置）。

单击图 3-23 所示选项栏中标示为"1"的位置，打开"渐变编辑器"，设置渐变，如图 3-24 所示。

图 3-23 单击红圈中标示的位置可以打开"渐变编辑器"

（4）新建一个图层，按住 Shift 键，分别以矩形选区的两条垂直的边为起点和终点创建一个水平的渐变，得到如图 3-25 所示的效果。

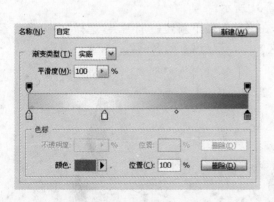

图 3-24 在"渐变编辑器"设置渐变　　　　图 3-25 在矩形选区内创建的渐变效果

（5）执行菜单栏上的"编辑"|"变换"|"透视"命令，拖动上面的控制点，使它们在辅助线上相交，得到锥形效果，如图 3-26 所示。

（6）选择"椭圆选框工具"（快捷键 M）按创建矩形选区的方法，以辅助线为圆心创建一个椭圆形选区，如图 3-27 所示。

图 3-26　通过"透视"变换得到的锥形效果

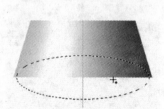

图 3-27　创建椭圆形选区

（7）执行菜单栏上的"选择"|"变换选区"命令，再执行菜单栏上的"编辑"|"变换"|"透视"命令，将选区透视变换，如图 3-28 所示。

（8）将选区变换大小，并移动到合适的位置，如图 3-29 所示。

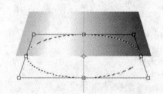

图 3-28　透视变换选区

图3-29　将选区变换大小，并移动到合适的位置

（9）按下 Shift＋Ctrl＋I 键将选区反选，再用"橡皮擦工具"（快捷键 E）擦掉多余的部分，如图 3-30 所示，得到锥体的效果如图 3-31 所示。

（10）下面绘制圆锥体的"投影"部分，在当前图层下新建一个图层，选择"多边形套索工具"（快捷键 L），绘制如图 3-32 所示的选区。

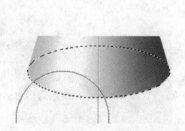

图 3-30　用"橡皮擦工具"擦掉多余的部分

图 3-31　得到的锥体效果

（11）设置前景色为深灰色，按下 Alt＋Ctrl＋D 键，将选区羽化 5 像素，按下 Alt＋BackSpace 键在选区内填充前景色，如图 3-33 所示。

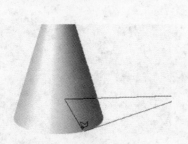 

图 3-32　绘制"投影"形状的选区　　　　　图 3-33　在选区内填充深灰色

（12）选择"橡皮擦工具"（快捷键 E），右击文档窗口，在弹出的调板中设置橡皮擦笔触，如图 3-34 所示。

（13）用"橡皮擦工具"将"投影"右侧部分擦淡，如图 3-35 所示。

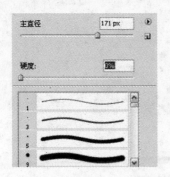 

图 3-34　设置"橡皮擦工具"的笔触　　　　　图 3-35　将"投影"右侧部分擦淡

（14）选择"涂抹工具"（快捷键 R），将图 3-36 中红圈标示的部分处理得自然一些。

（15）选择"减淡工具"（快捷键 O），选择"锥体"图层，将锥体靠近投影的部位擦淡，如图 3-37 所示，即完成圆锥体的绘制。

上面是一个利用 Photoshop 软件进行简单图像绘制的实例。当然，如果拥有良好的美术素养和软件技能，利用绘图工具软件完全可以绘制出非常复杂、逼真、绚丽的图形和图像信息来，如图 3-38～图 3-40 所示。

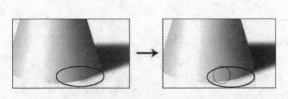 

图 3-36　用"涂抹工具"处理标示部分的前后对比　　　　图 3-37　将锥体靠近投影的部位擦淡

101

图 3-38　Photoshop 绘图效果实例 1

图 3-39　Photoshop 绘图效果实例 2

图 3-40　Illustrator 绘图效果实例

3.2.3　屏幕捕捉

屏幕图片捕捉是指利用软件或硬件的手段,将呈现在计算机屏幕上的图形、图像信息截获,并以一定的格式存储下来,成为可以被计算机处理的图像资料,一般也称为屏幕捕捉。

在 Windows 系统中,标准的键盘上都有一个叫做 Print Screen 的键,如图 3-41 所示。在一般情况下,直接敲击此键就可将系统整个屏幕上的内容以图形的方式捕捉到 Windows 的剪贴板中,若按下 Alt＋Print Screen 键则可将当前活动窗口的内容以图形方式捕捉到 Windows 的剪贴板中。

除了利用 Windows 自带的屏幕捕捉功能获取图像信息之外,还可以使用一些专门的屏幕捕捉软件来获取图像信息。目前常用的屏幕捕捉软件有 HyperSnap-DX、SnagIt、超级屏捕、超级解霸等。下面对一直被广大专业图像处理人员奉为截图软件经典之作的 HyperSnap-DX 软件作主要介绍。

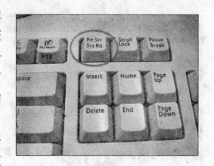

图 3-41　Print Screen 键

HyperSnap-DX 是基于 Windows 操作系统下的一款非常优秀的屏幕截图软件,其界面如图 3-42 所示,使用它可以快速地从当前桌面、窗口或指定区域内进行截图操作。

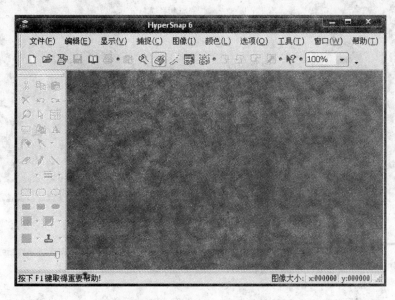

图 3-42　HyperSnap-DX 界面

HyperSnap-DX 主要提供了整屏截图、任意窗口截图以及活动窗口截图等多种截图方式,用户可以通过鼠标单击或热键的方式进行操作。出于操作上的便利,HyperSnap-DX 提供了一项重复截图功能,可以重复上次截图的操作。除了普通屏幕截图功能之外,它还能抓取 DirectX、3Dfx Glide 游戏和视频或 DVD 屏幕图片。这个程序可以储存并读取超过 20 种影像格式,包括 BMP、GIF、JPEG、TIFF、PCX 等。HyperSnap-DX 还提供有图像的高级编辑处理功能,可实现剪裁、伽马修正、调整大小、镜像、旋转、像素、灰度的调整。

HyperSnap-DX 的功能还包括:在所抓的图像中显示鼠标轨迹、滚图截取、快速截图、自定义热键、自动截图、调色板功能并能设置分辨率,还能选择从 TWAIN 装置中(扫描仪和数码照相机)截图。

利用该软件获取图像信息非常简单快捷,主要使用"捕捉"菜单进行屏幕捕捉,如图 3-43 所示。

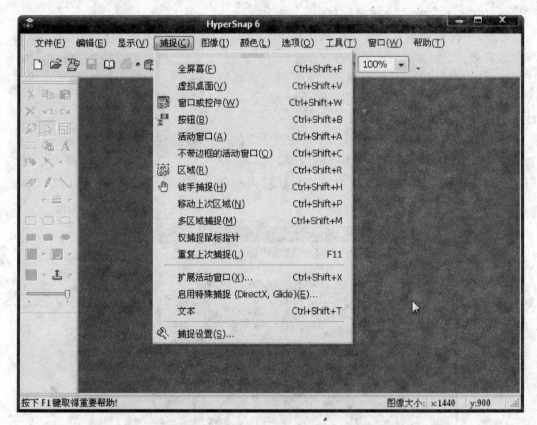

图 3-43 HyperSnap-DX"捕捉"菜单

3.2.4 网络下载

随着 Internet 的普及,网上可以利用的共享图像资源越来越多,如有很多素材网站,提供各种类型、各种内容的图像素材下载服务。如果需要某个素材图片,还可以使用 Google和百度等搜索引擎的图片搜索功能来检索,如图 3-44 所示。

当在网络上检索到自己需要的图片后,可以按照下列方式将其下载到本地机器上。

将鼠标移动至所要下载的图片上右击;在弹出的快捷菜单中选择"图片另存为",如图 3-45 所示;确定保存图片的位置和文件名,最后单击"保存"按钮即可。

如果本地机器上安装了迅雷等下载软件,还可以在弹出的快捷菜单中选择"使用迅雷下载",如图 3-46 所示;然后在弹出的"建立新的下载任务"对话框中设置保存图片的位置和文件名,如图 3-47 所示;最后单击"立即下载"按钮即可利用迅雷软件下载此图片。

利用迅雷等下载软件的好处主要表现在:其一,软件采用多资源超线程技术,可以显著提升下载速度;其二,软件支持断点续传技术,方便分时多次下载较大的资源。

图 3-44　百度图片搜索引擎

图 3-45　利用"图片另存为"下载图片

第3章　图形和图像信息的处理与应用 ◄◄◄

图 3-46　利用迅雷软件下载图片

图 3-47　"建立新的下载任务"对话框

3.3　图形和图像信息的处理

　　通过前面所讲的知识,我们可以方便地获取到需要的图形和图像信息。但是通常情况下,除利用软件创作外,通过其他方式获取到的图形和图像信息一般都不能百分之百地满足我们的要求。这就需要对获取到的图形和图像信息进行相关处理,然后再将其应用到需要的地方。

3.3.1 图形图像处理软件简介

一般情况下，对图形和图像信息的处理主要集中在以下方面：其一，对图形图像进行大小、明暗、角度等基本属性的简单处理；其二，对部分不符合要求的图形图像信息进行再创作；其三，对获取的图像信息进行整体或部分的色彩调整；其四，将获取的多张图片进行拼合处理；其五，对获取的问题图像信息进行优化和完善。

对图形和图像信息进行上述处理需要相关图形图像处理软件的支撑。目前，相关的应用软件非常丰富：从专业到业余，从功能强大的旗舰软件到功能单一的特色工具，可谓是"百花齐放"。现在常用的专业级图形图像处理软件主要有以下几种。

1. Adobe Photoshop

Photoshop 是 Adobe 公司旗下最为出名的图像处理软件之一，它是集图像扫描、编辑修改、图像制作、广告创意，图像输入与输出于一体的图形图像处理软件，深受广大平面设计人员和电脑美术爱好者的喜爱。据 Adobe 公司官方网站宣称，超过 90% 的创意专业人士在桌面上装有 Adobe Photoshop 软件。

多数人对于 Photoshop 的了解仅限于"一个很好的图像编辑软件"，并不知道它的诸多应用方面，实际上，Photoshop 的应用领域很广泛，在图像、图形、文字、视频以及出版各方面都有涉及。

2. Adobe Illustrator

Illustrator 是 Adobe 公司推出的专业矢量绘图工具，是出版、多媒体和在线图像的工业标准矢量插画软件。无论生产印刷出版线稿的设计者和专业插画家、生产多媒体图像的艺术家，还是互联网页或在线内容的制作者，都会发现 Illustrator 不仅适合作为一个艺术产品工具，而且还适合大部分小型设计和大型的复杂项目。

作为全球著名的图形软件，Illustrator 以其强大的功能和体贴用户的界面已经占据了美国 MAC 平台矢量软件的 97% 以上的市场份额。尤其基于 Adobe 公司专利的 PostScript 技术的运用，Illustrator 在桌面出版领域拥有极大的优势。

3. CorelDRAW

CorelDRAW 是一款由加拿大世界顶尖软件公司之一的 Corel 公司开发的图形图像软件。其非凡的设计能力广泛地应用于商标设计、标志制作、模型绘制、插图描画、排版及分色输出等诸多领域。其被喜爱的程度可用事实说明，用于商业设计和美术设计的 PC 上几乎都安装了 CorelDRAW。

4. Painter

Painter，意为"画家"，Corel 公司用 Painter 为其图形处理软件命名真可谓是实至名归。与 Photoshop 相似，Painter 也是基于栅格图像处理的图形处理软件。身手不凡的 Painter 在我国的名声不够大，主要原因是没有美术的功底根本不能驾驭它。

把 Painter 定为艺术级绘画软件比较适合，其中上百种绘画工具使其他的大师级软件黯然失色，其中的多种笔刷提供了重新定义样式、墨水流量、压感以及纸张的穿透能力，Painter 将数字绘画提高到一个新的高度。Painter 中的滤镜主要针对纹理与光照，因它采用了一种天然媒体专利技术，处理中国画风格的特色而被国内的计算机美术者称为"梵高"，它可以使作品达到一种特殊的大写意效果。

除了上述专业的大型软件外,还有很多常用的、小型的、具有鲜明特色的图像处理软件供人们使用。虽然这些小型软件的功能与前面所讲的专业软件不能相提并论,但是它们使用起来更加方便、快捷,对使用人员的技术要求也相对较低,可以满足非专业人员对于图形图像处理的一般需要。这些软件有如下几种。

1. ACDSee

ACDSee 是目前最流行的数字图像处理软件之一,它能广泛应用于图片的获取、管理、浏览、优化甚至和他人分享。使用 ACDSee 可以从数码照相机和扫描仪高效获取图片,并进行便捷地查找、组织和预览;超过 50 种常用多媒体格式被一网打尽;作为重量级的看图软件,它能快速、高质量地显示图片,再配以内置的音频播放器,用户就可以享用它播放出来的精彩幻灯片了。ACDSee 还能处理如 Mpeg 之类常用的视频文件。此外 ACDSee 是用户最得心应手的图片编辑工具,可以轻松处理数码影像,拥有的功能有去除红眼、剪切图像、锐化、浮雕特效、曝光调整、旋转、镜像等,还能进行批量处理。

2. 光影魔术手

光影魔术手是国内最受欢迎的图像处理软件之一,能对数码照片画质进行改善及效果处理。被《电脑报》、天极、PCHOME 等多家权威媒体及网站评为 2007 年最佳图像处理软件。光影魔术手(nEO iMAGING)拥有一个很酷的名字,正如它在处理数码图像及照片时的表现一样——高速度、实用、易于上手。

光影魔术手能够满足绝大部分照片后期处理的需要,批量处理功能非常强大。它无须改写注册表,如果你对它不满意,可以随时恢复你以往的使用习惯。

3. Turbo Photo

Turbo Photo 是一款以数码影像为背景,面向数码照相机普通用户和准专业用户而设计的一款图像处理软件。Turbo Photo 的所有功能均是围绕如何让照片更出色这样一个主题而设计的,每个功能都针对数码照相机本身的特点解决最常见的问题。通过 Turbo Photo,可以很轻易地掌握和控制组成优秀摄影作品的多个元素:曝光、色彩、构图、锐度、反差等。一目了然的界面和操作,使得每一个没有任何图像处理基础的用户都能够在最短的时间内体会到数码影像处理的乐趣。同时,Turbo Photo 还为进阶用户提供了较专业的调整处理手段,为对作品的细微控制、调整提供了可能。

4. MiYa 数码照片边框伴侣

MiYa 数码照片边框伴侣(DPFramer)是一款免费的为照片加边框的软件,它充分利用了网上现成的边框资源,共提供了 200 余种边框效果(可以方便地扩充到更多),并提供给用户更方便的操作环境,用户可以将自己喜欢的边框效果设置为"我的最爱"(可以设置多个),可以随意将各边框效果修改为自己的名称等,该程序包里已包含很多边框效果。

5. 降噪软件 NeatImage

NeatImage 是一款功能强大的专业图片降噪软件,适合处理 1600×1200 以下的图像,非常适合处理曝光不足而产生大量噪波的数码照片,尽可能地减小外界对照片的干扰。NeatImage 的使用很简单,界面简洁易懂。降噪过程主要分 4 个步骤:打开输入图像、分析图像噪点、设置降噪参数和输出图像。输出图像可以保存为 TIF,JPEG,BMP 格式。

6. Ulead COOL 360 全景软件

Ulead COOL 360 全景软件提供了强大的影像缝合功能,完全不需要昂贵的专业照相机或是广角镜头,简简单单三个步骤,立即将水平拍摄的数张照片连接成完整的广角影像或是 360°全景视野的虚拟实境影像。

(1) 快速取得相片:可以直接通过扫描器或是数码照相机取得数张连续影像,COOL 360 内建多达 90 种照相机镜头设定,立即自动为影像进行对齐、混合或是变形调整功能。

(2) 完美缝合影像:简单易懂的操作环境可以直接看着影像来对齐每张照片的位置,还可以仔细调整每张照片的颜色、亮度、对比与角度,让影像间的结合更为完美。

(3) 多种输出选择:COOL 360 提供输出常用的影像档、MOV 影片档以及虚拟实境的 UVR 文件,使得用户可以直接列印影像或输出成执行文件,通过电子邮件与友人分享,更可制作成虚拟实境的网页。

7. 数码伴侣

数码照相机在拍照时会自动将成像时间记录到所生成的文件中去(还包括快门速度、光圈大小等,这些记录称为 Exif 信息),利用这些记录,数码照片伴侣软件会自动将拍照时间添加到照片图像上,而且还可以选择所添加的字体、颜色、尺寸的比例、间距的比例、注释等。数码照片伴侣软件可以按照目录、多选文件方式成批处理照片文件,支持数码照相机图像压缩格式.jpg 文件和无压缩格式.tif 文件。数码照片伴侣软件操作简单,成批处理方便易用,只需一键即可完成所有数码照片文件的日期添加工作。

8. BlackFrame

BlackFrame 被广大用户称为"夜景噪点杀手"。这是一个只有 300KB,而非常实用的软件。数码照相机的用户都对拍摄夜景时的噪点深恶痛绝,却又束手无策。数码照相机的噪点有两种:一种是随机噪点,它是偶然因素带来的,位置不固定;另一种是 CCD 本身带来的,位置固定,这个软件用于消除后一种噪点。拍摄时除原作品外,另外再盖上镜头盖拍一张补偿样本,两者复合运算,就能够消除第二种噪点。

9. CleanSkinFX

这款软件可以对数码相片进行优化。例如,它可以把相片上人的面部做一些处理,可以让面部看上去更光滑,产生一种淡化的感觉。

10. PhotoBrush(照片刷子)

照片刷子是一款小型化图形编辑软件,完全图形化操作,极易上手。它是一种新型的图像编辑处理软件,提供各种修饰绘画调整功能,可以十分轻松地去掉数码图像中不想要的任何问题。PhotoBrush 具有自然与艺术喷绘工具,图像润饰与增效工具。集中了多种图像与特效调节与润饰功能。它是一个很不错的绘图、照片修理软件,含有很多滤镜特效、特殊笔刷;支持压感笔。它非常适合没有美术功底的用户,有了它,作出专业图像将变得非常轻松。

11. BWorks

Mediachance 公司的 BWorks 是一款非常简单的软件,估计没比它更简单的了。这个软件就是专门处理老照片和特殊色调效果的,启动软件打开图片,选一个效果模式就可以保存了,再没有任何其他设置。

12. PhotoSEAM

PhotoSEAM 可以让用户像变魔术一样的进行图像拼接,让用户在纹理的无缝拼接上不再大伤脑筋。它可以直接从相片中抓取区域图像制作出无缝纹理,也可用于去除相片上的景物。

13. DCEnhancer

DCEnhancer(Digital Camera Enhance)可以让数码相片更漂亮,能把数码相片上的杂点清除。只要单击一个按钮,程序就会自动消除杂点、让人物皮肤感觉更光滑,并调整颜色平衡。如果相片是在光线不足的地方拍摄的,那 Digital Camera Enhance 就能发挥最大的功用,它可以调整自动平衡、亮度及颜色等,还可以看着"调整前"和"调整后"的相片调整消除杂点的程度。DCEnhancer 支持各种格式的文件,包括. bmp,. jpg,. pcx,. png,. tga,. tif,. wmf 等。

14. Deformer(变形)

Deformer 是一个很好用的图像编辑软件,它的主要功能就是对图片进行变形处理,使用它可以做出最搞笑的图片。利用它做出的图片可以导出为 GIF 和 AVI 视频,同时此软件还支持打印输出和扫描。

15. HA_Picasa1618

HA_Picasa1618 原为独立收费的图像管理、处理软件,其界面美观华丽,功能实用丰富。但是现在已被 Google 收购,成为 Google 的一部分,并改为免费软件了。只需拥有 HA_Picasa1618,就可以自动将相片从数码照相机传输到计算机上,并能在几秒钟内查找到所需的图片,轻松地进行编辑、打印以及共享。

3.3.2 简单易用的图像处理软件——光影魔术手

1. 软件的基本功能和特色

"光影魔术手"(nEO iMAGING)是一款非常小巧但功能非常实用的图像处理软件,当前最新版本为 3.1.2.101,其 Logo 如图 3-48 所示,其具备以下基本功能和特色。

(1)反转片效果 模拟反转片的效果,令照片反差更鲜明,色彩更亮丽。

(2)反转片负冲 模拟反转负冲的效果,色彩诡异而新奇。

(3)黑白效果 模拟多类黑白胶片的效果,在反差、对比方面,和数码相片完全不同。

图 3-48 光影魔术手的 Logo

(4)数码补光 对曝光不足的部位进行后期补光,易用、智能,过渡自然。

(5)数码减光 对曝光过度的部位进行后期的细节追补,用于对付闪光过度、天空过曝等十分有效。

(6)人像褪黄 校正某些肤色偏黄的人像数码照片,一键操作,效果明显。

(7)组合图制作 可以把多张照片组合排列在一张照片中,适合网络卖家陈列商品。

(8)高 ISO 去噪 可以去除数码照相机高 ISO 设置时照片中的红绿噪点,并且不影响照片锐度。

(9)柔光镜 模拟柔光镜片,给人像带来朦胧美。

(10)去红眼、去斑 去除闪光灯引起的红眼,去除面部的斑点等。

(11)人像美容 人像磨皮的功能,使人物的皮肤像婴儿一样细腻白皙,不影响头发、眼睛的锐度。

（12）影楼风格人像　模仿现在很流行的影楼照片的风格，多种色调可选、高光溢出、柔化。

（13）包围曝光三合一　把包围曝光拍摄产生的三张不同 EV 的照片轻易合成为一张高宽容度的照片。

（14）冲印排版　证件照片排版，一张 6 寸照片上最多排 16 张 1 寸身份证照片，一键完成，极为简便。

（15）一指键白平衡　修正数码照片的色彩偏差，还原自然色彩，可以手工微调。

（16）自动白平衡　智能校正白平衡不准确的照片的色调。

（17）严重白平衡错误校正　对于偏色严重的照片纠正有特效，色彩溢出亦可追补。

（18）褪色旧相　模仿老照片的效果，色彩黯淡，情调怀旧。

（19）黄色滤镜　也是模仿老照片的效果，显现一种比较颓废的暖色色调。

（20）负片效果　模拟负片的高宽容度，增加相片的高光层次和暗部细节。

（21）晚霞渲染　对天空、朝霞晚霞类明暗跨度较大的照片有特效，色彩艳丽，过渡自然。

（22）夜景抑噪　对夜景、大面积暗部的相片进行抑噪处理，去噪效果显著，且不影响锐度。

（23）死点测试　对新购买的数码照相机，帮助您测试 CCD 上有没有坏点。

（24）死点修补　对 CCD 上有死点的照相机，一次设定以后，就可以修补它拍摄的所有照片上的死点，极方便有效。

（25）自动曝光　智能调整照片的曝光范围，令照片更适合视觉欣赏。

（26）红饱和衰减　针对 CCD 对红色分辨率差的弱点设计，有效修补红色溢出的照片（如没有红色细节的红花）。

（27）LOMO　模仿 LOMO 风格，四周颜色暗角，色调可调，方便易用。

（28）变形校正　对广角长焦拍摄引起的枕形、桶形畸变，可以轻松校正。

（29）色阶、曲线、通道混合器　多通道调整，操作同 PS，高级用户可以随心所欲。

（30）其他调整包括　锐化、模糊、噪点、亮度、对比度、gamma 调整、反色、去色、RGB 色调调整等。

（31）其他操作包括　任意缩放、自由旋转、裁剪。

（32）自动动作　可设置一系列动作，一按即自动完成所有操作。

（33）批量处理　支持批量缩放、批量正片等，适合大量冲印前处理。

（34）文字签名　用户可设定 5 个签名及背景，文字背景还可以任意设定颜色和透明度。

（35）图片签名　在照片的任意位置印上自己设计的水印，支持 PNG 和 PSD 等半透明格式的文件，水印随心所欲。

（36）轻松边框　轻松制作多种相片边框，如胶卷式和白边式等。

（37）花样边框　提供大量花哨的边框素材，形状多变，生动有趣，并且不断有新边框提供下载。

（38）所有特效处理，用户可以自由调整参数，以获得满意的效果。

（39）可以在照片的任意位置上打印 EXIF 信息内容（如拍摄日期、光圈、快门等）。

（40）可以查看 Nikon 和 Canon 的 DSLR 所使用的镜头，可查看 D70 等型号使用的快门次数。

（41）无限次撤销操作和重做操作。

（42）输出的照片 EXIF 信息不受损。

（43）除了编辑，也可以用做照片浏览器，支持鼠标滚轮、键盘热键，一边浏览一边编辑，简单易用。

（44）幻灯式浏览照片，可全屏幕查看。

（45）可以查看、编辑 PSD，GIF，JPG，PNG，PCX，TIF 等 30 多种常见格式的图像文件。

（46）可以快速打开 Nikon，Canon，Minolta，FUJI，Sigma，Pentax，Olympus 等数十种照相机型号的 RAW 格式文件（NEF 和 CRW 等）。

（47）照片打印功能，根据指定的相片尺寸打印，打印预览所见即所得。

（48）绿色软件。

2. 软件的下载与安装

"光影魔术手"在其官方网站上提供了下列下载：简体中文版；繁体中文版；光影魔术手帮助文件；光影魔术手各种边框素材；1200 多张半透明 PNG 水印素材。

其官方网站主页地址为：http://www.neoimaging.cn，如图 3-49 所示。

图 3-49　光影魔术手官方网站主页

其他多个下载网址也可供用户选择，如小熊在线、IT 动物园、浙江都市网、华军软件园、新浪网、共享软件注册中心等，可选择速度最快的下载网站进行下载。

软件运行环境要求：微软 Windows 9x、Windows XP、Windows ME、Windows 2000 及以上操作系统为软件平台，需要 5MB 以上的硬盘空间，建议在 1024×768 以上分辨率下运行。

下载 nEOiMAGING.exe 后，保存在硬盘目录中，不用安装，运行即可。如果在光盘上运行，可能无法保存一些环境选项，但不影响软件运行。

如果希望从系统上删除该软件，则只需把软件所在目录下的文件全部删除即可，不会给系统留下污染。

注：如运行软件时在"选项"菜单中设置了"增加关联到图像文件右键菜单"，请在反安装前在相同"选项"菜单中选择单击"从图像文件右键菜单去除关联"的功能，右键菜单中的相应项就会消失。

3. 软件界面及设置介绍

"光影魔术手"软件安装后，界面非常简捷，如图 3-50 所示。最上面是菜单，包括了所有的操作、设置和信息。第二行是工具栏，工具栏按钮的图标比较大，好处是选择的时候很方便单击，有些按钮还带下拉菜单，便于选择性操作。

图 3-50　光影魔术手程序界面

界面中部是图片显示区，"光影魔术手"把尽可能大的页面空间留给显示数码照片，便于对照片的观察和修饰。建议的屏幕分辨率设置是 1024×768，或者更大。色彩设置一定需要 16 位色以上。

界面最下面是状态栏，显示图像文件的名称和分辨率；拍摄相机、参数；色彩有关信息等。

另外还提供了直方图和便于操作的"右侧栏"，它和上面工具栏的区别是：在这个工具栏中的操作不是一键式的，列出了参数可供仔细调整。

所有这些信息栏、菜单、工具栏和状态栏，都可以在"查看"下拉菜单中进行设置，确定显示还是隐藏。

如果屏幕分辨率是 800×600，也可以运行光影魔术手，但需要改动一下工具栏的选项设置，让工具栏的图标变小，以便全部按钮显示在屏幕上。

进入"查看"|"选项"的设置对话框：在"选项"|"界面"|"工具栏选项"中，点选"小图标"，如图 3-51 所示，工具栏的图标就会缩小。即使 800×600 的分辨率也可以显示全部图标了。

除了前面介绍的基本设置项目，"选项设置"对话框中还有一些设置项目，如图 3-52 所示，熟悉它们会给用户的操作带来便利。

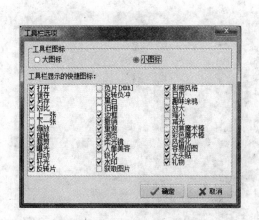

图 3-51 "工具栏选项"对话框

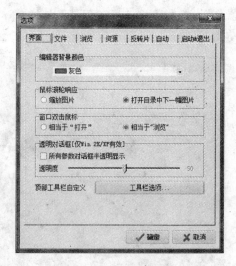

图 3-52 "选项"对话框

- "查看"|"选项"|"界面"|"鼠标滚轮响应" 选中一项后，按下 Shift 键，鼠标滚轮可以执行另一项操作。比如上图中选择了"打开目录中的下一幅图片"，滚动鼠标滚轮会显示下一幅图片，但按下 Shift 键后鼠标滚轮就控制图片的缩放了。反之亦然。
- "查看"|"选项"|"界面"|"透明对话框" 对所有的对话框都起作用。
- "查看"|"选项"|"文件"|"同时多个文件的拖拉响应" 确定拖动几个文件后的默认操作响应，是启动批处理还是启动新窗口。
- "查看"|"选项"|"文件"|"历史文件菜单" 设置菜单文件最近打开的文件的个数。
- "查看"|"选项"|"文件"|"文件保存" 由用户确定是否选中"不改变原有的文件日期"。如不选中则修改的图片按当前日期保存文件。
- "查看"|"选项"|"浏览" 设置浏览图片时的一些要求。
- "查看"|"选项"|"浏览"|"根据 EXIF 自动旋转" 如果数码照相机有竖拍相片的旋

转功能,那么这项设置可以在用"光影魔术手"浏览照片时,自动旋转竖拍相片。

- "查看"|"选项"|"资源" 建议选择内存一项,速度较快。
- "查看"|"选项"|"反转片" 对工具栏的反转片按钮和批处理中的自动执行反转片功能,预先进行默认设置。

4. 软件的使用

(1)基本调整功能的应用

① 自由旋转。"光影魔术手"的自由旋转功能尽可能直观、方便地让用户任意角度旋转照片。它和"图像"菜单中的固定角度旋转,如 90°顺时针、90°逆时针、旋转 180°、上下镜像、左右镜像等是不同的。

使用自由旋转功能十分方便,在菜单中选择"图像"|"自由旋转",或在"旋转"对话框中(如图 3-53 所示)单击"任意角度"按钮,就可以进入自由旋转的界面(如图 3-54 所示)。

自由旋转主要通过调整"旋转角度"这个参数来控制图片的旋转。当然,如果仅仅只是这样,就不够方便易用了。在对话框中,左边显示了原来的照片,鼠标指针的地方会出现虚线画出的坐标,以帮助用户确定水平和垂直的角度。一般情况下,只要在照片上画出一条辅助线,就可以轻松旋转图片了。

图 3-53 "旋转"对话框

确定"旋转角度"参数后,可以单击"预览"按钮,查看将要旋转的效果。如果不满意,可以继续画线继续旋转,或者单击"复位"按钮,就可以恢复成原来图片的效果。

② 缩放。利用"光影魔术手"可以实现图片尺寸的缩放功能。利用"图像"|"缩放"菜单或者单击工具栏上的"缩放"按钮,会弹出"调整图像尺寸"对话框,如图 3-55 所示。

图 3-54 "自由旋转"对话框

"快速设置"提供了常用标准的图像尺寸,只要选择一项就可以了,如图 3-56 所示。如果要自定义图像尺寸,则要在"设置新图片尺寸"中手动设定,为了维持原来的比例,只要输入设定其中一栏的尺寸即可。

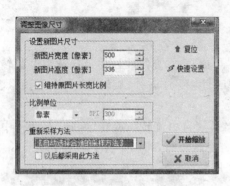

图 3-55 "调整图像尺寸"对话框

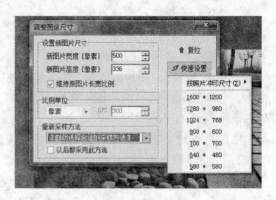

图 3-56 调整图像尺寸"快速设置"选项

"重新采样方法"考虑到缩放后的图像的质量,设置了这个选项。默认的是"自动选择合适的采样方法",一般用它就可以了。也可以自己选择,根据作者的经验,放大时推荐采用 B-Spline,缩小时推荐采用 Lanczos3,可以取得较好的效果。

有时不可能缩放一次就满意,"复位"提供了反复试验的机会。

"缩放"操作在"批处理"和"自动处理"中也是要经常使用的一种操作,利用"文件"|"批处理"菜单,调出"批量自动处理"对话框,选择"自动处理"选项卡,在"动作选项设置"属性中,单击"缩放"按钮弹出"批量缩放设置"对话框,如图 3-57 所示。

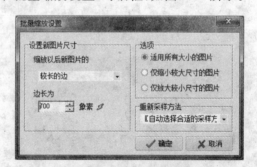

图 3-57 "批量缩放设置"对话框

默认情况下,执行处理会将较大的图片进行缩小,较小的图片进行放大,以满足设定值的要求。但是在实际使用中往往并非这么简单,一般情况下,设置了要求处理后的图片大小,但是不知道是不是所有的图片都是大于或小于这个设定值,当我们仅仅想缩小较大的图片而不希望放大小于设定值的照片时,可以改变"选项",选择"仅缩小较大尺寸的图片",批处理和自动处理中就会按此执行,反之也一样。

③ 裁剪。裁剪是图片编辑的一个常见操作,"光影魔术手"提供了两种裁剪方式:"自动裁剪"和"自由裁剪"来满足不同的需求。

单击"图像"|"自动裁剪"菜单,或工具栏中的"裁剪"按钮的小箭头,即出现"自动裁剪"

的下拉菜单，如图 3-58 所示。"自动裁剪"中已经设置好各种照片的比例尺寸，按需要选择后，就会自动按相应的比例将照片的边缘部分裁去。

图 3-58　自动裁剪

利用"图像"|"裁剪/抠图"菜单或者单击工具栏上的"裁剪"按钮都会打开"裁剪"窗口，如图 3-59 所示。用户可以自由指定需要的内容，也可以指定宽高比例进行裁剪。

图 3-59　"裁剪"窗口

第3章　图形和图像信息的处理与应用

④ 模糊与锐化。"光影魔术手"在"效果"|"模糊与锐化"菜单中设置了"模糊"、"锐化"和"精细锐化"三个调整项目。"模糊"和"锐化"是选中后立即自动进行处理;"精细锐化"为更高的锐化要求而设置,单击后会弹出对话框,如图 3-60 所示,锐化可以提升照片的清晰度,操作者可以细心调整。

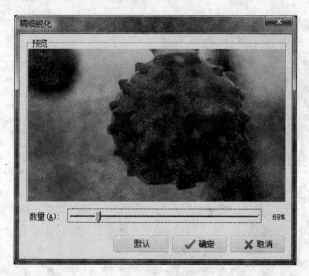

图 3-60　"精细锐化"对话框

⑤ 色阶和曲线。通过菜单"调整",可分别进入"色阶"和"曲线"两项调整对话框。

譬如,某一图片色阶调整前其直方图分布如图 3-61 所示。色阶图中显示亮部像素不足,用鼠标将白色滑块调整至如图 3-62 所示位置,照片马上体现变化,很快解决了欠曝光的问题,从中可见操作的直观和简便。色阶调整后其直方图分布如图 3-63 所示,照片前后变化如图 3-64 所示。

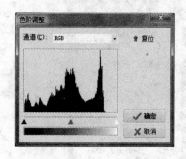
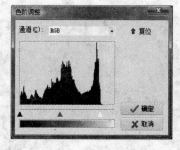

图 3-61　色阶调整前　　　　图 3-62　色阶调整中　　　　图 3-63　色阶调整后

图 3-65 反映的是曲线调整的应用和效果,上面的控制点是亮部区域,曲线向上拉图片就更亮了;下部的控制点是暗部区域,曲线向下拉图片就更暗了。用户可以设置更多的控制点,使得图片的调整可以做到更加细腻平滑。相对色阶调整,使用曲线的好处在于:对色彩、明暗的控制十分直观简易,可以多点划分色阶,并且色阶之间的过渡通过曲线会变得圆滑自然。

⑥ RGB 色调。通过菜单"调整"|"RGB 色调"命令,弹出"调整 RGB 色调"对话框,其提

供了对红色、绿色和蓝色的调整,也可获得单色渲染,如图 3-66 所示。

图 3-64　色阶调整前后图片变化

图 3-65　曲线调整

参数说明:

红色、绿色、蓝色:通过调节这三个数字,令 R,G,B 三通道的色彩发生偏移,以实现照片调色的功能。例如,红色值-10,表示让画面中的红色减弱 10。

单色渲染:如果选中此项,将先对照片去色,然后再进行 RGB 调色。

⑦ 色相/饱和度。通过"调整"|"色相/饱和度"菜单调出"调整饱和度"对话框,对话框提供了对"色相"、"亮度"和"饱和度"的三项调整,如图 3-67 所示。如果选中"着色"选项,则可以将图片调整成某一单一颜色效果。

第3章　图形和图像信息的处理与应用

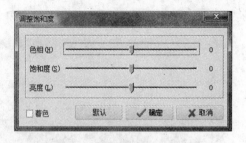

图 3-66 "调整 RGB 色调"对话框　　　　　　图 3-67 "调整饱和度"对话框

⑧ 通道混合器。通过菜单"调整"|"通道混合器"调出"通道混合器"对话框,如图 3-68 所示,提供了利用直方图对红色、绿色和蓝色通道的分别调整,使图片恢复正常色彩。

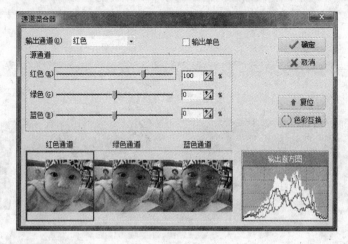

图 3-68 "通道混合器"对话框

⑨ 色彩平衡。通过菜单"调整"|"色彩平衡"调出"色彩平衡"对话框,如图 3-69 所示。通过此对话框可以将滑块拖向要在图像中增加的颜色;或将滑块拖离要在图像中减少的颜色。颜色条上方的值显示红色、绿色和蓝色通道的颜色变化。选择"暗调"、"中间调"或"高光",以便选择要着重更改的色调范围。(可选)选择"保持亮度"以防止图像的亮度值随颜色的更改而改变,该选项可以保持图像的色调平衡。

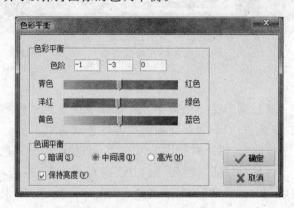

图 3-69 "色彩平衡"对话框

⑩ 反色。胶片底片一般是负片，经过扫描仪扫描的负片图像，色彩与照片本身是相反的。可以通过菜单"调整"|"反色"把它"冲印"成照片。

⑪ 变形校正。通过菜单"图像"|"变形校正"可以调出"变形校正"对话框，如图 3-70 所示，中间的"＋"字虚线随鼠标指针而动，目的是为了对照检查变形的程度。校正时可以变动"校正参数"中的数值，也可以变动"预览"框边上的指针位置，采用后一种办法比较直观，滑动指针的同时立见效果，便于掌控。水平线用竖边上的指针调整；垂直线用横边上的指针调整。另外，有时两个方向变形程度相近，则可以选中"维持横纵同步校正"选项。

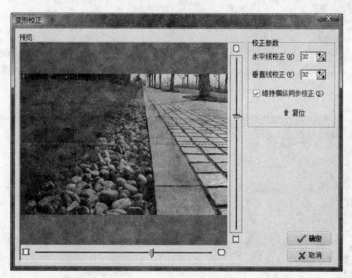

图 3-70 "变形校正"对话框

（2）人像处理功能的应用

① 柔光镜。"柔光镜"效果比较适合人像照片的处理。选择菜单"效果"|"柔光镜"命令弹出"柔光镜"对话框，如图 3-71 所示。应用柔光镜的效果如图 3-72 所示。

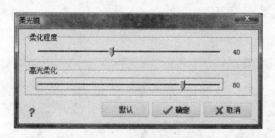

图 3-71 "柔光镜"对话框

② 人像美容。通过菜单"效果"|"人像美容"可以进入"人像美容"对话框，如图 3-73 所示，调整项目有"磨皮力度"和"亮白"等。该功能可以自动识别人像的皮肤，把粗糙的毛孔磨平，令肤质更细腻白皙，同时可以选择加入柔光的效果，产生朦胧美。人像美容效果前后对比如图 3-74 所示。

"光影魔术手"的磨皮算法对皮肤以外的如眼睛和头发等细节尽量保留原始细节，不影响其锐度。

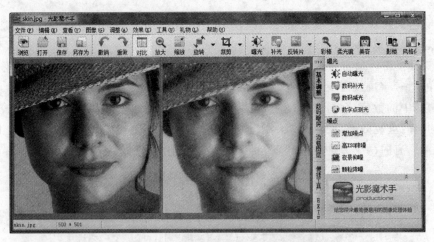

图 3-72　柔光镜效果

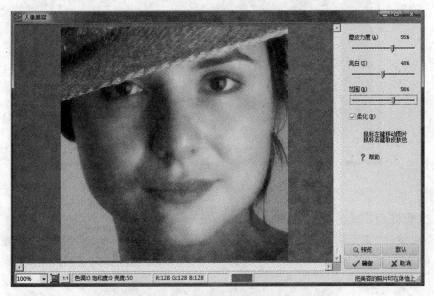

图 3-73　"人像美容"对话框

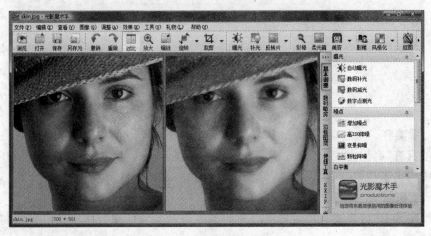

图 3-74　人像美容效果前后对比

③ 影楼风格人物照。影楼风格是为了符合顾客口味而产生的一种具有朦胧、典雅、华贵、适合于配上精美的相框挂在房间墙壁上等特点的照片风格。

"光影魔术手"设置了这种风格的模仿,只要通过"效果"|"影楼风格人像照"菜单命令,就可以使照片产生这样的效果,如图 3-75 所示。

图 3-75　影楼风格人物照

④ 人像褪黄。某些数码照相机拍摄的照片有偏黄的现象,特别是亚洲人的人像照片。"人像褪黄"功能,是通过色调的自动动态调整实现校正偏黄现象的。它的特色是只处理照片中人的皮肤的部分,而其他的物体颜色不会受影响。使得皮肤经过处理以后会显得更白晳红润一些。

通过菜单"效果"|"更多人像处理"|"人像褪黄"命令可调出"人像褪黄"对话框,如图 3-76 所示。

图 3-76　"人像褪黄"对话框

⑤ 去红眼/去斑。有些照相机在使用闪光灯拍摄人像或动物时,常常会出现红眼现象。尽管在拍摄时可以采取一定的措施,但有时还是不可避免。

通过菜单"效果"|"更多人像处理"|"去红眼/去斑"可调出"去红眼"对话框,如图 3-77 所示,在上排"功能选择"中选择"去红眼",可调整参数是两个:"光标半径"和"力量"。根据照片调整好光标的大小,用光标在红眼处单击,即可有效去除红眼。需要注意的

是"力量"越大,消除红眼效果越好,但是操作时容易影响皮肤,"力量"小,消除红眼范围也小,但不会影响皮肤。

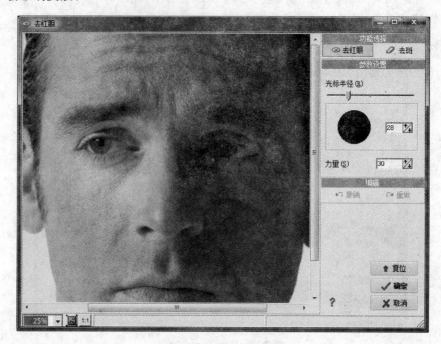

图 3-77 "去红眼"对话框

在对话框上排"功能选择"的按钮中,第二个按钮是"去斑",可有效地去除人像脸部的斑和痣等,这是人像照片的处理中非常实用的功能,效果很好,不留痕迹。其参数的设置方法和"去红眼"相同。

⑥ 阿宝色调。阿宝色调是目前流行的 5 种人像色调风格之一。据说上海有家阿宝影楼,生意火暴,尤其是年轻的女孩子特别喜欢让阿宝拍照。阿宝处理过的照片清新淡雅,形成了其固定的风格。因此,阿宝色并不是单指某种色彩,而是突出一种风格,是一种色调的名称,它的色调可概括为:颜色淡雅(浓度在 0 ~ -5 之间)、色彩的饱和度在 -5 ~ -15 之间,整体感觉偏于一种色相。该功能使用及效果如图 3-78 所示。

(3) 胶片效果功能的应用

① 反转片效果。反转片是一种胶卷的类型,有时候也称为正片。用反转片底片拍摄的照片,色彩特别浓郁,是风景拍摄的首选。

模拟反转片的效果,是"光影魔术手"最重要的功能之一。照片经处理后反差更鲜明,色彩更亮丽。算法经多次改良后,暗部细节得到最大限度的保留,高光部分无溢出,红色还原十分准确,色彩过渡自然艳丽,绝无色斑。另外,该软件还提供多种模式供用户选择,其中人像模式对亚洲人的肤色进行了优化,不会出现肤色偏黄现象。独有的暗部增补算法不仅增强了暗部,同时令高光部分的表现更出色,绝对没有雾感引入。

用户可以直接单击工具栏上的"反转片"按钮,实现反转片效果。按钮的下拉部分还设置了"素淡人像"、"淡雅色彩"、"真实色彩"、"艳丽色彩"和"浓郁色彩"5 个预置模式,满足不同需要时的一键操作,使用十分方便。

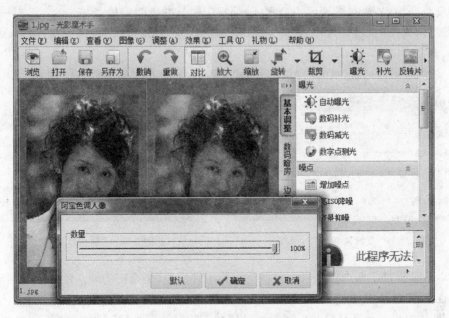

图 3-78　阿宝色调效果图

　　除此之外,用户也可以手工调整输出效果。选择下拉菜单"效果"|"反转片效果",出现调整画面,这里有"反差"、"暗部"、"高光"和"饱和度"4 个特性参数可供调整,可以边调整边看效果,直到满意为止,如图 3-79 所示。

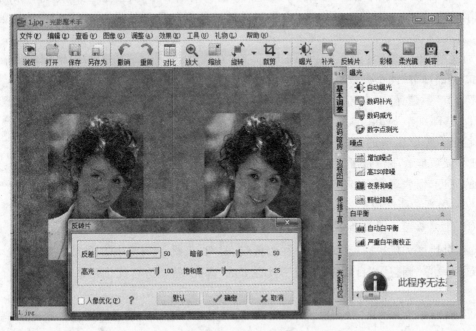

图 3-79　反转片效果

　　同时,反转片效果还支持在批量处理和自动处理中使用。
　　② 反转片负冲。反转片负冲效果的主要特色是画面中同时存在冷暖色调对比。亮部

第3章　图形和图像信息的处理与应用

的饱和度有所增强,呈暖色调但不夸张,暗部发生明显的色调偏移。

通过"效果"|"反转片负冲"菜单调出"反转片负冲"对话框,即可进行"饱和度"和"暗部细节"的调整,如图 3-80 所示。

③ 黑白效果。通过"效果"|"黑白效果"菜单调出"黑白效果"对话框,如图 3-81 所示。

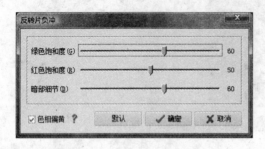

图 3-80 "反转片负冲"对话框

图 3-81 "黑白效果"对话框

该对话框提供了两个参数供用户调节。其中,"反差"是指把中间灰度向色阶两端调整,以提高视觉反差;"对比"是指提高画面的对比度。

④ 负片效果。什么是负片? 我们平时用胶卷拍照片,普通胶卷的底片是和照片反过来的,照片红的地方底片是绿的,照片黑的地方底片是白的。所以,这种胶卷又被称为负片。负片拍摄的照片,相对于数码照片而言,拥有更高的宽容度(就是说,可以同时把很亮很暗的东西表现在同一张照片中)。

"负片效果"这个特效主要通过对数码照片的明暗细节分离、独立运算,得到一张相对动态范围较广的照片,而细节的损失,也降到最低。所以,"负片效果"又称为"高宽容度负片效果"。

通过"效果"|"负片效果"菜单调出"负片"对话框,如图 3-82 所示,对话框有"暗部细节"和"亮部细节"两个参数可以调整。其中,"暗部细节"数值越大,暗部区域会调整得越明亮;"亮部细节"数值越大,亮部区域会调整得越暗。需要说明的是,亮部区域如果太亮,细节就可能看不清楚了,所以要压低这些区域的亮度,以表现画面细节。

图 3-82 "负片"对话框

(4)曝光功能的应用

① 自动曝光。曝光不足的照片发黑发灰,没有对比度和层次、暗部细节,往往由天气、时间、光线、技术等原因造成。"光影魔术手"可以通过菜单"调整"|"自动曝光"或工具栏上的"曝光"按钮进行优化调整,使照片曝光恢复正常。

② 数码补光。利用"数码补光"功能,可以对图片有选择性地进行补光。暗部的亮度可以有效提高,同时,亮部的画质不受影响,明暗之间的过渡十分自然,暗部的反差也不受影响。

通过"效果"|"数码补光"菜单调出"数码补光"对话框,在出现的对话框中有"范围选择"、"补光亮度"和"强力追补"参数可供调整,如图 3-83 所示。参数说明如下:

- 范围选择：用于确定需要补光的范围。该参数数值越大，范围越大，最大时即对全图进行补光；数值越小，范围越小。
- 补光亮度：选择好补光范围以后，如果觉得补得不够亮，则可以提高这个参数，增加亮度。
- 强力追补：有时照片拍摄得不成功，暗的地方很暗，即使提高补光亮度效果也不好，这时，可以调节这个参数。数值越大，补光的强度越大。
- 另外，在工具栏更有一键操作的"补光"按钮，这是一个智能补光按钮，只要一按同样可以达到补光的效果。

③ 数码减光。在强烈的阳光下或者有大片反光区域的地方往往使得照片发生曝光过度的现象，照片画面亮度过高，缺少亮部的细节和层次，可通过"数码减光"功能进行调整。

可以通过菜单"调整"|"数码减光"进行调整，"数码减光"对话框有两个参数"范围选择"和"强力增效"。和数码补光一样，"范围选择"可以确定和限制减光的区域大小，而"强力增效"可以控制减光量。

④ 数字点测光。该功能是模仿照相机中的"点测光"功能制作的，可以通过菜单"调整"|"数字点测光"进入调整对话框。

在原图中选择一个曝光参考点，软件自动将该点的亮度修正为18度灰，并相应调整全图。

⑤ 亮度/对比度/Gamma。此功能提供比较直观的影像处理效果，可以同时对亮度、对比度、Gamma值进行调整。

可以通过菜单"调整"|"亮度/对比度/Gamma"进入调出"亮度、对比度、Gamma"对话框，如图3-84所示。分别用鼠标划动亮度、对比度、Gamma值的滑块，并且观察照片的变化，调到满意为止。旁边的数字可供调整时参考和记忆。

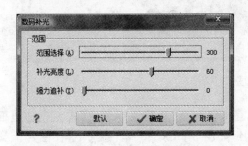

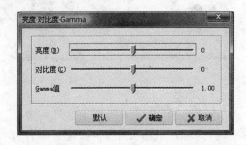

图 3-83　"数码补光"对话框　　　　　图 3-84　"亮度、对比度、Gamma"对话框

一般情况下，当Gamma矫正的值大于1时，图像的高光部分被压缩而暗调部分被扩展；当Gamma矫正的值小于1时，图像的高光部分被扩展而暗调部分被压缩，Gamma矫正一般用于平滑地扩展暗调的细节。

（5）白平衡功能的应用

① 自动白平衡。"自动白平衡"功能对于略微有点偏色的照片，可以进行自动校正，效果比较好，如白天用照相机自动档拍摄的照片、用扫描仪扫描的图片等。需要说明的是，"自动白平衡"功能是根据照片的原始信息进行直方图分析，在此基础上进行智能校正的。所以，一旦照片经过了后期处理，原始信息不充分了，该效果就可能不是很明显了。

② 白平衡一指键。"白平衡一指键"要求用户在照片中用鼠标指出一个没有颜色的物体，软件会自动分析照片的偏色情况，并进行校正。"没有颜色"就是指白色、灰色等物体，如白墙、白纸、地面等。

③ 严重白平衡错误校正。"严重白平衡错误校正"是专门用来应付那种偏色相对严重的照片。实际上，严重偏色的照片，某些颜色已经严重溢出了。使用传统的方法要解决此问题是比较困难的，不过通过该功能可以较好地解决上述问题。

（6）边框功能的应用

"光影魔术手"可以为拍摄的照片添加一个边框，使照片画面更突出，看起来更加精致美观。该软件的边框效果分为"轻松边框"、"花样边框"、"撕边边框"和"多图边框"4 种类型。

通过"工具"|"轻松边框"菜单可以调出"轻松边框"对话框，如图 3-85 所示。该对话框有"在线素材"、"本地素材"和"内置素材"3 个选项卡。

图 3-85 "轻松边框"对话框

"内置边框"选项卡提供了常见的边框，并且有可以利用"边框文字设定"按钮在加边框的同时，为照片增添文字说明，比如照片作者签名，如图 3-86 所示。如果选中"在图片上显示 EXIF"，那么照片拍摄的有些重要参数就会出现在边框左下边。

"本地素材"选项卡为用户提供了自己制作边框的功能。通过单击"边框工厂"按钮可以弹出"边框工厂"对话框，如图 3-87 所示，利用它用户就可以通过向导一步一步地设计制作自己的"轻松边框"。

边框信息包括了边框名称、版本、创建日期、边框说明和作者信息。还有当照片是竖向构图时的有关设置。这些信息在最后导出边框文件时，会保存在文件中。

边框工厂提供了 5 层边框设置，最多可以对照片进行 5 层扩边，利用扩边由内向外制作出不同的边框效果。每一次扩边设计，可以按像素或按百分比设置该次扩边的大小，可以设置颜色和底纹，可以设置效果不同的阴影，以产生立体效果。

扩边结束后，可以加入边框文字。文字的大小会根据照片大小自动进行缩放。

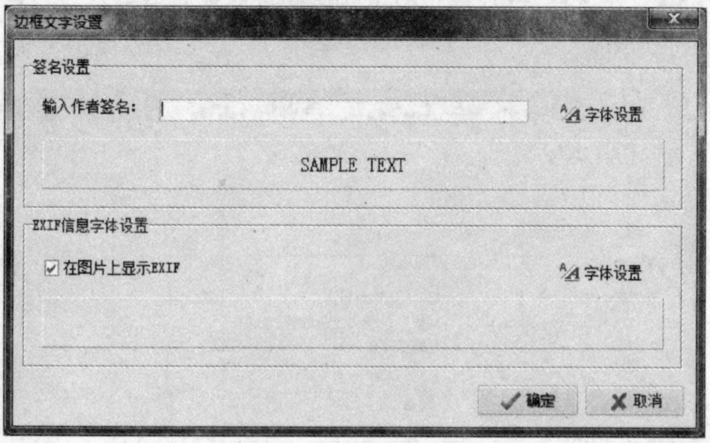

图 3-86 "边框文字设定"对话框

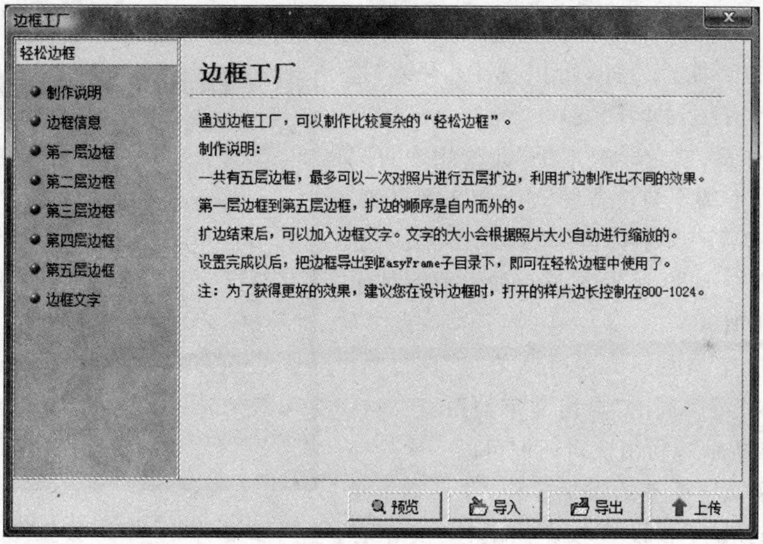

图 3-87 "边框工厂"对话框

设计制作完成以后,预览满意了,单击"导出"按钮把边框导出到 EasyFrame 文件夹,关闭"边框工厂"对话框,就可以在"本地素材"中看到刚才做好的边框,马上就可以使用它。如果要修改现有的边框,可以通过单击"导入"按钮到边框工厂,然后进行修正改进。

"在线素材"选项卡可以让用户从网上下载更多、更丰富的边框。

"花样边框"、"撕边边框"及"多图边框"的使用同"轻松边框"大同小异,在此不再赘述。

(7) 艺术效果功能的应用

"光影魔术手"还提供了譬如"浮雕"、"纹理化"、"电视扫描线"、"LOMO 风格模仿"、"褪色旧照"、"晚霞渲染"、"黄色滤镜"等多种艺术效果功能。这些功能的使用较为简单,并且和前面介绍的"人像处理"和"胶片效果"等功能的使用也十分相似,在此不再赘述。

(8) 文字及水印功能的应用

① 水印。利用菜单"工具"|"水印"可以调出"水印"对话框,如图 3-88 所示。"光影魔

术手"可以同时设置 3 个水印标签,绿色的小球表示这项水印设置处在启用状态,棕色表示不启用。

130

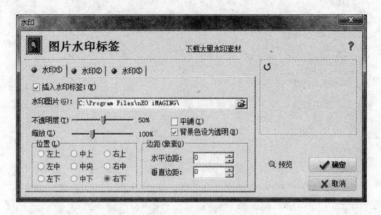

图 3-88 "水印"对话框

  在"水印"对话框中,通过浏览输入水印图片的文件位置,设置水印位置和边距,即可完成图片水印的功能。另外,可以选中"平铺"选项,为整张图片打上水印图案。

  ② 文字标签。"光影魔术手"允许用户可以一次性在照片上的不同位置写入 5 个文字标签。通过菜单"工具"|"文字标签"可以调出"文字标签"对话框,如图 3-89 所示。对它的设置大体上和水印标签相似。

  ③ 自由文字与图层。通过菜单"工具"|"自由文字与图层"可以调出"自由文字与图层"对话框,如图 3-90 所示。利用该对话框可以一次性完成水印标签和文字标签的添加工作,并且赋予操作者更大的自由度和设置权。比上述"文字标签"和"水印"的功能更强。它可以实现:在照片

图 3-89 "文字标签"对话框

中单击选中的水印(或文字)后,任意把目标拖动到满意的位置;任意拉大和缩小标签物;可以重叠标签并可设置透明度;可以对图层作上移、下移、复制等操作;可以输入多行文字;可以选择横向或竖向排列;可以选择不同色彩;选择合适的透明度。

  另外,该对话框还提供了"矩形"、"箭头"、"直线"、"圆圈"、"边线"、"色笔"、"画线"等绘图工具供用户使用。

  (9) 自动与批处理功能的应用

  ① 自动处理。利用"文件"|"自动"菜单可以一键式执行默认方案,自动处理照片,譬如"摄影作品发表处理"和"油墨印刷风格"等,如图 3-91 所示。

  在下拉菜单中,选择"自动动作菜单设置"弹出"选项"对话框,如图 3-92 所示。可以预先设置一些不同用途、不同风格的批处理预案,取名并且保存,它们会逐项添加到这个下拉菜单中,以备调用。待要对照片进行处理时,只要在下拉菜单中选择调用相应的处理方案,

图 3-90　"自由文字与图层"对话框

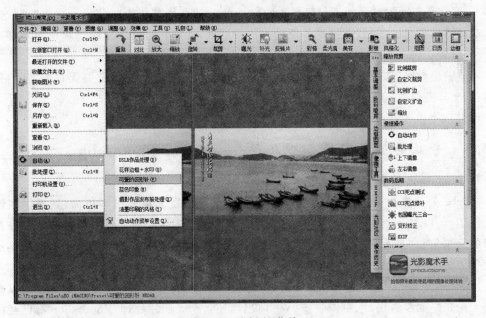

图 3-91　"自动"菜单

程序会自动执行一连串的处理动作,包括诸如缩放、反转片、锐化、加文字标签、水印等,不必
每次进行设置,十分方便。

② 批量自动处理功能。数码照片的处理,有时数量很多,所以必须应用批处理的办法来简化工作。通过菜单"文件"|"批处理"可以调出"批量自动处理"对话框,如图 3-93 所示。该对话框有"照片列表"、"自动处理"和"输出设置"3 个选项卡。

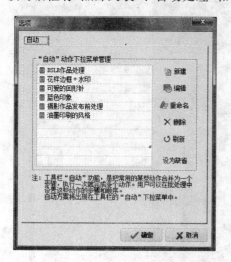 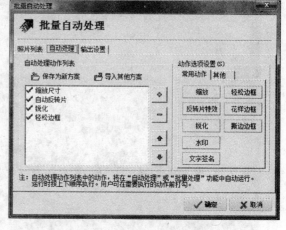

图 3-92 "选项"对话框   图 3-93 "批量自动处理"对话框

- "照片列表"选项卡供用户选择待处理的照片。
- "自动处理"选项卡提供了常用的各项处理动作,操作者可以任意增减处理动作,任意排序。暂时不用而又不想去掉的项目,可以单击它前面的"√"号使其变为"×"号;又想增添进去的项目可单击它前面的"×"号使其变为"√"号。单击"动作选项设置"栏里的按钮,会出现各项动作的对话框,利用它可以对动作选项作出更细微的设置。
- "输出设置"选项卡供用户对输出进行设置,可以自动更名、确定要保存的文件格式、文件夹位置、确定是否覆盖原来的文件。

通过以上设置就可以对批量照片进行处理了。

3.3.3 专业的位图图像处理软件——Adobe Photoshop

1. Photoshop 简介

Adobe 公司作为全球最大的软件公司之一,从参与发起桌面出版革命,到提供主流创意软件工具,以其革命性的产品和技术,不断变革和改善着人们的思想和交流方式。在扑面而来的海量信息中,无论是人们在报刊、杂志、广告中看到的,抑或是从电影、电视及其他数字设备中体验到的,几乎所有的图像背后都打着 Adobe 软件的烙印。

Photoshop 是 Adobe 公司的王牌产品,它在图形图像处理领域拥有毋庸置疑的权威地位。无论是平面广告设计、室内装潢、Web 设计,还是个人照片处理,Photoshop 都已经成为这些领域无与伦比的强大工具。最近几年,PS 已经成为国内互联网上一个非常流行的专有名词。据 Adobe 公司官方网站宣称,"Adobe Photoshop 产品系列是获得最佳数字图像效果及将它们变换为可想象的任何内容的最终场所"。Photoshop 的工作界面如图 3-94所示。

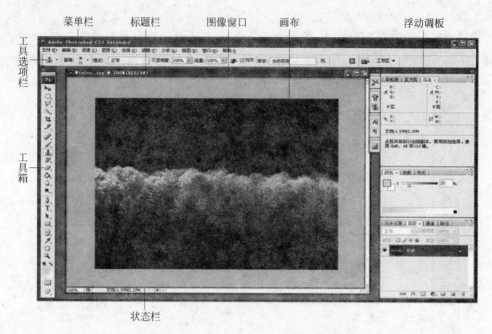

菜单栏　　标题栏　　图像窗口　　画布　　浮动调板

工具选项栏

工具箱

状态栏

图 3-94　Adobe Photoshop CS3 界面

Photoshop 的功能可以体现在图像编辑、图像合成、校色调色及特效制作等方面。

（1）图像编辑是图像处理的基础，利用 Photoshop 可以对图像做各种变换，如放大、缩小、旋转、倾斜、镜像、透视等，也可进行复制、去除斑点、修补、修饰图像的残损等。这在婚纱摄影、人像处理制作中有非常大的用途。譬如，去除人像上不满意的部分，进行美化加工，得到让人非常满意的效果。

（2）图像合成则是将几幅图像通过图层操作、工具应用合成完整的、具有明确意义的图像，这是平面设计的必经之路。Photoshop 提供的强大工具可以让多幅图像与创意很好地融合，使得图像合成得天衣无缝。

（3）校色调色是 Photoshop 中深具威力的功能之一，使用它可方便快捷地对图像的颜色进行明暗、色偏的调整和校正，也可在不同颜色中进行切换以满足图像在不同领域，如网页设计、印刷、多媒体等方面的应用。

（4）特效制作在 Photoshop 中主要是利用滤镜、通道及工具综合应用完成，包括图像的特效创意和特效字的制作，如油画、浮雕、石膏画、素描等常用的传统美术技巧都可利用 Photoshop 特效完成。而各种特效字的制作更是很多美术设计师热衷于 Photoshop 研究的原因。

2. Photoshop 的工具和菜单

（1）Photoshop 的工具

启动 Photoshop 时，"工具"调板将显示在屏幕左侧。"工具"调板中的某些工具会在上下文相关选项栏中提供一些选项。通过这些工具，可以使用文字、选择、绘画、绘制、取样、编辑、移动、注释和查看图像。其他工具可用来更改前景色和背景色，转到 Adobe Online，以及在不同的模式中工作。

可以展开某些工具以查看它们后面的隐藏工具。工具图标右下角的小三角形表示存在隐藏工具。

通过将指针放在任何工具上,可以查看有关该工具的信息。工具的名称将出现在指针下面的工具提示中。某些工具提示包含指向有关该工具的附加信息的链接。Photoshop "工具"调板以及所有工具的名称如图 3-95 所示。

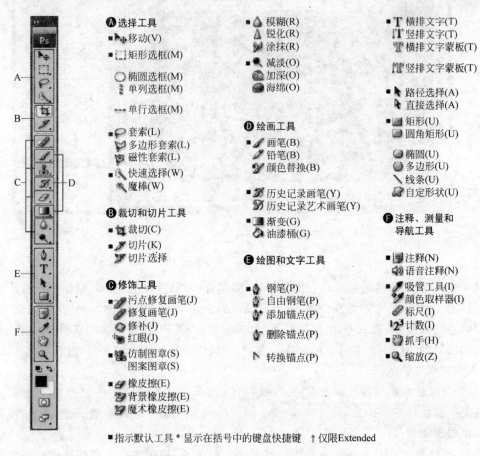

图 3-95　Adobe Photoshop CS3 的工具

Photoshop 各种工具的功能如下:

① 选择工具,如图 3-96 所示。

· 选框工具可建立矩形、椭圆、单行和单列选区。

· 移动工具可移动选区、图层和参考线。

· 套索工具可建立手绘图、多边形(直边)和磁性(紧贴)选区。

· 快速选择工具可让用户使用可调整的圆形画笔笔尖快速"绘制"选区。

· 魔棒工具可选择着色相近的区域。

② 裁剪和切片工具

如图 3-97 所示。

· 裁剪工具可裁切图像。

· 切片工具可创建切片。

· 切片选择工具可选择切片。

选框工具　　　移动工具　　　套索工具

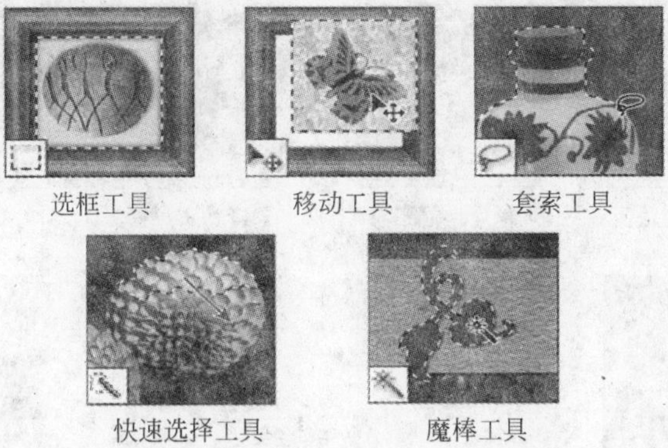

快速选择工具　　　　魔棒工具

图 3-96　选择工具

裁剪工具　　　切片工具　　　切片选择工具

图 3-97　裁剪和切片工具

③ 修饰工具

如图 3-98 所示。

- 污点修复画笔工具可移去污点和对象。
- 修复画笔工具可利用样本或图案绘画以修复图像中不理想的部分。
- 修补工具可使用样本或图案来修复所选图像区域中不理想的部分。
- 红眼工具可移去由闪光灯导致的红色反光。
- 仿制图章工具可利用图像的样本来绘画。
- 图案图章工具可使用图像的一部分作为图案来绘画。
- 橡皮擦工具可抹除像素并将图像的局部恢复到以前存储的状态。
- 背景橡皮擦工具可通过拖动将区域擦抹为透明区域。
- 魔术橡皮擦工具只需单击一次即可将纯色区域擦抹为透明区域。
- 模糊工具可对图像中的硬边缘进行模糊处理。
- 锐化工具可锐化图像中的柔边缘。
- 涂抹工具可涂抹图像中的数据。
- 减淡工具可使图像中的区域变亮。
- 加深工具可使图像中的区域变暗。
- 海绵工具可更改区域的颜色饱和度。

④ 绘画工具

如图 3-99 所示。

- 画笔工具可绘制画笔描边。

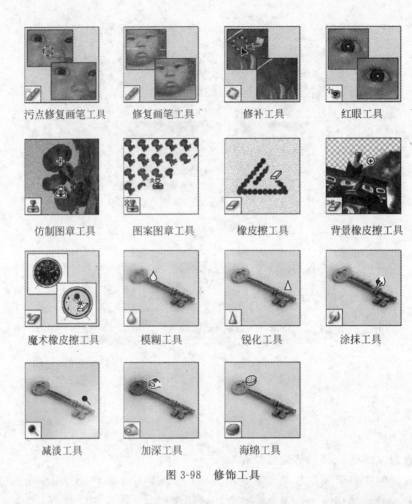

污点修复画笔工具　　修复画笔工具　　修补工具　　红眼工具

仿制图章工具　　图案图章工具　　橡皮擦工具　　背景橡皮擦工具

魔术橡皮擦工具　　模糊工具　　锐化工具　　涂抹工具

减淡工具　　加深工具　　海绵工具

图 3-98　修饰工具

画笔工具　　铅笔工具　　颜色替换工具　　历史记录画笔工具

历史记录艺术画笔工具　　渐变工具　　油漆桶工具

图 3-99　绘画工具

- 铅笔工具可绘制硬边描边。
- 颜色替换工具可将选定颜色替换为新颜色。
- 历史记录画笔工具可将选定状态或快照的副本绘制到当前图像窗口中。

- 历史记录艺术画笔工具可使用选定状态或快照,采用模拟不同绘画风格的风格化描边进行绘画。
- 渐变工具可创建直线形、放射形、斜角形、反射形和菱形的颜色混合效果。
- 油漆桶工具可使用前景色填充着色相近的区域。

⑤ 绘图和文字工具

如图 3-100 所示。

路径选择工具

文字工具

文字蒙版工具

钢笔工具

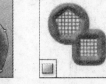
形状工具和直线工具

自定形状工具

图 3-100　绘图和文字工具

- 路径选择工具可建立显示锚点、方向线和方向点的形状或线段选区。
- 文字工具可在图像上创建文字。
- 文字蒙版工具可创建文字形状的选区。
- 钢笔工具可让用户绘制边缘平滑的路径。
- 形状工具和直线工具可在正常图层或形状图层中绘制形状和直线。
- 自定形状工具可创建从自定形状列表中选择的自定形状。

⑥ 注释、测量和导航工具

如图 3-101 所示。

注释工具

吸管工具

测量工具

抓手工具

缩放工具

图 3-101　注释、测量和导航工具

- 注释工具将创建可附加到图像的文字和语音注释。
- 吸管工具可提取图像的色样。
- 测量工具可测量距离、位置和角度。
- 抓手工具可在图像窗口内移动图像。
- 缩放工具可放大和缩小图像的视图。

（2）Photoshop 的菜单

Photoshop CS3 共有"文件"、"编辑"、"图像"、"图层"、"选择"、"滤镜"、"分析"、"视图"、"窗口"和"帮助"等 10 个菜单。

① "文件"菜单主要包括文件的建立、打开、存储、关闭及文件打印等操作，如图 3-102 所示。除此之外，利用"文件"菜单还可以实现导入、导出文件，使用新的浏览器检索图片，使用自动化命令提高工作效率等。

② "编辑"菜单主要包括"剪切"、"复制"、"粘贴"、"填充"、"描边"、"自由变换"、"定义图案"、"定义画笔"以及"预设管理器"等功能，如图 3-103 所示。

③ "图像"菜单如图 3-104 所示，利用它可以更改图像的模式，调整图像大小、画布大小、旋转画布，以及进行图像色彩调整、裁切，显示图像直方图、图像计算等。

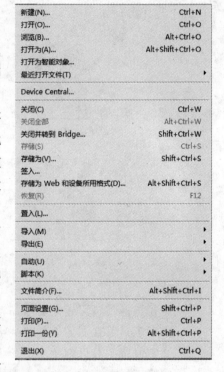

图 3-102 "文件"菜单

④ "图层"菜单可以用来对图层进行编辑，如新建图层、删除图层、设置图层属性、添加图层样式以及对图层进行调整编辑等，如图 3-105 所示。

⑤ "选择"菜单可以用来选择全部像素、取消选择、反选、修改选区、羽化选区、变换选区、载入选区、存储选区等，如图 3-106 所示。

⑥ "滤镜"菜单可以实现各种奇妙的滤镜效果，它能够创建出各种各样精彩绝伦的图像。如图 3-107 所示。

⑦ "分析"菜单提供了多种度量工具，如图 3-108 所示。

⑧ "视图"菜单可以显示各种输出效果和调整视图比例，可以设置显示或隐藏标尺、参考线、切片、注释、目标路径、网格，如图 3-109 所示。

⑨ "窗口"菜单如图 3-110 所示，利用它可以管理窗口环境，并根据需要来显示或隐藏指定的控制面板、状态栏、工具箱和选项栏。

⑩ "帮助"菜单如图 3-111 所示，利用它可以获取相关的 Photoshop 帮助信息。

还原(O)	Ctrl+Z
前进一步(W)	Shift+Ctrl+Z
后退一步(K)	Alt+Ctrl+Z
渐隐(D)...	Shift+Ctrl+F
剪切(T)	Ctrl+X
拷贝(C)	Ctrl+C
合并拷贝(Y)	Shift+Ctrl+C
粘贴(P)	Ctrl+V
贴入(I)	Shift+Ctrl+V
清除(E)	
拼写检查(H)...	
查找和替换文本(X)...	
填充(L)...	Shift+F5
描边(S)...	
自由变换(F)	Ctrl+T
变换(A)	▶
自动对齐图层...	
自动混合图层...	
定义画笔预设(B)...	
定义图案(Q)...	
定义自定形状(J)...	
清理(R)	▶
Adobe PDF 预设(P)...	
预设管理器(M)...	
颜色设置(G)...	Shift+Ctrl+K
指定配置文件...	
转换为配置文件(V)...	
键盘快捷键(Z)...	Alt+Shift+Ctrl+K
菜单(U)...	Alt+Shift+Ctrl+M
首选项(N)	▶

图 3-103 "编辑"菜单

模式(M)	▶
调整(A)	▶
复制(D)...	
应用图像(Y)...	
计算(C)...	
图像大小(I)...	Alt+Ctrl+I
画布大小(S)...	Alt+Ctrl+C
像素长宽比(X)	▶
旋转画布(E)	▶
裁剪(P)	
裁切(R)...	
显示全部(V)	
变量(B)	▶
应用数据组(L)...	
陷印(T)...	

图 3-104 "图像"菜单

新建(N)	▶
复制图层(D)...	
删除	▶
图层属性(P)...	
图层样式(Y)	▶
智能滤镜	▶
新建填充图层(W)	▶
新建调整图层(J)	▶
更改图层内容(H)	▶
图层内容选项(O)...	
图层蒙版(M)	▶
矢量蒙版(V)	▶
创建剪贴蒙版(C)	Alt+Ctrl+G
智能对象	▶
视频图层	▶
3D 图层	▶
文字	▶
栅格化(Z)	▶
新建基于图层的切片(B)	
图层编组(G)	Ctrl+G
取消图层编组(U)	Shift+Ctrl+G
隐藏图层(R)	
排列(A)	▶
对齐(I)	▶
分布(T)	▶
锁定图层(L)...	
链接图层(K)	
选择链接图层(S)	
合并图层(E)	Ctrl+E
合并可见图层(F)	Shift+Ctrl+E
拼合图像(F)	
修边	▶

图 3-105 "图层"菜单

全部(A)	Ctrl+A
取消选择(D)	Ctrl+D
重新选择(E)	Shift+Ctrl+D
反向(I)	Shift+Ctrl+I
所有图层(L)	Alt+Ctrl+A
取消选择图层(S)	
相似图层(Y)	
色彩范围(C)...	
调整边缘(F)...	Alt+Ctrl+R
修改(M)	▶
扩大选取(G)	
选取相似(R)	
变换选区(T)	
载入选区(O)...	
存储选区(V)...	

图 3-106 "选择"菜单

上次滤镜操作(F)	Ctrl+F
转换为智能滤镜	
抽出(X)...	Alt+Ctrl+X
滤镜库(G)...	
液化(L)...	Shift+Ctrl+X
图案生成器(P)...	Alt+Shift+Ctrl+X
消失点(V)...	Alt+Ctrl+V
风格化	▶
画笔描边	▶
模糊	▶
扭曲	▶
锐化	▶
视频	▶
素描	▶
纹理	▶
像素化	▶
渲染	▶
艺术效果	▶
杂色	▶
其他	▶
Digimarc	▶

图 3-107 "滤镜"菜单

设置测量比例(S)	▶
选择数据点(D)	▶
记录测量(M)	Shift+Ctrl+M
标尺工具(R)	
计数工具(C)	
置入比例标记(P)...	

图 3-108 "分析"菜单

139

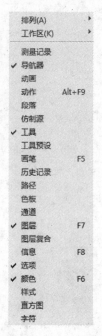

图 3-109 "视图"菜单　　　　图 3-110 "窗口"菜单　　　　图 3-111 "帮助"菜单

3. Photoshop 主要概念解析

（1）选择

Photoshop 主要是处理位图图像的。位图图像的改变在本质上讲是由于构成该位图的像素的改变而造成的。因此，可以说 Photoshop 本质上是处理像素的一门技术。利用计算机可轻易地移动、复制和删除单个或多个像素，从而达到处理图像的目的。但前提是一定要告诉 Photoshop 准备处理哪一些像素。这样就有了选择的概念。

对于一个像素来说，它可以 100% 的被选择；也可 100% 的不被选择，在此之间还有很多中间情况。Photoshop 把它分为 256 个选择等级，这与灰度模式图像的 256 个灰度等级是相对应的。数字"0"在灰度图中是代表黑色，在选择中可代表该像素没有被选择；如果数字为"255"，在灰度图中代表白色，在选择中代表该像素被 100% 的选择；数字"127"和"128"就表示 50% 的选择；以此类推。对于一个不是 100% 被选择的像素来说，它是半透明的。

当多个像素被选择而形成一个区域，这个区域就称为选区。选区的周围有一条动态的虚线围住作为选区边界。严格地说，选区边界并不是真正的边界，应该是它所圈住的像素都是超过 50% 被选择的。如果一个选区里面所有像素都没有超过 50% 被选择的话，选区的边界将不可见。选区边界又可生动地被称为"行军蚂蚁线"。

有了选区，就可对选区内的像素进行各种操作了。

（2）图层

Photoshop 中的图层就如同堆叠在一起的透明纸，可以透过图层的透明区域看到下面的图层；可以移动图层来定位图层上的内容，就像滑动透明纸一样；也可以更改图层的不透明度以使内容部分透明,如图 3-112 所示。图层有普通图层、文字图层、填充图层、调整图层等类型。利用填充图层可以用纯色、渐变或图案填充图层,创建时自动附加图层蒙版;利用调整图层可以进行各种色彩调整,并且还可以随时修改,而不会破坏原来的图像。

图 3-112　Photoshop 中的图层

（3）蒙版

蒙版可以用来控制图像显示和隐藏的区域,是进行图像合成的重要手段,蒙版包括快速蒙版、图层蒙版、剪贴蒙版和矢量蒙版等类型。

创建的蒙版会自动临时存储在 Alpha 通道中。此时的蒙版可以看做是一幅 256 级的灰度图像,因此可以像处理其他图像使用绘画工具、编辑工具和滤镜命令等对它进行编辑。

选区和蒙版是可以互换的,即选区可以转换为蒙版,蒙版也可以转换为选区。如果想把选区或蒙版长久地保存下来,就需要把选区存储为新的或现有的 Alpha 通道,或把蒙版的临时 Alpha 通道进行复制保存。以后就可以随时重新载入该选区或将该选区载入到其他图像中（两个文档大小要一致）。

① 快速蒙版

使用快速蒙版可以灵活地选择区域,快速蒙版模式可将选区转换为临时蒙版以便更轻松地编辑。当选择某个图像的部分区域时,未选中区域将"被蒙版"或受保护以免被编辑,默认状态下,以透明的红色显示"被蒙版"区域。退出快速蒙版模式之后,蒙版将转换为图像上的一个选区。

② 图层蒙版

可以向图层中添加蒙版,然后使用此蒙版隐藏部分图层并显示下面的图层。图层蒙版是一项重要的非破坏性复合技术,可用于将多张照片组合成单个图像,也可用于局部的颜色和色调校正。

蒙版实际上是一个 8 位灰阶的 Alpha 通道,白色区域可见,黑色区域将被隐藏,灰色区域将呈现出不同的透明度。可以从选区创建图层蒙版,默认状态下,选择区域转换成白色,非选择区域转换成黑色,羽化区域转换成不同的灰色。图层蒙版是与分辨率相关的位图图像,可使用绘画或选择工具进行编辑。

③ 剪贴蒙版

利用剪贴蒙版可以透过基底图层的图像形状控制上面内容图层的显示区域。

④ 矢量蒙版

矢量蒙版作用是通过创建的路径生成蒙版来隐藏当前部分图层并显示下面的部分图层。矢量蒙版与分辨率无关,可使用钢笔或形状工具创建。矢量蒙版可在图层上创建边缘清晰分明,光滑无锯齿的形状,常用来创建图形和标志等。

（4）通道

Photoshop 中的通道包括颜色通道、专色通道和 Alpha 通道三种类型。

颜色通道是在打开新图像时自动创建的。图像的颜色模式决定了所创建的颜色通道的数目。例如,RGB 图像的每种颜色（红色、绿色和蓝色）都有一个通道,并且还有一个用于编辑图像的复合通道。

专色通道可以用来指定用于专色油墨印刷的附加印版。

利用 Alpha 通道可以将选区存储为灰度图像。可以添加 Alpha 通道来创建和存储蒙版。通道中的白色区域对应于选择区域,黑色区域对应非选择区域,灰色代表部分选择或者有一定透明度的选择。

(5)滤镜

滤镜是 Photoshop 中一个非常强大和实用的功能,主要用来实现图像的各种特殊效果。滤镜的操作非常简单,但是真正用起来却很难恰到好处。通常需要将滤镜和通道、图层等综合使用,才能取得最佳的艺术效果。

3.3.4 完善的矢量图形处理软件——Adobe Illustrator

1. Illustrator 简介

Illustrator 是 Adobe 公司推出的专业矢量绘图工具,它广泛地应用于平面设计、封面设计、商标设计、产品包装设计、网页图形制作、艺术图形、漫画创作,是出版、多媒体和在线图像的工业标准矢量插画软件。其工作界面如图 3-113 所示。

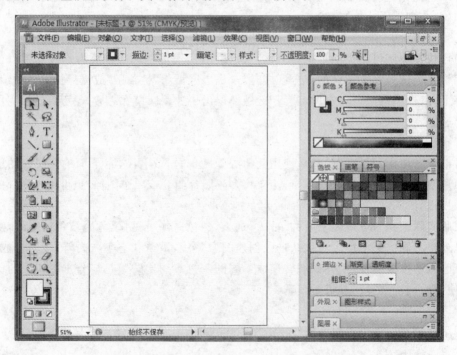

图 3-113　Illustrator 工作界面

Adobe 公司早在 1987 年就推出了 Illustrator 1.1 版本,至今已经经历了 14 个版本。Adobe Illustrator 软件是一个完善的矢量图形环境,它集中了 Photoshop,Freehand,CorelDRAW 的各种元素,更便于用户进行有效的艺术设计。

相比其他软件,Illustrator 的优势在于处理矢量图形方面,它能够非常精确地控制矢量图形的位置和大小,是工业界标准的绘图软件。另外,它在文字处理和图表方面也有着独特的优势,尤其是它将矢量图形、字体和图表有机地结合起来,非常适合于制作海报、网页和广告等宣传资料。

2. Illustrator 的工具

第一次启动应用程序时，屏幕左侧将显示"工具"面板。可以通过拖动其标题栏来移动"工具"面板。也可以通过选择"窗口"|"工具"来显示或隐藏"工具"面板。

可以使用"工具"面板中的工具在 Illustrator 中创建、选择和处理对象。某些工具包含在双击工具时出现的选项。这些工具包括用于使用文字的工具以及用于选择、上色、绘制、取样、编辑和移动图像的工具。

可以展开某些工具以查看它们下面的隐藏工具。工具图标右下角的小三角形表示存在隐藏工具。要查看工具的名称，请将指针放在工具的上面。Illustrator"工具"调板以及所有工具的名称如图 3-114 所示。

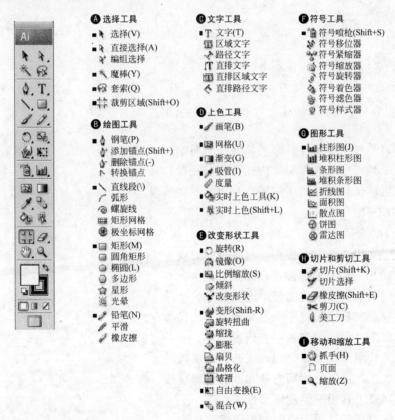

图 3-114 Adobe Illustrator CS3 的工具

Illustrator 各种工具的功能如下所示。

（1）选择工具

如图 3-115 所示。

- 选择工具可用来选择整个对象。
- 直接选择工具可用来选择对象内的点或路径段。
- 编组选择工具可用来选择组内的对象或组内的组。

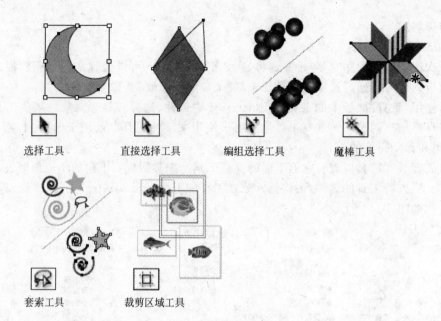

图 3-115　选择工具

- 魔棒工具可用来选择具有相似属性的对象。
- 套索工具可用来选择对象内的点或路径段。
- 裁剪区域工具创建用于打印或导出的单独画板。

（2）绘图工具

如图 3-116 所示。

- 钢笔工具用于绘制直线和曲线来创建对象。
- 添加锚点工具用于将锚点添加到路径中。
- 删除锚点工具用于从路径中删除锚点。
- 转换锚点工具用于将平滑点与角点互相转换。
- 直线段工具用于绘制各个直线段。
- 弧线工具用于绘制各个凹入或凸起的曲线段。
- 螺旋线工具用于绘制顺时针和逆时针螺旋线。
- 矩形网格工具用于绘制矩形网格。
- 极坐标网格工具用于绘制圆形图像网格。
- 矩形工具用于绘制方形和矩形。
- 圆角矩形工具用于绘制具有圆角的方形和矩形。
- 椭圆工具用于绘制圆和椭圆。
- 多边形工具用于绘制规则的多边形。
- 星形工具用于绘制星形。
- 光晕工具用于创建类似镜头光晕或太阳光晕的效果。
- 铅笔工具用于绘制和编辑自由线段。
- 平滑工具用于平滑处理贝塞尔路径。
- 路径橡皮擦工具用于从对象中擦除路径和锚点。

钢笔工具　　添加锚点工具　　删除锚点工具　　转换锚点工具

直线段工具　　弧线工具　　螺旋线工具　　矩形网格工具

极坐标网格工具　　矩形工具　　圆角矩形工具　　椭圆工具

多边形工具　　星形工具　　光晕工具　　铅笔工具

平滑工具　　路径橡皮擦工具

图 3-116　绘图工具

（3）文字工具

如图 3-117 所示。

- 文字工具用于创建单独的文字和文字容器，并允许输入和编辑文字。
- 区域文字工具用于将封闭路径改为文字容器，并允许在其中输入和编辑文字。
- 路径文字工具用于将路径更改为文字路径，并允许在其中输入和编辑文字。
- 直排文字工具用于创建直排文字和直排文字容器，并允许在其中输入和编辑直排文字。
- 直排区域文字工具用于将封闭路径更改为直排文字容器，并允许在其中输入和编辑文字。

- 直排路径文字工具用于将路径更改为直排文字路径,并允许在其中输入和编辑文字。

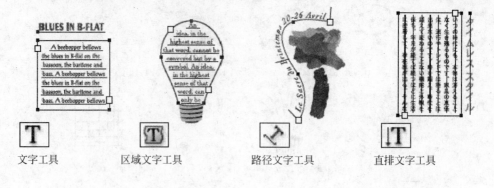

| 文字工具 | 区域文字工具 | 路径文字工具 | 直排文字工具 |

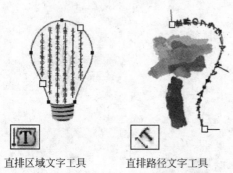

直排区域文字工具　　　直排路径文字工具

图 3-117　文字工具

（4）上色工具

如图 3-118 所示。

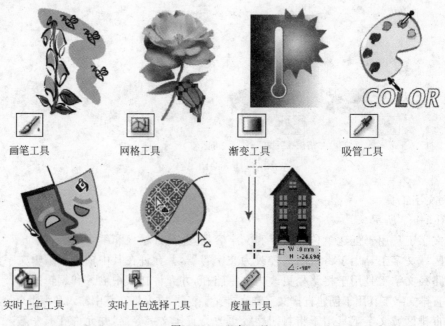

画笔工具　　　　网格工具　　　　渐变工具　　　　吸管工具

实时上色工具　　实时上色选择工具　　度量工具

图 3-118　上色工具

- 画笔工具用于绘制徒手画和书法线条以及路径图稿和图案。
- 网格工具用于创建和编辑网格和网格封套。
- 渐变工具调整对象内渐变的起点和终点以及角度，或者向对象应用渐变。
- 吸管工具用于从对象中采样以及应用颜色、文字和外观属性，其中包括效果。
- 实时上色工具用于按当前的上色属性绘制"实时上色"组的表面和边缘。
- 实时上色选择工具用于选择"实时上色"组中的表面和边缘。
- 度量工具用于测量两点之间的距离。

（5）改变形状工具

如图 3-119 所示。

- 旋转工具可以围绕固定点旋转对象。
- 镜像工具可以围绕固定轴翻转对象。
- 比例缩放工具可以围绕固定点调整对象大小。
- 倾斜工具可以围绕固定点倾斜对象。
- 改变形状工具可以在保持路径整体细节完整无缺的同时，调整所选择的锚点。
- 自由变换工具可以对所选对象进行比例缩放、旋转或倾斜。
- 混合工具可以创建混合了多个对象的颜色和形状的一系列对象。
- 变形工具可以随光标的移动塑造对象形状（打个比方，就像铸造粘土一样）。
- 旋转扭曲工具可以在对象中创建旋转扭曲。
- 收缩工具可通过向十字线方向移动控制点的方式收缩对象。
- 膨胀工具可通过向远离十字线方向移动控制点的方式扩展对象。
- 扇贝工具可以向对象的轮廓添加随机弯曲的细节。
- 晶格化工具可以向对象的轮廓添加随机锥化的细节。
- 皱褶工具可以向对象的轮廓添加类似于皱褶的细节。

（6）符号工具

如图 3-120 所示。

- 符号喷枪工具用于将多个符号实例作为集置入到画板上。
- 符号移位器工具用于移动符号实例。
- 符号紧缩器工具用于将符号实例移到离其他符号实例更近或更远的地方。
- 符号缩放器工具用于调整符号实例的大小。
- 符号旋转器工具用于旋转符号实例。
- 符号着色器工具用于为符号实例上色。
- 符号滤色器工具用于为符号实例应用不透明度。
- 符号样式器工具用于将所选样式应用于符号实例。

（7）图表工具

如图 3-121 所示。

- 柱形图工具创建的图表可用垂直柱形来比较数值。
- 堆积柱形图工具创建的图表与柱形图类似，但是它将各个柱形堆积起来，而不是互相并列。这种图表类型可用于表示部分和总体的关系。
- 条形图工具创建的图表与柱形图类似，但是水平放置条形而不是垂直放置柱形。

图 3-119　改变形状工具

- 堆积条形图工具创建的图表与堆积柱形图类似,但是条形是水平堆积而不是垂直堆积。
- 折线图工具创建的图表使用点来表示一组或多组数值,并且对每组中的点都采用不同的线段来连接。这种图表类型通常用于表示在一段时间内一个或多个主题的趋势。
- 面积图工具创建的图表与折线图类似,但是它强调数值的整体和变化情况。

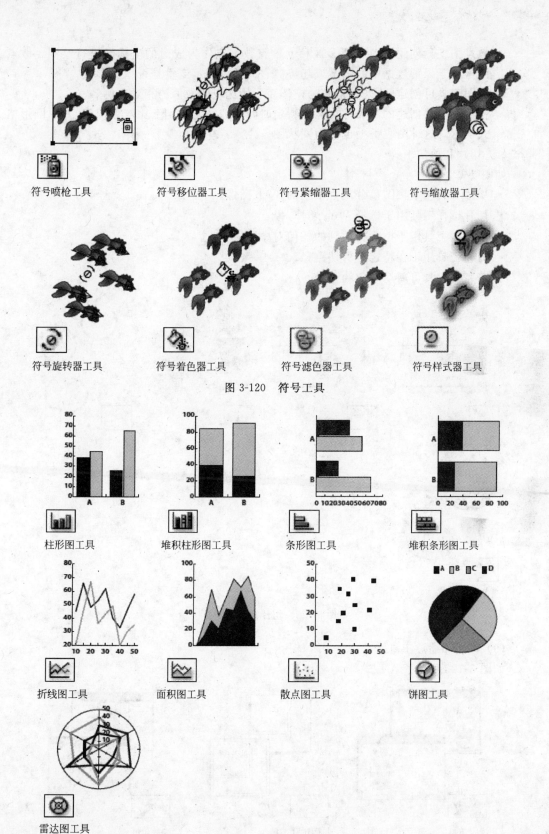

符号喷枪工具　　　符号移位器工具　　　符号紧缩器工具　　　符号缩放器工具

符号旋转器工具　　　符号着色器工具　　　符号滤色器工具　　　符号样式器工具

图 3-120　符号工具

柱形图工具　　　堆积柱形图工具　　　条形图工具　　　堆积条形图工具

折线图工具　　　面积图工具　　　散点图工具　　　饼图工具

雷达图工具

图 3-121　图表工具

第3章　图形和图像信息的处理与应用 ◀◀◀

- 散点图工具创建的图表沿 x 轴和 y 轴将数据点作为成对的坐标组进行绘制。散点图可用于识别数据中的图案或趋势。它们还可表示变量是否相互影响。
- 饼图工具可创建圆形图表,它的楔形表示所比较的数值的相对比例。
- 雷达图工具创建的图表可在某一特定时间点或特定类别上比较数值组,并以圆形格式表示。这种图表类型也称为网状图。

(8) 切片和剪切工具

如图 3-122 所示。

- 切片工具用于将图稿分割为单独的 Web 图像。
- 切片选择工具用于选择 Web 切片。
- 橡皮擦工具用于擦除拖动到的任何对象区域。
- 剪刀工具用于在特定点剪切路径。
- 美工刀工具可剪切对象和路径。

图 3-122　切片和剪切工具

(9) 移动和缩放工具

如图 3-123 所示。

图 3-123　移动和缩放工具

- 抓手工具可以在插图窗口中移动 Illustrator 画板。
- 打印拼贴工具可以调整页面网格以控制图稿在打印页面上显示的位置。
- 缩放工具可以在插图窗口中增加和减小视图比例。

3.4　图形和图像信息的应用

3.4.1　图形图像信息的特点及优势

如前文所述,图形和图像信息是多媒体信息表现形式中非常重要的类型,其应用非常广泛。特别是随着视觉文化的迅速兴起,视觉的需求已经成为人们获取信息的主渠道之一。因此,图形和图像信息也已经成为计算机多媒体作品中不可或缺的媒体表现形式。可以说,任何一个计算机多媒体作品都要或多或少地处理、应用图形和图像这两种媒体表现形式。相比其他的媒体表现形式,图形和图像信息具有以下特点和优势。

1. 静态性

图形和图像信息表现的是一种瞬间的、静态的、固定的视觉形象,因此特别适合表现事物的形态和面貌,并且可以供人们长时间地仔细观察对象的各种细节,给人留下深刻具体的印象。

2. 直观性

图形和图像信息表现的事物内容生动、形象,可以和真实的事物一模一样,也可以和真实的事物相似或只突出事物的某些特征,是一种视觉直观的信息表现形式。相比文字对某些信息难以表达清楚而言,图形和图像信息可以让人们在短时间内和在有限的版面里获得更多的信息,给人以直观的感觉和"一目了然、一看便知"的效果。

3. 感染力强

图形和图像信息可以突出事物某些方面的特征,甚至加以夸张和渲染,使其具有极具感染力。所谓一图胜千言。譬如,2008 年春运期间在《南阳日报》的一篇《春运迎来返城高峰》的报道中,作者没有用千言万语去描述现场的情景,只用了 200 字的简短稿子,但是配了一张上海站出站口人头涌动的照片。照片中人头攒动、旅客步履匆匆的景象以及人们内涵丰富、情绪饱满的神态,具有很强的感染力,能使每一位读者获得身临其境的感受。

4. 艺术性高

图形和图像信息的画面具备线条、块面、明暗、层次、色彩等造型因素,讲究空间透视、光线处理、静态画面构图等造型手段,可以给人以极大的艺术愉悦感。有的图形和图像信息除了传递一些基本信息之外,其画面本身就是一件艺术作品。现在,图形和图像已经成为美化多媒体作品界面不可缺少的素材。

3.4.2　图形图像信息应用的原则及注意事项

图形和图像既可以单独用于相关信息的传递,也可以和其他信息表现形式一起配合起来传递相关信息,还可以作为美化多媒体作品界面的相关素材。图形和图像信息在应用时应注意以下原则和事项。

1. 图形、图像信息的技术性

图形、图像承载的信息量较大,处理起来要考虑的因素比较多。图形、图像信息的质量直接决定了信息传播过程的效果和成败。对于位图图像而言,要根据实际情况选择合适的分辨率、图像尺寸、色彩模式、存储格式等。对于大量运用图形、图像信息的多媒体作品而言,要考虑文件所占存储空间的大小问题。对于数字化图像的输出,还要考虑色彩空间转换带来的问题。

2. 图形、图像信息的艺术性

如前文所述,优秀的图形和图像信息除了传递一些基本信息之外,其画面本身就是一件艺术作品,可以给人以极大的艺术愉悦感。图形、图像信息的艺术性要考虑的因素主要有:图形图像的构图方法、色彩和对比、用光和节奏;图形图像画面中各元素之间主体与陪体的呼应关系、位置关系;与背景间色彩关系、明度关系等。

3. 图形、图像与其他信息表现形式的合理搭配

在多媒体作品设计制作和信息传播过程中,各种不同信息表现形式之间不是决然割裂的。要根据实际需要,合理地选择、搭配不同的信息表现形式。发挥每种信息表现形式的长处和整体功能,才能取得最佳的效果。

思考与练习

1. 简述位图和矢量图的含义和特点。
2. 简述像素和像素大小的含义和区别。
3. 谈谈你对分辨率这一概念的理解。
4. 像素大小与图像打印分辨率之间的关系是什么? 它们分别有何作用?
5. 如何理解像素与点之间的关系?
6. 简述色彩模型的含义。
7. 简述常见的颜色模型。
8. 简述颜色深度的含义。
9. 列举常见的图形图像格式及其特点。
10. 简述图形图像信息获取的方式及过程。
11. 列举数码照相机的主要部件。
12. 简述数码照相机主要的性能指标。
13. 列举常用的图形图像处理软件的名称及特点。
14. 简述"光影魔术手"软件的主要功能和使用方法。
15. 列举 Adobe Photoshop 的主要工具及功能。
16. 谈谈你是如何理解 Adobe Photoshop 中"选择"这一术语的?
17. 简述 Adobe Photoshop 中蒙版的类型及其主要作用。
18. 如何理解 Adobe Photoshop 中图层、蒙版、通道的含义? 它们之间有何关系?
19. 列举 Adobe Illustrator 的主要工具及功能。
20. 谈谈你对图形图像信息特点与优势的认识。
21. 简述图形图像信息应用的原则及注意事项。

⊙ **学习目标**
- 了解声音的基本物理属性、人耳的听觉特性等音频基本知识。
- 理解模拟音频和数字音频的含义与特征。
- 掌握常见的音频文件格式。
- 掌握音频信息获取的方式及相关知识。
- 掌握音频处理软件 Adobe Audition 的主要功能。
- 掌握电脑音乐创作软件 Cakewalk Sonar 的主要功能。
- 理解音频信息的特点与优势。
- 理解音频信息应用的原则及注意事项。

4.1 音频信息概述

在多媒体信息处理领域,人类能够听到的所有声音都称之为音频。音频信息是由于物体振动而产生的一种波动现象的具体表现,人类依靠自身的听觉器官来感知这些音频信息。音频信息是表达思想和情感必不可少的信息表现形式之一,是多媒体信息的重要组成部分。音频信息的种类很多,譬如人类语言、音乐、风声、雨声等。多媒体应用中涉及的音频信息主要有:背景音乐、解说词、电影或动画配音、按钮交互反馈声以及其他特殊效果等。

4.1.1 声音的基本知识

1. 声音的基本物理属性

声音是一种波动现象。当声源振动时,振动体对周围相邻媒质产生扰动,而被扰动的媒质又会对它的外围相邻媒质产生扰动,这种扰动的不断传递就是声波产生与传播的基本机理。声音本质上既然是波,那么声音就具有以下基本的物理属性。

(1) 频率 声源在一秒钟内振动的次数,记作 f,单位为 Hz。

(2) 周期 声源振动一次所经历的时间,记作 T,单位为 s。$T=1/f$。

(3) 波长 沿声波传播方向,振动一个周期所传播的距离,或在波形上相位相同的相邻两点间的距离,记为 λ,单位为 m。

(4) 振幅 声源振动时最大的位移距离,即声源振动的幅度。记作 A,单位为 m。

2. 声场与声波的能量

存在着声波的空间称为声场。声场中能够传递上述扰动的媒质称为声场媒质。声波的性质不仅决定于声源特性,还与声场媒质有很大关系。这里,我们以空气声场媒质为例研究其基本参量。

未被扰动的空气媒质是静态的。设媒质密度为 ρ_0，媒质压强为大气压强 P_0，媒质质点振动速度为 0。但是，空气媒质一旦受到扰动并以波的形式传播时，上述参量将随之变化。

(1) 媒质密度 ρ

由于空气媒质具有弹性，当扰动在其中传播时，媒质中每一小区都处于"压缩-舒张-压缩-舒张"的变化状态中。当媒质某区被压缩时，其密度 ρ 将大于静态时的 ρ_0，或者说，此时密度增量 $\Delta\rho>0$；反之，当媒质处于舒张状态时，其密度 ρ 将小于静态密度 ρ_0，即 $\Delta\rho<0$。

(2) 声压 p

根据气体状态方程，当媒质被压缩时，媒质压强 P 将大于静态时的大气压强 P_0，压强增量 $\Delta P>0$；反之，当媒质处于舒张状态时，媒质压强 P 将小于 P_0，此时，$\Delta P<0$。媒质的这一压强增量定义为声压，即 $p=\Delta P$。单位为 P_a。

(3) 质点振速 v

声波传播过程中，媒质质点均在各自的平衡位置附近振动。通常，质点位移是时间的正弦（或余弦）函数。当媒质质点的运动方向与波的传播方向同向时，质点的振速规定为正，反之则为负。

声波传播过程中，声场媒质均在各自平衡位置附近振动，因此，媒质质点既具有动能又具有弹性势能。相邻媒质间的扰动传递，实际上也就是"动能-势能"及"势能-动能"的能量传递。

(4) 声能量

单位体积内由于质点的振动而产生的动能和势能的总和称为声能量，单位是 W。

(5) 声功率

声功率是指单位时间内，声波通过垂直于传播方向某指定面积的声能量，单位是 W。

(6) 声强

声强是指单位时间内，声波通过垂直于传播方向单位面积的声能量，用 I 表示，单位是 W/m^2。

3. 人耳的听觉特性

人是通过耳朵来感知声音信息的。人耳是一个非常精细的物理器官，它只有在大脑的配合下才能发挥作用。正常人的听觉系统是极为灵敏的，人耳所能感觉的最低声压接近空气分子热运动产生的声压。人的左耳和右耳在生理结构上并不存在对声音判断的差异，它们之间的差异是由分别与其相连的右脑和左脑之间的差异造成的。人的右耳连接至左脑，而左耳连接至右脑。一般来说，声音从右耳传递速度比较快，声音从左耳传至大脑的速度比较慢，即两耳传递速度不同。或者说，左大脑接收右耳传来的声音要快些，右大脑接收左耳传来的声音要慢些。正常人可听声音的频率范围为 20Hz～20kHz，年轻人可听到 20kHz的声音，而老年人可听到的高频声音要减少到 10kHz 左右。

从人类感知声音的角度讲，声音具有音调、音色和响度三个要素。

(1) 音调

人耳对声音频率高低的主观感受称为声音的音调，有时也称为音高或音准。一种基音音调对应一种频率。频率越高，音调就越高；频率越低，音调就越低。频率低的声音给人以低沉、厚实粗犷的感觉，而频率高的声音则给人以亮丽、明快、尖锐的感觉。客观上用频率来表示音调，主观上感觉音调的单位则采用美（mel）来标度。这是两个概念上不同却有联系的计量单位。一般对于频率低的声音,听起来觉得它的音调低,而频率高的声音,听起来感觉它的音调高。但是,音调和频率并不是成正比的关系,它还与声音强度及波形有关。

（2）响度

只有一种频率的声音叫做纯音（如音叉发出的声音就是纯音）,而一般的声音是由几种频率的波组成的复合音,它由包含了很多频率成分的谐波组成。对频率不同的纯音,人耳具有不同的听辨灵敏度。响度就是反映一个人主观感觉不同频率成分的声音强弱的物理量,单位为方（phone）。在数值上1方等于1kHz的纯音的声强级,而零方对应人耳的听阈。所谓正常人的听阈是指声音小到人耳刚刚能听见时的大小。听阈值及响度的大小是随着频率的变化而变化的。例如,在1kHz的纯音下,响度为10方时相当于10dB的声压级;而对于100Hz的纯音,为了使它听起来与10方的1kHz的纯音同样响,则声压级应该为30dB。这说明人耳对不同频率的声音的响应是不一样的。这样,人耳感知的声音响度是频率和声压级的函数,通过比较不同频率和幅度的声音可以得到主观等响度曲线,如图4-1所示。在该图中,最上面那根等响度曲线是痛阈,最下面那根等响度曲线是听阈。该曲线组在3～4kHz附近稍有下降,意味着感知灵敏度有提高,这是由于外耳的共振引起的。

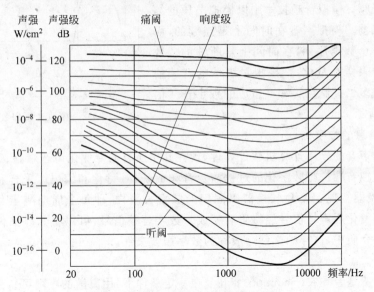

图 4-1　等响度曲线与声强级的关系

（3）音色

人耳在主观感觉上区别相同响度和音高的两类不同声音的主观听觉特性称为音色。音色是由混入基音的泛音决定的,每个人讲话的声音以及钢琴、提琴、笛子等各种乐器所发出的不同的声音,都是由于音色不同造成的。

人耳对音色的听觉反应非常灵敏,并具有很强的记忆与辨别能力。譬如,当熟人跟你谈话时,即使你未见到他（她）的面也会知道是谁在跟你谈话。甚至连熟人的走路声,你都可以辨认出来。这说明人耳对经常听到的音色具有很强的记忆力。又如,熟知乐器者,只要听到音乐声就能迅速指出是何种乐器演奏的。仅就中国弦乐器而言,就有拉弦乐器和拨弦乐器,拉弦乐器有二胡、京胡、板胡、椰胡、马头琴等;拨弦乐器有古筝、古琴、三弦、琵琶、柳琴、月琴等。即使在同一频段内演奏,人们仍能分辨出是哪一种弦乐器演奏的。这说明每种乐器都有其独特的音色,人耳对各种音色的分辨能力非常强。

除此之外,人类对声音音色的感知还有一种特殊的综合性感受,称为音色感。它是由声场(无论是自由声场还是混响声场)内的纵深感,方向、距离、定位、反射、衍射、扩散、指向性与质感等多种因素综合构成的。譬如,即使选用世界上最先进的电子合成器模拟出各种乐器,如小号、钢琴或其他乐器,虽然频谱、音色可以做到完全一样,但对于音乐师或资深的发烧友来讲,仍可清晰地分辨出来。这说明频谱、音色虽然一样,但复杂的音色感却不相同,以至人耳听到的音乐效果不同。这也说明音色感是人耳特有的一种复杂的听觉上的综合性感受,是无法模拟的。

4.1.2　模拟音频和数字音频

自然界中声音信号是典型的连续信号,它不仅在时间上是连续的,而且在幅度上也是连续的。在时间上连续是指在一个指定的时间范围内声音信号的幅值有无穷多个,在幅度上连续是指幅度的数值有无穷多个。一般来说,人们将在时间和幅度上都是连续的信号称为模拟信号,也称为模拟音频。模拟音频技术中以模拟电压的幅度表示声音强弱。模拟声音在时间上是连续的,而数字音频是一个数据序列,在时间上是断续的。数字音频是通过采样和量化,把模拟量表示的音频信号转换成由许多二进制数 1 和 0 组成的数字音频信号,如图 4-2 所示。

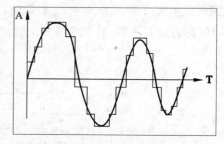

图 4-2　模拟音频和数字音频

1. 音频信息的数字化

数字化的声音易于用计算机软件处理,现在几乎所有的专业化声音录制、编辑器都是数字方式。对模拟音频进行数字化的过程涉及音频的采样、量化和编码。采样和量化的过程可由 A/D 转换器实现。A/D 转换器以固定的频率去采样,即每个周期测量和量化信号一次。经采样和量化后声音信号经编码后就成为数字音频信号,可以将其以文件形式保存在计算机的存储介质中,这样的文件一般称为数字声波文件。

(1) 采样

信息论的奠基者香农(Shannon)指出:在一定条件下,用离散的序列可以完全代表一个连续函数,这是采样定理的基本内容。为实现 A/D 转换,需要把模拟音频信号波形进行分割,这种方法称为采样(sampling)。采样的过程是每隔一个时间间隔在模拟声音的波形上取一个幅度值,把时间上的连续信号变成时间上的离散信号。该时间间隔称为采样周期,其倒数为采样频率。采样频率是指计算机每秒钟采集多少个声音样本。

采样频率与声音频率之间有一定的关系,根据奈奎斯特(Nyquist)理论,只有采样频率高于声音信号最高频率的两倍时,才能把数字信号表示的声音还原成为原来的声音。

(2) 量化

采样只解决了音频波形信号在时间坐标(即横轴)上把一个波形切成若干个等分的数字化问题,但是还需要用某种数字化的方法来反映某一瞬间声波幅度的电压值大小。该值的大小影响音量的高低。人们把对声波波形幅度的数字化表示称之为"量化"。

量化的过程是先将采样后的信号按整个声波的幅度划分成有限个区段的集合,把落入某个区段内的样值归为一类,并赋予相同的量化值。

(3) 编码

模拟信号经过采样和量化以后,形成一系列的离散信号——脉冲数字信号。这种脉冲数字信号可以按一定的方式进行编码,形成计算机内部运行的数据。所谓编码,就是按照一定的格式把经过采样和量化得到的离散数据记录下来,并在有用的数据中加入一些用于纠错、同步和控制的数据。在数据回放时,可以根据所记录的纠错数据判别读出的声音数据是否有错,如在一定范围内有错,可加以纠正。编码的形式比较多,常用的编码方式是PCM——脉冲调制。脉冲编码调制是把模拟信号变换为数字信号的一种调制方式,即把连续输入的模拟信号变换为在时域和振幅上都离散的量,然后将其转化为代码形式传输或存储。

2. 影响数字音频质量的主要因素

影响数字音频质量的因素主要有三个,即采样频率、采样精度和通道个数。

(1) 采样频率

采样频率,也称为采样速率,即指每秒钟采样的次数,单位为 Hz(赫兹)。奈奎斯特采样定理指出 采样频率高于信号最高频率的两倍,就可以从采样中完全恢复原始信号的波形。对于以 11kHz 作为采样频率的采样系统,只能恢复的最高音频是 5.5kHz。如果要把 20Hz~20kHz 范围的模拟音频信号变换为二进制数字信号,那么脉冲采样频率至少应为 40kHz,其周期为 25μs。目前流行的采样频率主要为 22.05kHz,44.1kHz,48kHz。采样速率越高,采样周期越短,单位时间内得到的数据越多,对声音的表示越精确,音质越真实。所以采样频率决定音质清晰、悦耳、噪音的程度,但高采样率的数据要占用很大空间。

(2) 采样精度

采样精度,也称为采样位数,即采样位数或采样分辨率,指表示声波采样点幅度值的二进制数的位数。换句话说,采样位数可表示采样点的等级数,若用 8b 二进制描述采样点的幅值,则可以将幅值等量分割为 256 个区,若用 16b 二进制分割,则分为 65536 个区。可见,采样位数越多,可分出的幅度级别越多,则分辨率越高,失真度越小,录制和回放的声音就越真实。但是位数越多,声音质量越高,所占的空间就越大。常用的采样精度分别是 8 位、16 位和 32 位。国际标准的语音采用 8 位二进制位编码。根据抽样理论可知,一个数字信源的信噪比大约等于采样精度乘以 6 分贝。8 位的数字系统其信噪比只有 48 分贝,16 位的数字系统的信噪比可达 96 分贝,信噪比低会出现背景噪声以及失真。因此采样位数越多,保真度越好。

(3) 通道个数

声音的采样数据还与声道数有关。单声道只有一个数据流,立体声的数据流至少在两个以上。由于立体声声音具有多声道、多方向的特征,因此,声音的播放在时间和空间性能方面都能显示更好的效果,但相应数据量将成倍增加。

要从模拟声音中获得高质量的数字音频,必须提高采样的分辨率和频率,以采集更多的信号样本。而能够进一步进行处理的首要问题,那就是大量采样数据文件的存储。采样数据的存储容量计算公式如下:

存储容量(字节)=采样频率×采样精度/8×声道数×时间

例如,采用 44.1kHz 采样频率和 16 位采样精度时,将 1 分钟的双声道声音数字化后需要的存储容量为:44.1×16/8×2×60=10 584B

4.1.3 音频文件格式

在计算机中存在很多音频格式,不同格式所提供的音质相差较大,有些格式还具有丰富的附加功能。可以满足不同用户对音频质量的要求。要能够正确地选择出适合自己的音频格式文件,首先要了解不同音频格式文件的特点。下面介绍一些主流的音频文件的格式。

1. WAV

WAV 文件又称波形文件,来源于对声音模拟波形的采样,并以不同的量化位数把这些采样点的值转换成二进制数,然后存入磁盘,这就产生了波形文件。WAV 文件用于保存Windows 平台的音频信息资源,被 Windows 平台及其应用程序所广泛支持。

WAV 声音文件是使用 RIFF(Resource Interchange File Format,资源交换文件)的格式描述的,它由文件头和波形音频文件数据块组成。文件头包括标志符、语音特征值、声道特征以及 PCM 格式类型标志等。WAV 数据块是由数据子块标记、数据子块长度和波形音频数据 3 个数据子块组成。

WAV 格式支持多种压缩算法,支持多种音频位数、采样频率和声道,是 PC 机上最为流行的声音文件格式,但其文件尺寸较大,多用于存储简短的声音片断。

2. MP3

MP3 即 MPEG Audio Layer3(Moving Picture Experts Group, Audio Layer Ⅲ),是Fraunhofer-IIS 研究所的研究成果。MP3 可将音频文件以 1∶10～1∶12 的压缩率进行压缩。这种技术主要是利用了知觉音频编码技术,削减了音乐中人耳所听不到的成分,尽可能保持原有的音质。换句话说,MP3 能够在音质丢失很小的情况下把文件压缩到更小的程度。

正是因为 MP3"体积小、音质高"的特点使得 MP3 格式几乎成为网上音乐的代名词。每分钟音乐的 MP3 格式只有 1MB 左右大小,这样每首歌的大小只有 3～4MB。使用 MP3播放器对 MP3 文件进行实时的解压缩(解码),高品质的 MP3 音乐就播放出来了。

3. RM

RM 即 Real Media,它是网络流媒体文件格式。这种音频格式是由 Real Networks 公司推出的,其特点是可以在低达 28.8kbps 的带宽下提供足够好的音质。流媒体最大的特点就是支持"边下载、边播放"的功能,而不必像大多数音频文件那样,必须先下载然后才能播放。在网络传输过程中,流媒体是被分割处理的。首先要将原来的音频分割成多个带有顺序标记的小数据包,经过网络的实时传递后,在接收处将重新按顺序组织这些数据包以提供播放。

较成功的 Real Media 播放器是 Real One Player,利用它可以获得许多服务,包括录制音频、播放 CD 或音频文件、管理文件、刻录 CD,并具有在网上搜索和播放流媒体、收听电台、收看节目频道等功能。

4. WMA

Microsoft 推出的 Windows Media,也是一种网络流媒体技术。Windows Media 包含了 Windows Media Audio & Video 编码和解码器、可选集成数字权限管理系统和文件容器。其特点是高质量、高安全性、最全面的数字媒体格式。可用于 PC、机顶盒和便携式设备上的流式处理、下载和播放等应用程序。

WMA 用于包括利用 Windows Media Audio 编解码器压缩的音频的文件,其还可用于同时包括利用 Windows Media Audio 和 Windows Media Video 编解码器压缩的音频和视频的文件。利用其他编解码器压缩的内容应该存储在文件中,应使用 ASF 扩展名。

Windows Media 使用高级的系统格式文件容器,支持高达 1700 万 TB 的文件大小。在一个文件中可存储音频、多比特率视频、元数据(如文件的标题和作者)以及索引和脚本命令。

5. MP3Pro

随着网络上收听声音和收看视频的需求不断增加,网络流媒体 Real 和 Windows Media 格式传播的媒体质量不断提高,特别是 Microsoft 推出的 WMA 格式可使相同内容的 MP3 文件缩小至原来的一半大小,极大地冲击着 MP3 格式在流行应用中的地位。

MP3Pro 的特点是降低了压缩比,并可以在 64Kb/s 速率下最大限度地保持压缩前的音质。音乐文件大小只有原 MP3 文件的 1/2。同时,MP3Pro 实现了高低版本的完全兼容,所以它的文件类型也是 MP3。高版本的 MP3Pro 播放器也可以播放低版本的 MP3 文件,低版本的播放器也可以播放高版本的 MP3Pro 文件,但只能播放出 MP3 的音质。

6. CDA

CDA 即通常所说的 CD 音轨,是人们所熟悉的 CD 音乐光盘中的文件格式。其最大的特点便是近似无损,也就是说基本上忠实于原声,因此是音箱发烧友的最佳选择。不过,大家在 CD 光盘中看到以 CDA 为后缀名的文件并没有真正包含声音的信息,而只是一个索引信息。因此不论 CD 音乐的长短,大家看到的"∗.cda 文件"都是 44 字节长,这种文件直接复制到硬盘上是无法播放的,只有使用专门的抓音轨软件才能对 CD 格式的文件进行转换。

7. MIDI

MIDI,有时也简写为 MID,是 Music Instrument Digital Interface 的英文缩写,其意思是"数字化乐器接口"。也就是说,MIDI 的真正含义是一个供不同设备进行信号传输的接口的名称。如今的 MIDI 音乐制作全都要靠这个接口,在这个接口之间传送的信息也就叫 MIDI 信息。

MIDI 最早是应用在电子合成器(一种用键盘演奏的电子乐器)上,由于早期的电子合成器的技术规范不统一,不同的合成器的连接很困难。在 1983 年 8 月,YAMAHA,ROLAND,KAWAI 等著名的电子乐器制造厂商联合制定了统一的数字化乐器接口规范,这就是 MIDI 1.0 技术规范。

此后,各种电子合成器包括电子琴等电子乐器都采用了这个统一的规范。这样各种电子乐器就可以互相连接起来,传达 MIDI 信息,形成一个真正的合成音乐演奏系统。

由于多媒体计算机技术的迅速发展,计算机对数字信号的强大的处理能力,使得计算机处理 MIDI 信息成为顺理成章的事情了,所以,现在不少人把 MIDI 音乐称之为电脑音乐。事实上,利用多媒体计算机不但可以播放、创作和实时地演奏 MIDI 音乐。甚至可以把 MIDI 音乐转变成看得见的乐谱(五线谱或简谱)打印出来,反之,也可以把乐谱变成美妙的音乐。利用 MIDI 的这个性质,可以用于音乐教学(尤其是识谱),让学生利用计算机学习音乐知识和创作音乐。

4.2　音频信息的获取

音频信息的获取途径很多,目前比较常用的途径有:录音、剪辑、MIDI 制作以及网络下载等方式。

4.2.1 录音

录音是当前应用较为广泛的一种音频信息获取技术，计算机中只要安装了声卡并配备了麦克风等必备的相关硬件就可以录制相关音频信息了。

计算机录音一般采用麦克风接入计算机的声卡，在录音软件的帮助下将模拟的声音信号经过模数转换为数字信号存储在计算机中。大多数音频处理程序都含有录音功能，如Windows 的附件程序中就含有"录音机"程序，该程序支持声卡进行声音的录制。下面就以"录音机"软件为例介绍录音的一般操作过程。

1. 录音准备

要想使用计算机进行录音，首先应确保该计算机正确安装了相关声卡驱动程序，并将工作正常的麦克风与该计算机声卡正确连接。如果对录音质量要求较高，应当给所使用的计算机配置一块高质量的声卡和一个高质量的麦克风。如果只是一般应用，利用集成在主板上的声卡和一幅普通耳麦就可以满足相关录音需求了。

然后，按下列方法对相应软件进行必要的设置。

双击计算机"任务栏"右端的"小喇叭"图标，打开"音量控制"对话框，如图 4-3 所示。

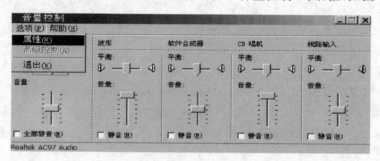

图 4-3 "音量控制"对话框

在左上方"选项"下拉菜单中选择"属性"，打开"属性"窗口。在"属性"窗口中选择"录音"单选按钮，并确定"麦克风"复选按钮被选中，如图 4-4 所示。

单击"确定"按钮，打开"录音控制"对话框，如图 4-5 所示。选择"麦克风"并将音量滑块调到合适的位置。

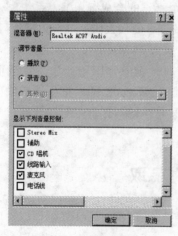

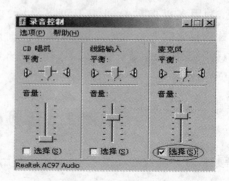

图 4-4 "属性"窗口　　　　　　　图 4-5 "录音控制"对话框

单击"关闭"按钮,完成设置。

2. 正式录音

单击"开始",在扩展菜单中选择"所有程序"|"附件"|"娱乐"|"录音机"。单击"录音机",启动"声音-录音机"程序窗口,其界面如图4-6所示。

单击"录音机"软件下角的红色"录制"按钮,然后对着麦克风说话或者输送其他声音,这些声音被录音机录入,在录音机窗口中有实时的振动波形出现,如图4-7所示。

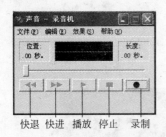

图4-6 声音-录音机界面图

图4-7 正在录音的录音机窗口

音量的大小可以从窗口中振动的波形直观反映,调整如图4-5所示的"录音控制"音量,使跳动的波形最大振幅不超过窗口,最好在85%左右为宜。

录入声音后,单击"停止"按钮,再单击"播放"按钮播放刚才录入的声音,可检查是否成功。

如果录入了满意的声音,选择菜单"文件"|"保存",将录入的声音保存到磁盘上,如图4-8所示。

默认以WAV格式保存文件,可通过改变声音文件的属性,以其他的文件格式保存,比如可以用MP3格式保存。

选择"文件"|"属性"菜单,得到如图4-9所示的"声音 属性"对话框。将"选自"属性设置为"全部格式",然后单击"立即转换"按钮。

在如图4-10所示的下拉列表框中在"格式"中选择MPEG Layer-3,然后在"属性"中选择适当的播放速率(速率越低,占用空间越少,效果越差),然后单击"确定"按钮。这样,以后的处理都是MP3格式了,保存文件的时候,自动使用MP3文件后缀名。

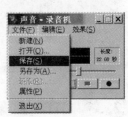

图4-8 录音机窗口中的"文件"菜单

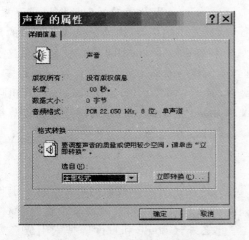

图4-9 "声音 的属性"对话框

图4-10 "声音选定"对话框

第4章 音频信息的处理与应用

4.2.2 剪辑

声音素材的另一种获取方法是在播放已有的视频或音频文件时,采用播放软件剪辑所需的音频片段,并保存为所需的文件形式,例如,超级解霸的音频解霸就具有此类功能,其界面如图 4-11 所示。结合"循环播放"、"选择开始点"、"选择结束点"、"保存为 MP3"4 个控制菜单上的选项或者工具条上的相关按钮,可以将 CD 音轨、VCD 伴音、WAV、MIDI 直接转换为 MP3。下面以 VCD 转录成 MP3 为例介绍操作过程。

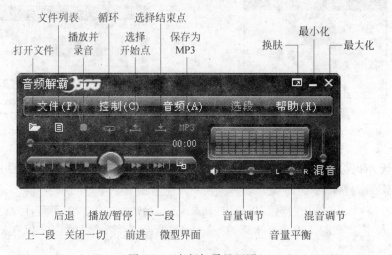

图 4-11 音频解霸界面图

使用音频解霸播放 VCD,单击播放面板上的"循环"按钮,再单击"开始点"、"结束点",选择要录制的区域,最后单击"保存为 MP3"按钮,在弹出的对话框中输入生成的文件名称后,就可以将选择的这段 VCD 文件转录成 MP3 文件了。

4.2.3 MIDI 制作

MIDI 是音乐和计算机结合的产物,它是用于在音乐合成器、电子乐器、计算机之间交换音乐信息的一种标准协议。MIDI 产生声音的方法与声音波形采样输入的方法有很大不同。它不是将模拟信号进行数字编码,而是把 MIDI 音乐设备上产生的每个动作记录下来。比如在电子键盘上演奏,MIDI 文件记录的不是实际乐器发出的声音,而是记录弹奏时弹的是第几个键,按键按了多长时间等。人们把这些记录的参数叫做指令,MIDI 文件就是记录这些指令。正是因为这个原因,相同时间长度的 MIDI 音乐文件一般都比波形文件(. wav)小得多。

利用 MIDI 制作软件可以直接在计算机上创作、演奏 MIDI 音乐,也可以通过计算机声卡上的 MIDI 接口,从带 MIDI 输出的乐器中采集音乐,形成 MIDI 文件,或用连接在计算机上的 MIDI 键盘直接创作音乐,形成 MIDI 文件。

4.2.4 网络下载

计算机网络的发展,使资源共享的程度越来越高,网络上有不少共享的声音素材。例如有很多素材网站,提供各种类型、各种内容的音频素材下载服务。如果需要某个音频素材,还可以使用 Google 和百度等搜索引擎来检索。除此之外,Google 和百度等搜索引擎还专门提供了"音乐"和 MP3 等音乐专题搜索功能,如图 4-12 所示。

图 4-12　Google 音乐搜索引擎

　　当在网络上检索到自己需要的音频信息后,可以按照下列方式将其下载到本地机器上:

　　将鼠标移动至所要网站提供的下载链接上右击;在弹出的快捷菜单中选择"目标另存为",如图 4-13 所示;确定保存音频文件的位置和文件名,最后单击"保存"按钮即可。

图 4-13　利用"目标另存为"下载音频信息

如果本地机器上安装了迅雷等下载软件，还可以在弹出的快捷菜单中选择"使用迅雷下载"，如图 4-14 所示；然后在弹出的"建立新的下载任务"对话框中设置保存音频文件的位置和文件名，如图 4-15 所示；最后单击"立即下载"按钮即可利用迅雷软件下载此音频信息。

图 4-14　利用"使用迅雷下载"下载音频信息

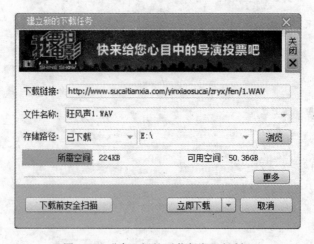

图 4-15　"建立新的下载任务"对话框

利用迅雷等下载软件的好处主要表现在：其一，软件采用多资源超线程技术，显著提升下载速度；其二，软件支持断点续传技术，方便分时多次下载较大资源。

4.3 音频信息的处理

通过前面所讲地知识，可以方便地获取到需要的音频信息。但是通常情况下，我们还需要对获取到的音频信息进行相关处理，然后再将其应用到需要的地方。一般情况下，对音频信息的处理主要集中在以下方面：其一，对音频信息的文件格式进行转换；其二，对部分不符合要求的音频信息进行剪辑处理；其三，将获取的多个音频信息进行合成处理；其四，对音频信息进行特殊效果处理。

4.3.1 音频信息处理软件简介

目前，音频信息处理软件非常丰富。常用的音频处理软件主要有如下几种。

1. Windows 录音机

该软件是 Windows 操作系统附带的一个声音处理软件。它可以录制、混合、播放和编辑声音，也可以将声音链接或插入到另一个文档中。可做的编辑操作有：向文件中添加声音，删除部分声音文件，更改回放速度，更改回放音量，更改或转换声音文件类型，添加回音。Windows 录音机可以使用不同的数字化参数录制声音，可以使用不同的算法压缩声音，但其只能打开和保存.wav 格式的声音文件，对声音文件的编辑和处理功能也比较简单。

2. GoldWave

GoldWave 是一款简单易用的数码录音及编辑软件。通过它不仅可以将声音文件播放、进行各种格式之间的转化，还可以对原有的或自己录制的声音文件进行编辑，制作出各种各样的效果。GoldWave 除了支持最基础的 WAV 格式外，它还直接可以编辑 MP3 格式、苹果机的 AIF 格式、视频 MPG 格式的音频文件、甚至还可以把 Matlab 中的 MAT 文件当作声音文件来处理。

3. Adobe Audition

Adobe Audition 的前身为 CoolEdit。2003 年 Adobe 公司收购了 Syntrillium 公司的全部产品，用于充实其阵容强大的视频处理软件系列。

Adobe Audition 是一个非常出色的数字音乐编辑器和 MP3 制作软件。不少人把它形容为音频"绘画"程序。用户可以用声音来"绘"制：音调、歌曲的一部分、声音、弦乐、颤音、噪音或是调整静音。而且它还提供有多种特效为用户的作品增色：放大、降低噪音、压缩、扩展、回声、失真、延迟等。用户可以同时处理多个文件，轻松地在几个文件中进行剪切、粘贴、合并、重叠等声音操作。使用它可以生成的声音有：噪音、低音、静音、电话信号等。该软件还包含有 CD 播放器。其他功能包括：支持可选的插件，崩溃恢复，支持多文件，自动静音检测和删除，自动节拍查找，录制等。另外，它还可以在 AIF，AU，MP3，RAW，PCM，SAM，VOC，VOX，WAV 等文件格式之间进行转换，并且能够保存为 RealAudio 格式。

Adobe Audition 功能强大，控制灵活，使用它可以录制、混合、编辑和控制数字音频文件。也可轻松创建音乐、制作广播短片、修复录制缺陷。通过与 Adobe 视频应用程序的智能集成，还可将音频和视频内容结合在一起。

165

4. All Editor

All Editor 是一款超级强大的录音工具。不仅如此,All Editor 还是一个专业的音频编辑软件,它提供了多达 20 余种音频效果供用户修饰自己的音乐,比如淡入淡出、静音的插入与消除、哇音、混响、高低通滤波、颤音、震音、回声、倒转、反向、失真、合唱、延迟、音量标准化处理等。软件还自带了一个多重剪贴板,可用来进行更复杂的复制、粘贴、修剪及混合操作。在 All Editor 中用户可以使用两种方式进行录音,边录边存或者是录音完成后再行保存,并且无论是已录制的内容还是导入的音频文件都可以全部或选择性地导出为 WAV,MP3,WMA,OGG,VQF 文件格式(如果是保存为 mp3 格式,还可以设置其 ID3 标签)。

5. Sound Forge

Sound Forge 是 Sonic Foundry 公司开发的一款功能极其强大的专业化数字音频处理软件。它能够非常方便、直观地实现对音频文件(WAV 文件)以及视频文件(AVI 文件)中的声音部分进行各种处理,满足从最普通用户到最专业的录音师的所有用户的各种要求,所以一直是多媒体开发人员首选的音频处理软件之一。

6. Samplitude

Samplitude 是一种由音频软件业界著名的德国公司 MAGIX 出品的 DAW(Digital Audio Workstation,数字音频工作站)软件,用以实现数字化的音频制作。它集音频录音、MIDI 制作、缩混、母带处理于一身,功能强大全面,一直是国内用户范围最广、备受好评的专业级音乐制作软件。

7. Midisoft Studio

该软件是 Midisoft Corporation 出品的专业 MIDI 制作软件,可录制、播放 MIDI 等格式的乐曲,并可编辑、打印乐谱(五线谱)。它的主体部分是一乐谱窗口和混音窗口。编制一首乐曲只需将音符搬到五线谱上即可,它提供的多种设置可满足绝大多数乐曲的要求。

8. Cakewalk Sonar

Cakewalk Sonar 是在电脑上创作声音和音乐的专业工具软件。专为音乐家、作曲家、编曲者、音频和制作工程师、多媒体和游戏开发者以及录音工程师而设计。Cakewalk Sonar 支持 WAV,MP3,ACID 音频,WMA,AIFF 和其他流行的音频格式,并提供所需的所有处理工具,让用户快速、高效地完成专业质量的工作。

Cakewalk Sonar 的前身是著名的音乐制作软件 Cakewalk,该软件至今仍有很多音乐人在使用。随着计算机技术的飞速发展,电脑的性能也越来越强,在音乐制作领域中发挥的作用也越来越大,Cakewalk Sonar 正是依据这个历史潮流发展壮大起来的,从最早的 Cakewalk Sonar 1.0 版发展到今天,已经发展成为全能的音乐制作工作站软件,更成为专业音乐人必会的软件之一。

9. Audio Creator

Audio Creator 集成了数字时代所有必需的音频工具。使用 Audio Creator 的虚拟工具包,只需单击一下功能按钮就可以实现相应的功能:包括录制和编辑,刻录和抓轨,转换和整理 CD 或 MP3 唱片集,编码,标签和组织以及在互联网上发布。

4.3.2 专业级音频处理软件——Adobe Audition

1. Audition 简介

Adobe Audition 由著名的 Adobe 公司出品,目前最新版本是 Adobe Audition 3。它是在原来的 CoolEdit Pro 2.1 基础上升级两次:Adobe Audition 1.5 和 Adobe Audition 2 后,

Adobe 公司最新发布的音乐编辑制作软件。其工作界面如图 4-16 所示。

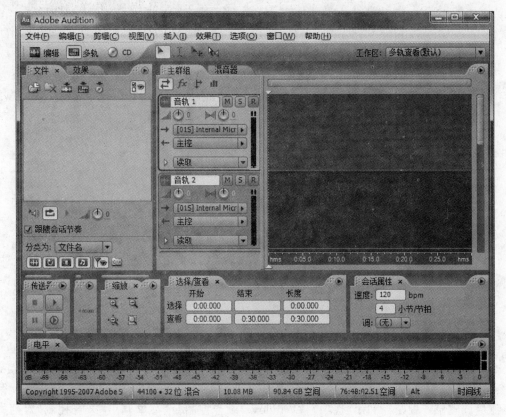

图 4-16 Adobe Audition 工作界面

Adobe Audition 3 为用户提供了专业级的音频录制、混合、编辑和控制功能,可以充分满足个人录制工作室的需求。它提供了一系列灵活、强大的功能,方便用户创建音乐、录制和混合项目、制作广播点、整理电影的制作音频、为视频游戏设计声音。

Adobe Audition 3 的主要新功能如下:

(1) 支持 VSTi 虚拟乐器,这意味着 Audition 由音频工作站变为音乐工作站;

(2) 增强的频谱编辑器,可按照声像和声相在频谱编辑器里选中编辑区域;编辑区域周边的声音平滑改变,处理后不会产生爆音;

(3) 增强的多轨编辑,可编组编辑,做剪切和淡化;

(4) 新效果,卷积混响、模拟延迟、母带处理系列工能、电子管建模压缩;

(5) iZotope 授权的 Radius 时间伸缩工具,音质更好;

(6) 新增吉他系列效果器;

(7) 可快速缩放波形头部和尾部,方便做精细的淡化处理;

(8) 增强的降噪工具和声相修复工具;

(9) 更强的性能,对多核心 CPU 进行优化;

(10) 波形编辑工具,拖曳波形到一起即可混合,交叉部分可做自动交叉淡化。

Adobe Audition 3 现有英语、法语、德语、意大利语、日语和西班牙语等 6 个语言版本。新版 Audition 终于提供了对 Windows Vista 的支持,不过 Adobe 声称经验证仅支持 32-bit

版,不支持 64-bit 版。其系统要求如下(Windows):

- Intel® Pentium® 4 (DV 需要 1.4GHz 处理器,HDV 需要 3.4GHz 处理器); Intel Centrino®; Intel Xeon®(HD 需要双 Xeon 2.8GHz 处理器); 或 Intel Core™ Duo 或兼容处理器(AMD 系统需要支持 SSE2 的处理器);
- Microsoft® Windows® XP Professional 或 Home Edition(带有 Service Pack 2), Windows Vista® Home Premium、Business、Ultimate 或 Enterprise,或 Windows 7 (经验证支持 32 位版并兼容 64 位版);
- 512MB RAM(DV 回放需要 1GB; HDV 和 HD 回放需要 2GB);
- 10GB 可用硬盘空间(当与 Loopology DVD 一起使用时);
- 安装需要 DVD 驱动器;
- 1280×900 监视器分辨率,具有 32 位视频卡和 16 MB VRAM;
- Microsoft DirectX 或 ASIO 兼容声卡;
- 使用 QuickTime 功能需要 QuickTime 7.0;
- 产品激活需要 Internet 或电话连接。

2. Audition 使用

(1) 录音

具体过程如下:

① 新建会话文件。利用菜单"文件"|"新建会话"调出"新建会话"对话框,如图 4-17 所示。用户利用它可以设置自己作品的采样率,采样率越高精度越高,细节表现也就越丰富,当然相对文件也就越大。

② 调整录音控制。利用"选项"|"Windows 录音控制台"菜单调出"录音控制"对话框,选择 MIC 输入,调整音量大小,如图 4-18 所示。

图 4-17 "新建会话"对话框

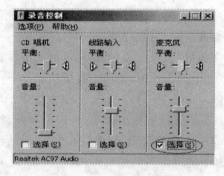

图 4-18 "录音控制"对话框

③ 选择音频设备。利用"编辑"|"音频硬件设备"菜单调出"音频硬件设置"对话框,如图 4-19 所示。分别单击"编辑查看"、"多轨查看"和"环绕编码"标签,在"音频设备"下拉列表中选择音频设备以及对应的输入/输出端口。

④ 设置采样量化参数。利用"编辑"|"首选参数"菜单调出"首选参数"对话框,如图 4-20 所示。单击"多轨"标签,在"默认"选项组中根据需要选择"录音位深度"的 16 位或 32 位单选按钮。

⑤ 选择录制音轨。Audition 支持多达 128 条音轨,每条音轨可以放置多个音频文件。

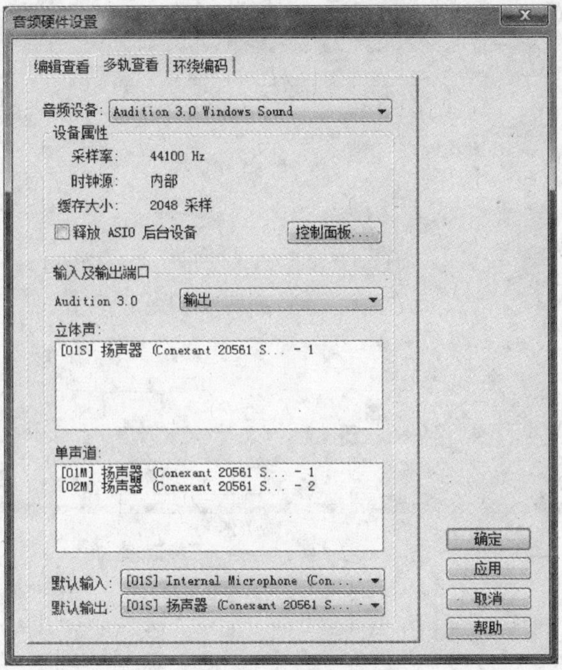

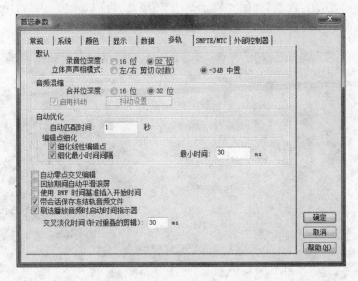

图 4-19　"音频硬件设置"对话框

图 4-20　"首选参数"对话框

单击"音轨 1"控制面板（如图 4-21 所示）右侧的 R 按钮，选择该
音轨录音。如果新建会话没有保存，则弹出"保存会话为"对话
框，如图 4-22 所示。输入文件名称后，选择合适的地址保存该
会话。单击音轨控制面板上的 [01S] Internal Micr ▶ 按钮，从列表中
可以选择录音的立体声或声道数。

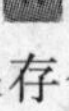

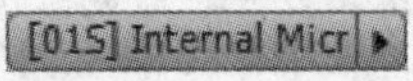

⑥ 选择监视模式。Audition 具有三种监视模式：外部、触

图 4-21　"音轨 1"控制面板

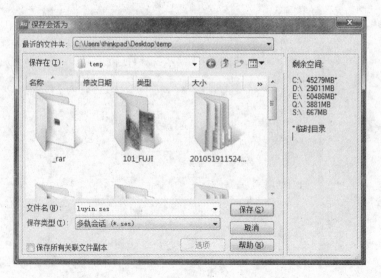

图 4-22 "保存会话为"对话框

发输入以及总是输入,如图 4-23 所示。"外部"用于监视音频输出,"触发输入"和"总是输入"用于监视音频输入。

⑦ 设置监视电平。单击"选项"|"测量"|"监视录音电平(外部监视)"菜单,可以检查录音时,音量是否出现过大现象,如图 4-24 所示。如果是,可以通过利用"选项"|"Windows 录音控制台"菜单调出"录音控制"对话框,重新调整音量大小。

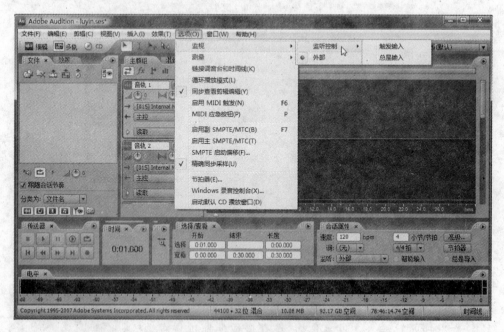

图 4-23 Audition 的三种监视模式

⑧ 录制。单击"传送控制器"面板上的 按钮开始录制,单击 按钮结束录音。录制完成后,单击 按钮可以试听,其录制过程如图 4-25 所示。

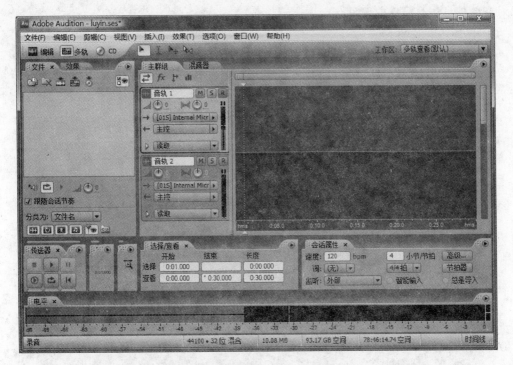

图 4-24　监视录音电平(外部监视)

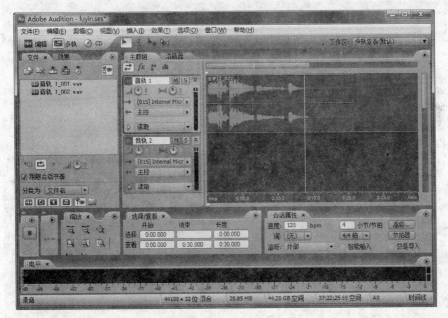

图 4-25　录制过程

⑨ 保存。录音效果满意后,利用"文件"|"保存会话"菜单即可将此会话保存。

(2) 简单音频编辑

利用 Audition 可以方便地对单个音频文件进行处理。和其他应用软件一样,Audition
软件操作过程中也大量使用选择、复制、剪切、粘贴、删除等基本操作命令。利用这些命令可以对音频信息进行简单的编辑。

① 选择声音片断

利用"文件"|"打开"命令,打开需要编辑的声音文件,如图 4-26 所示。在主群组窗口中,单击要选择声音波形的开始位置,按住鼠标左键拖动,则可以选中声音片段,如图 4-27 所示。

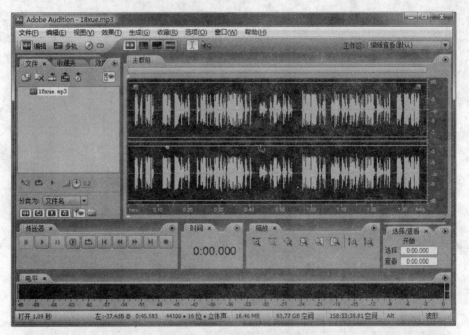

图 4-26 打开需要编辑的声音文件

图 4-27 选择声音片段

② 删除声音片段

选取一段声音波形后，利用"编辑"|"删除所选"菜单，可以将这部分声音删除。同时，该区域后面的波形会自动左移，整个声音的长度变短。

③ 声音片段的复制和移动

选择要复制的声音片段，执行"编辑"|"复制"菜单命令，然后将播放指针移动到需要粘贴的位置，再执行"编辑"|"粘贴"菜单命令，可以将一段声音复制到当前声音文件的另一个位置或另一个声音文件中。

如果要移动一段声音波形，则选中该段波形，执行"编辑"|"剪切"菜单命令，然后将播放指针移动到需要粘贴的位置，再执行"编辑"|"粘贴"菜单命令即可。

④ 声音片段静音处理

选择要复制的声音片段，执行"效果"|"静音（进程）"菜单命令，即可将这段声音设置成静音效果。与删除声音片段不同的是，变成静音的编辑区域仍然存在，该区域后面的波形不会左移，整个声音的时间长度不变。

（3）声音效果处理

利用"效果"菜单可以对声音文件进行各种特效处理，如图 4-28 所示。它包含了在编辑处理音频信息时要用到的如反转、倒转、变速/变调、混响、滤波和均衡、时间和间距、延迟和回声等大部分功能，还能调用 DirectX 的插件效果器。下面对常用的声音效果处理选项作简要介绍。

图 4-28　"效果"菜单

① 反转（进程）

将波形的上半周和下半周互换。此功能可以间接用来消除原唱人声，只要将两声道中的一个声道颠倒后，再将两声道合并为一个单声道就行了（相当于两声道信号相减）。当然这样操作后原声道信号中的大部分声音也被消掉了，对原音效果的破坏极大。

② 倒转（进程）

将波形或被选中波形的开头和结尾反向。

③ 静音（进程）

将波形处理成真正的零信号（振幅），被处理的波形文件时间长度不会发生变化。

④ 变速/变调

可以利用"VST 插件-变调"、"变调"、"变调器"等命令对声音文件的音调进行处理，如图 4-29～图 4-31 所示。

图 4-29 "VST 插件-变调"对话框

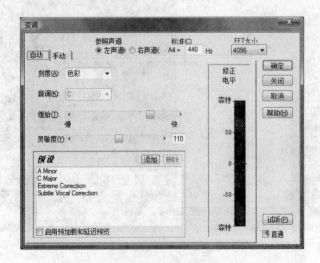

图 4-30 "变调"对话框

⑤ 混响

混响是室内声音的一种自然现象。室内声源连续发声，当达到平衡时（室内被吸收的声能等于发射的声能时）关断声源，在室内仍留有余音，此现象被称为混响。混响是由于声反

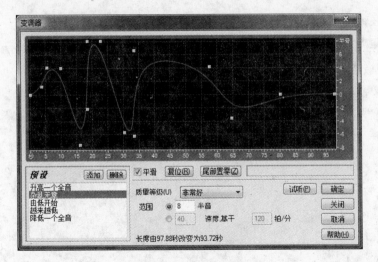

图 4-31 "变调器"对话框

射引起的,若没有声反射也就无混响而言。Audition 提供了房间混响、回旋混响、简易混响及完美混响等 4 种类型的混响功能。利用它们用户可以对不满意的音频文件进行处理。该软件的"VST 插件-完美混响"对话框如图 4-32 所示。

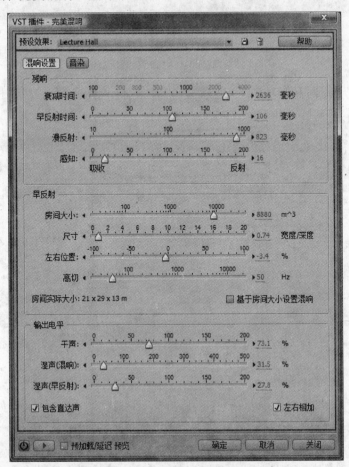

图 4-32 "VST 插件-完美混响"对话框

第4章 音频信息的处理与应用

⑥ 图示均衡器

利用"效果"|"滤波和均衡"|"图示均衡器"菜单可以调出"VST 插件-图示均衡器"对话框，如图 4-33 所示，利用它可以调整各频率范围泛音的强弱。

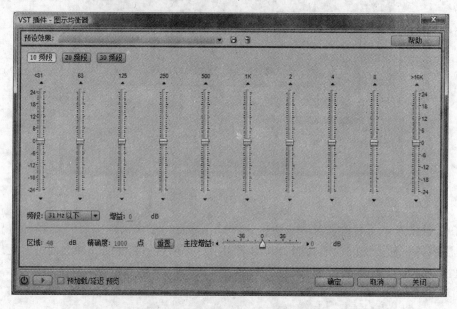

图 4-33 "VST 插件-图示均衡器"对话框

⑦ 变速

利用"效果"|"时间和间距"|"变速（进程）"菜单可以调出"变速"对话框，如图 4-34 所示。利用它可以对声音文件的速度快慢进行调整。

图 4-34 "变速"对话框

⑧ 合唱

利用"效果"|"调制"|"合唱"菜单可以调出"VST 插件-合唱"对话框，如图 4-35 所示。利用它可以使声音听起来更丰满，就像从多个声源发出来的一样。

⑨ 降噪

对噪音的处理是音频文件处理中最常用的功能之一。波形中的噪音分为环境噪音和电

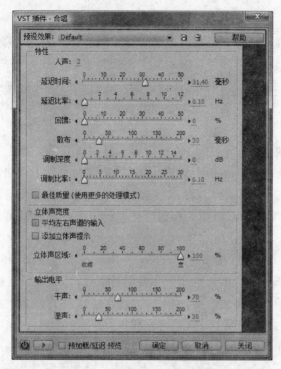

图 4-35　"VST 插件-合唱"对话框

流噪音。无论多么安静的环境都会存在噪音。噪音会破坏原始声音,导致声音失真,因此降噪处理对于波形音频来说至关重要。Audition 提供了等多种降噪命令,如图 4-36 所示。利用它们可以实现对音频文件中噪音的消除。

图 4-36　各种降噪命令

（4）声音的多轨合成

很多情况下都需要把两种或更多的声音混合在一起。譬如，给一段朗读加上背景音乐，在音乐中加上鼓点等。这种将两个或两个以上的音频素材合成在一起，使多个声音能够同时听到，形成新的声音文件的过程称为声音的混合。声音的混合处理是制作多媒体声音素材最常用的手段之一。背景音乐中的语音以及含有自然声响的音乐等，都是音频合成产生的效果。

声音在混合前一般要经过事先处理，然后再进行多轨合成。事先处理的主要内容大致有：调整声音的时间长度；调整音量水平；如果音频文件的采样频率不一致，转换采样频率；声道模式统一；使用编辑器对各种音频素材进行处理，然后以新文件名保存经过处理的文件，以免覆盖原始文件等。对相关音频素材进行预先处理后就可以进行声音的多轨合成了。

首先，启动 Audition 软件，在工程模式按钮栏中选择多轨视图，其界面如图 4-37 所示。此时主面板中出现多条音轨。默认情况下共有 7 条轨道，其中 6 条是波形音轨，1 条是主控音轨。如果编辑需要插入更多的轨道，则可以直接在任意一个轨道上右击，在弹出的快捷菜单中选择"插入"命令，此时共有 4 种轨道可供插入，分别是音频轨、MIDI 轨、视频轨和总线轨。其中视频轨道只能插入一个，并且它的位置始终在所有轨道的最上方。此外还可以通过功能菜单中的"插入"命令添加新的轨道。下面主要介绍音频轨的操作。

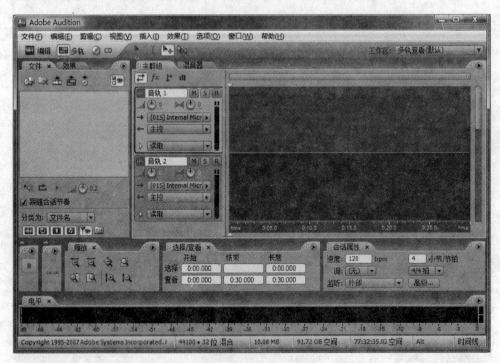

图 4-37 多轨视图

在每个音轨名字后面有 3 个不同颜色的常用功能按钮。**M**：静音按钮，按下该按钮，则本音轨处于静音状态。**S**：独奏按钮，按下该按钮，则除本音轨外其他所有音轨都处于静音状态。 R ：录音按钮，按下该按钮，则本音轨切换到录音状态。3 个按钮下方的两个小时钟一个是调节轨道音量的，一个是调节立体声声相，即左右声道的。

单击"混音器"选项卡还可以切换到"混音器"面板对各轨道进行编辑，如图 4-38 所示。

图 4-38 "混音器"面板

利用"文件"|"新建会话"菜单命令，可以调出"新建会话"对话框。在该对话框中选择采样率。默认情况下为 44100 Hz，如图 4-39 所示。当然高采样率会录制效果更好的声音，但是资源的消耗也会更大，因此只有专业场合需要，一般情况下 44100 Hz 就足够了。

此时就建立了一个后缀名为 ses 的文件，此文件称为会话文件，因为汉化的版本不同也可以叫做工程文件。该文件将详细记录在多轨编辑模式下的操作信息，其中包括会话使用的外部文件所在的硬盘位置、效果器的参数设置、调音台的设置、插入的效果器/音源/合成器以及 MIDI 相关资讯等。这些信息以会话文件的格式存储，方便下次可以直接调入，继续工作。

图 4-39 "新建会话"对话框

然后再单击"文件"|"导入"菜单命令，调出"导入"对话框，选择将要导入的音频文件，如图 4-40 所示。按住鼠标左键将文件列表栏中的音频文件拖曳到轨道上。

当所要混合的几个音频素材采样频率不一样时，Audition 会自动提醒转换采样类型，如图 4-41 所示。

第4章　音频信息的处理与应用

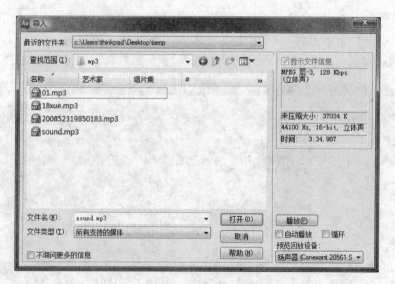

图 4-40 "导入"对话框

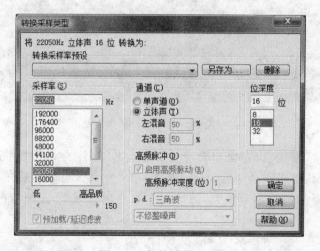

图 4-41 转换采样类型

每个音轨可根据其承载的音频素材来命名,如需要编辑单条音轨的波形,可以双击该音轨,所有在单轨编辑状态下的操作都可以被使用。在任意一波形段上按住鼠标右键可以随意拖动该波形到达音轨上的任意位置,也可从一个轨道拖至另一轨道。当拖动波形与其他轨道波形对齐时,会出现一条灰线提示。也可使用 Ctrl 键任选几段波形,然后右击,使用左对齐或右对齐功能。

按 Ctrl 键的同时将鼠标放在所要编辑波形的左或右下角,会出现"时钟"标志,这时拖动鼠标拉长或缩短该波形的时间长度,可实现音频文件的"时间伸展"效果。也可以在同一轨道上粘贴多段音频,如图 4-42 所示。编辑完成后单击播放键或循环播放键可试听效果。

如果需要将多轨导出为单轨文件,则单击"文件"|"导出"|"混缩音频"命令,在弹出的对话框中为文件命名并选择保存类型,然后单击"保存"按钮,如图 4-43 所示。导出完毕后,

Audition 会自动以单轨模式打开导出的音频文件，如图 4-44 所示。

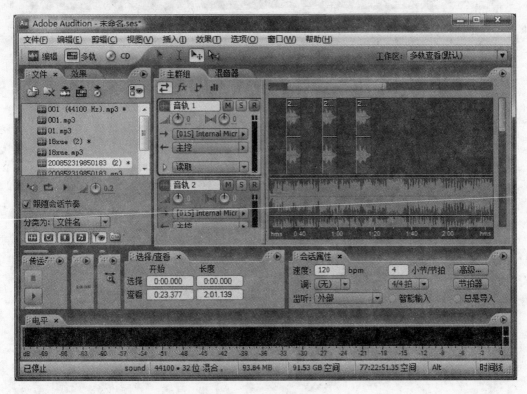

图 4-42　多轨音频混合

图 4-43　"导出音频混缩"对话框

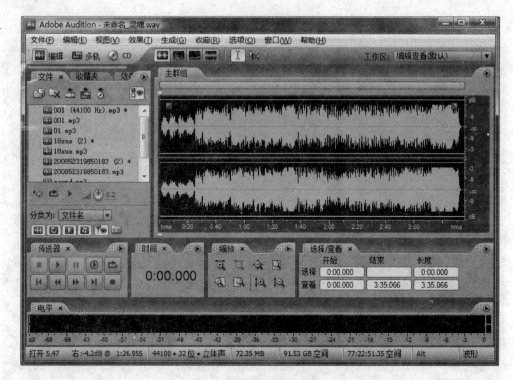

图 4-44　导出后的混缩音频

4.3.3　专业级电脑音乐创作软件——Cakewalk Sonar

1. Cakewalk Sonar 简介

Cakewalk Sonar 是在电脑上创作声音和音乐的专业工具软件。专为音乐家、作曲家、编曲者、音频和制作工程师、多媒体和游戏开发者以及录音工程师而设计。Sonar 支持 WAV、MP3、ACID 音频、WMA、AIFF 和其他流行的音频格式，并提供所需的所有处理工具，让用户快速、高效地完成专业质量的工作。其操作界面如图 4-45 所示。

Cakewalk Sonar 不仅是一个集成了 MIDI 和数字音频的创作软件包，它更是一个可扩展的平台，可以作为录音工作室的"中枢神经系统"。使用为常见的高端音频设备设计的驱动程序，就可以完全支持音频插件、软件合成器、MFX MIDI 插件以及外部 MIDI 设备的 MIDI Machine Control(MMC)，从而使 Sonar 能够处理大多数的工程要求。

2. Cakewalk Sonar 的基本概念

(1) 工程(Project)

工程是 Sonar 工作的中心。工程包含很多不同的元素，如音频、MIDI、视频等。所有元素都按照音轨、事件条和事件组织。

(2) 音轨(Track)

用于保存由乐器或录音所做的声音或音乐。例如，一首歌曲由 4 种乐器和一个人声组成的 5 条音轨(每个乐器一条音轨，人声一条音轨)组成。每个工程均可使用 32 条音频轨和 128 条 MIDI 轨。每条音轨均可由一个到多个事件条组成。

图 4-45　Cakewalk Sonar 操作界面

（3）事件条（Clip）

事件条是音轨中用于保存声音和音乐的片段。一个事件条可能包含一段长号独奏、一段鼓节奏、一段贝斯或吉他华彩、一段演唱或一个声音效果（如车鸣或电话铃声）。一条音轨可以包含一个事件条或者多个事件条。

（4）事件（Event）

用于描述在 MIDI 音轨或自动控制数据中的 MIDI 数据。比如一个音符，一个控制器参数等都是事件。

（5）当前时间（Now Time）

表示工程的现在的位置。当前时间是以一条垂直线显示在音轨视图中的。

3. Cakewalk Sonar 的基本操作

（1）打开工程

由于 Sonar 把 MIDI 和数字音频文件以工程文件的形式存储，所以首先要装载工程。打开一个工程的具体方法如下：

① 启动 Sonar。

② 选择 File（文件）|Open（打开）命令，调出"打开"对话框。

③ 在"打开"对话框里，依次选择"我的文档\Cakewalk\SONAR 8 Producer Edition\Tutorials"文件夹，选择 TUTORIAL1 .cwp 文件，如图 4-46 所示。

④ 单击"打开"按钮。Sonar 载入此工程并用音轨视图打开。窗口大小可以自由移动和调整，以适合自己的习惯。

图 4-46 "打开"对话框

(2) 播放工程

选择 View(视图)|Toolbars(工具栏)命令,选中 Transport(Large)或者按 F4 键可以调出 Large Transport(大走带)工具栏,如图 4-47 所示。利用它可以控制 Sonar 绝大多数的回放功能。

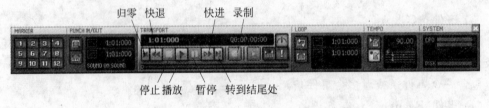

图 4-47　Large Transport(大走带)工具栏

单击"播放"按钮,或者按键盘上的空格键可以播放工程。在音轨视图的事件条区,有一条随着工程播放而移动的垂直黑线称为位置标志线。当回放停止时,黑线的顶部会出现一个绿色的三角,这个三角就称为"当前时间标记"。该标记表示:在回放或者录制停止后当前时间的位置,但是也可以更改当前时间标记动作,这样标记就会在回放或者录音停止的时候移动到停止时的当前时间上。

当前的时间也会显示在走带工具栏里,以 MBT(小节/拍/嘀嗒)格式和时间码格式(小时/分钟/秒/帧)两种格式表示。播放时,当前时间会随着工程的进行而相应变化。

用户可以在音轨视图的事件条区设置工程的当前时间,方法是单击事件条区的时间标尺或者(当播放停止时)拖拉 Large Transport(大走带)工具栏上的当前时间滑块。

(3) 设置静音和独奏

设置音轨静音就是指在播放的时候停止该音轨发声,而独奏就是指除了选择的这条音轨外,所有其他的音轨都不发声。

单击音轨上的静音按钮 M ,可以将该音轨设置为静音状态。单击音轨上的独奏按钮 S ,

可以将该音轨设置为独奏状态。

（4）在 MIDI 键盘上演奏音乐

如果把 MIDI 键盘（或其他的乐器）连接到外部 MIDI 接口或者声卡上的 MIDI 接口上，就可以从 MIDI 键盘上演奏一个或多个声部。具体方法如下：

① 检查 MIDI 设备设置

利用 Options（选项）| MIDI Devices（MIDI 设备）菜单命令，打开 MIDI Devices 对话框。在输出部分选择两个设备：第一是声卡的合成设备，第二是 MIDI 键盘，如图 4-48 所示。

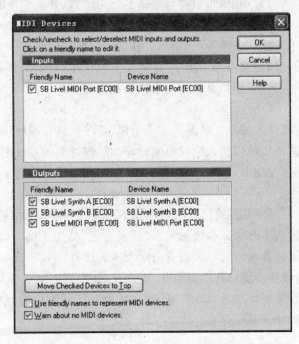

图 4-48　MIDI Devices 对话框

② 将 MIDI 数据发送到 MIDI 键盘

首先打开 MIDI 键盘并确保已经设置为通道 1 可以接收 MIDI 输入信号，然后选择音轨视图中的相关音轨，单击输出区打开输出菜单。选择连接的键盘作为输出，单击播放或者按空格键播放。Sonar 就会通过 MIDI 键盘演奏相关声部了。

（5）录制 MIDI 音乐

录制的具体过程如下：

① 确保乐器已经打开并可以传送 MIDI 数据。

② 如果没有 MIDI 音轨，就用鼠标右键单击音轨视图，在出现的菜单里选择 Insert MIDI Track（插入 MIDI 音轨）创建一条新的 MIDI 音轨。

③ 在一条 MIDI 音轨里，单击待录按钮 ![R]（待录后自动设置可以接收来自任何通道的 MIDI 数据）。

④ 在走带工具栏上，单击录制按钮 ![●]，或者按 R 键。节拍器在两小节以后开始录音。

⑤ 通过 MIDI 乐器演奏。

⑥ 录制完成后，单击停止按钮 ![■]，或者按空格键。如果演奏了音符，事件条区就会出

现新的事件条。

4.4　音频信息的应用

4.4.1　音频信息的特点及优势

音频信息是多媒体信息表现形式中非常重要的类型之一,其应用非常广泛。一般而言,根据音频信息应用的场合和功能,可以将音频信息分为语言、音乐和声响三种类型。语言是指人类的口头语言。音乐是指人类创作的歌声、乐曲声。声响是指自然界中存在的各种声音,如风吹、雨打、雷鸣、虎啸、虫吟等,还指人类社会中存在的吼叫声、哭声、喧闹声等自然声音。上述三种类型的音频信息在多媒体作品中发挥的作用有所不同,但应用都十分广泛。相比其他的媒体表现形式,音频信息具有以下特点和优势:

1. 实时性

音频信息具有实时性的特点。从某种意义上说,音频信息是瞬间即逝的信息表现形式。它不像文本、图像信息那样可以供人们长时间地仔细观察对象的各种细节。因此,音频信息是一种基于时间的信息表现形式,它只有在时间的不断展开中才能逐步展现其形式和内涵。

2. 生动性

心理学家认为:人们对听到的信息内容,要比看到的、触摸到的事物记得更快更牢。同时,声音是最富有感情色彩的信息表现形式。"感人心者,莫先乎情",以声音作为主要信息表现形式,结合其他媒体表现形式可以创造出巨大的表现力。

运用音响效果能够使多媒体作品形象化、生动化,使用户产生联想和想象,并加深印象。运用音乐既可以烘托、渲染特定的环境气氛,也可以为表达相关信息提供一个背景,并且传达出一定的情感色彩。

3. 空间性

伊朗著名导演阿巴斯·基亚罗斯塔米曾经明确指出:"对我来说声音非常重要,比画面更重要。我们通过拍摄获得的东西充其量是平面摄影,声音产生了画面的纵深向度,也就是画面的第三维。"画面作为二维空间所能表现的空间范围是有限的,因而声音在电影中对于时空表现力的扩展有着举足轻重的作用。单声道的录音系统可以忠实地体现声音的距离、纵深运动等空间特征。立体声系统还可以体现横向运动。因此它大大增强了银幕上二维影像的立体幻觉。例如,杯盘的碰撞声不仅是简单的音响效果,它还描绘了声源所处的空间,并且传达了使用者的情绪状态。声音的全方向性传播的特点及人耳全方向性的接收形成一个无限连续的声音空间,因此在事件或叙事空间以及超事件或超叙事空间中,声音没有画内画外空间之分,只是声源有画内画外之分。在事件或叙事空间中,看不见的声源的声音可形成极其丰富多变的空间变化,并创造出各种情绪气氛。

上述音频信息在电影艺术中的应用和作用,充分体现出了声音的空间特性。

4. 艺术性

音频信息具有艺术性的特点,有的音频信息除了传递一些基本信息之外,其本身就是一件艺术作品。譬如,音频信息中的朗诵和音乐。

朗诵,是一种技巧,是一种技术,更是一种艺术。中国自古就有"三分诗、七分读"之说,而这里的"读"，就是古人所倡导的"诵读"，实质上就是今天我们所说的"朗诵"。朗诵常用的基本表达手段有：顿连、重音、语速、语调等。优美动听的朗诵，不仅可以将文字作品的内在含义准确地传递给听众，同时还可以使听众得到美的享受和艺术的熏陶。

音乐是用有组织的乐音来表达人们的思想感情、反映现实生活的一种艺术。音乐的最基本要素是节奏和旋律。音乐的节奏是指音乐运动中音的长短和强弱。音乐的节奏常被比喻为音乐的骨架。音乐的曲调也称旋律。高低起伏的乐音按一定的节奏有秩序地横向组织起来，就形成了曲调。曲调是完整的音乐形式中最重要的表现手段之一。一首好的乐曲可以使人浮想联翩，回味无穷，引起人们感情的变化，产生心灵的震颤。

4.4.2 音频信息应用的原则及注意事项

音频信息在应用时应注意以下原则和事项。

1. 音频信息的技术性

音频信息是依靠传播技术手段来传输和再现的。信息内容要实现完整、准确的传达，需要考虑的因素比较多。其中，音质是最重要的因素之一。这里的音质是指音频信息是否清晰，是否失真，是否有噪声干扰。在技术上，声音清晰的程度称为清晰度。清晰度越高，音质越好。声音的音调高低、频率范围和声源发声的差异称为保真度，差异越小，保真度越高，音质越好。声音中有用的声音信号电压大小与无用的噪音信息电压大小之比称为信噪比。信噪比越大，音质越好。除此之外，在应用音频信息时还要考虑音频文件格式、所占存储空间大小等因素。

2. 音频信息的可控性

应用音频信息时要考虑音频信息的可控性，特别是音频信息作为背景音乐使用时。众所周知，不同的用户，甚至是同一用户在不同的时间和不同的情境对音乐的感知都是不同的。因此，在多媒体作品中应用的背景音乐应供使用者方便地选择和控制。按照现有的软硬件水平，使用者应便于控制背景音乐的有无，音量的大小，音乐的种类、长度，演奏的速度，演奏的调式等。只有音频信息具有良好的可控性，才能有利于充分发挥背景音乐的作用。

3. 音频信息与其他信息表现形式的合理搭配

在多媒体作品设计制作和信息传播过程中，各种不同的信息表现形式之间不是决然割裂的。要根据实际需要，合理地选择、搭配不同的信息表现形式。发挥每种信息表现形式的长处和整体功能，才能取得最佳的效果。

另外，对于主体与背景音乐之间的情感联系较强的多媒体作品，要充分发挥音乐自身所具有的表情功能，选择音乐的主题与多媒体作品主题相一致，与用户的情感水平、认识能力相适应。只有这样，才能发挥音频信息应有的作用，达到预期的效果。

思考与练习

1. 简述声音的基本物理属性。
2. 简述人耳听觉特性的三个要素。
3. 谈谈音频信息数字化的过程。
4. 影响数字音频质量的主要因素有哪些？

187

5. 列举常见的数字音频文件格式及其特点。

6. 简述音频信息获取的方式及过程。

7. 列举常用的音频信息处理软件的名称及特点。

8. 如何利用 Adobe Audition 进行录音？

9. 如何利用 Adobe Audition 对音频信息进行简单编辑？

10. 简述 Adobe Audition 的声音效果处理功能。

11. 在 Adobe Audition 中如何实现声音的多轨合成？

12. 如何利用 Cakewalk Sonar 录制 MIDI 音乐？

13. 谈谈你对音频信息特点与优势的认识。

14. 简述音频信息应用的原则及注意事项。

⊙ **学习目标**

- 理解模拟视频和数字视频的含义与特征。
- 掌握常见的视频文件格式。
- 掌握视频信息获取的方式及相关知识。
- 掌握视频编辑软件 Adobe Premiere 的主要功能。
- 理解视频信息的特点与优势。
- 理解视频信息应用的原则及注意事项。

5.1　视频信息概述

　　视频,也称为影像视频,就其本质而言是指内容随时间变化的一组动态图像,所以又叫运动图像或者活动图像。它是通过摄像设备直接从现实世界获取的自然景象或活动对象。一般在谈到视频时,往往也包含声音媒体。但在本章中,视频特指不包含声音媒体的动态影像。

　　当前,视频信号可分为模拟视频信号和数字视频信号两大类。模拟信号指信号幅度的取值是连续的,幅值可以由无限个数值表示。数字信号指信号幅度的取值是离散的,幅值表示被限制在有限个数值之内。

5.1.1　模拟视频简介

　　模拟信号对应于时间轴有连续的无穷多个值,它完全准确地表示信号电平。日常生活中的声音和图像等均是模拟信号。以模拟信号传输或处理的电视称为模拟电视。下面介绍一些模拟电视的基本知识。

1. 电视的色彩模型

　　模拟电视采用的色彩模型有 RGB 模型和 YUV 模型等。

　　RGB 模型又称三原色相加混色模型,即任何一种颜色是有红(R)、绿(G)、蓝(B)3 种原色的相加而成。在彩色电视拍摄和播放时,采用的就是这种模型。

　　YUV 又称亮度色差模型。其中 Y 表示亮度信号,U 和 V 表示色差信号(R-Y,B-Y)。在这里,色差指 RGB 模型的三个原色中的一个原色信号与亮度信号的差。考虑到人的眼睛对亮度的差别比较敏感,而对色彩的差别不太敏感,相邻点的色彩差别是很小的。所以若干相邻点的色彩信号可以用一个点的色彩信号表示,亮度信号由每个点分别表示,这样可以减少数据量。在电视信号传输时,就可以采用这种色彩模型。

　　RGB 模型和 YUV 模型之间可以相互转换。

由于电视的制式不同,采用的色彩模型也不一样。但基本原理是一样的,即拍摄和播放时采用 RGB 模型,传输时采用 YUV 模型,各种模型可以相互转换。

2. 电视信号的相关概念

模拟电视图像是通过阴极射线从左到右,自上而下逐点扫描形成的。为了得到稳定的图像,对扫描的方式和频率有一定的要求。

帧(frame):就是视频信息中最小单位的单幅影像画面,相当于电影胶片上的每一格镜头。

帧频:每秒扫描图像的帧数。根据人眼视觉残留特性,视频的帧频应大于 25 帧/秒。

场频:每秒扫描图像的场数。在隔行扫描时,场频是帧频的两倍。

行频:每秒扫描图像的行数。

扫描方式:对于电视图像可采取逐行扫描或隔行扫描。在隔行扫描时,先扫描奇数行,再扫描偶数行,一帧图像要分两次扫描。

3. 模拟电视信号的制式

目前世界上模拟电视信号主要有 3 种制式:正交平衡调幅(NTSC)制式、逐行倒相正交平衡调幅(PAL)制式、顺序传送彩色与存储(SECAM)制式。这些制式都定义了模拟视频的主要特征:分辨率、亮度和色差编码、视频的刷新频率。彩色电视国际制式如表 5-1 所示。

表 5-1　彩色电视国际制式

TV 制式	NTSC-M	PAL-D	SECAM
帧频(Hz)	30	25	25
行/帧(线)	525	625	625
亮度带宽(MHz)	4.2	6.0	6.0
彩色幅载波(MHz)	3.58	4.43	4.25
色度带宽(MHz)	1.3(I),0.6(Q)	1.3(U),1.3(V)	>1.3(U),>1.3(V)
伴音载波(MHz)	4.5	6.5	6.5

5.1.2　数字视频简介

数字视频就是以数字方式记录的视频信号。多媒体计算机中的视频图像采用的是数字信号,属于数字视频信息(digital video)。要让计算机处理视频信息必须首先解决视频数字化的问题,得到数字视频图像有两种途径:一是将模拟视频信号经过模拟/数字(A/D)转换后输入到计算机中,对彩色视频的各个分量进行数字化,经过压缩编码后生成数字化的视频信号;二是使用数字化视频捕捉设备(如数码摄像机等),对外界影像直接拍摄,然后将得到的数字视频图像输入到计算机中。

1. 模拟视频的数字化

模拟视频的数字化过程需要经过采样、量化和编码 3 个步骤。

(1) 采样

采样是指通过周期性地以某一规定间隔截取模拟信号,从而将模拟信号变换为数字信号的过程。由于人眼对颜色的敏感程度远不如对亮度信号敏感,在电视信号中亮度信号的带宽是色度信号带宽的两倍,因此数字化时采用幅色采样法,即对信号的色差分量的采样率低于对亮度分量的采样率。用 Y∶U∶V 来表示 YUV 三分量的采样比例,则数字视频的采样格式分别有 4∶1∶1,4∶2∶2,4∶4∶4 三种。分量采样时采到的是隔行样本点,要把隔行样本组合成逐行样本,然后进行样本点的量化,YUV 到 RGB 色彩空间的转换等,最后才能得到数字视频数据。

(2) 量化

所谓量化,就是把经过抽样得到的瞬时值将其幅度离散,即用一组规定的电平,把瞬时抽样值用最接近的电平值来表示。采样过程是把模拟信号变成时间上的脉冲信号,量化过程则是进行幅度上的离散化处理。由于在时间轴上的任意一点上量化后的信号电平与原模拟信号电平间总是存在一定误差,量化引入的误差是不可避免的,也是不可逆的,误差大小是随机的,通常把这种量化误差称为量化噪声。量化位数越多,层次分得越细,量化误差越小,视频效果越好,但视频数据量也就越大。

(3) 编码

经采样和量化后得到的数字视频的数据量非常大,所以要进行压缩编码。视频信号压缩的目标就是在保证视觉效果的前提下减少视频数据率。其方法是从时间域和空间域两方面去除冗余信息,减少数据量。编码技术主要有:一种是帧内编码,也称空间编码,压缩时仅考虑本帧数据而不考虑相邻帧间的冗余信息,帧内压缩一般达不到很高的压缩比;另一种是帧间编码,也称时间编码,它通过比较在时间轴上不同帧的数据进行压缩,是基于许多视频或动画的连续前后两帧信息变化很小的特点,这样可以大大减小数据量。

2. 数字视频的标准

为了在 PAL,NTSC,SECAM 电视制式之间确定共同的数字化参数,国家无线电咨询委员会(CCIR)制定了广播级质量的数字电视编码标准,称为 CCIR 601 标准。在该标准中,对采样频率、采样结构、色彩空间转换等都作了严格的规定,主要包括以下内容:

(1) 为了保证信号同步,采样频率必须是电视信号行频的整数倍。CCIR 为 PAL,NTSC,SECAM 电视制式制定的共同采样频率为 fs=13.5MHz,这个采样频率正好是 PAL 和 SECAM 制式行频的 864 倍,NTSC 制式行频的 858 倍。

(2) 电视制式的分辨率与帧频如表 5-2 所示。

表 5-2 电视制式的分辨率与帧率

电 视 制 式	分 辨 率	帧 频	电 视 制 式	分 辨 率	帧 频
NTSC	640×480	30	PAL,SECAM	768×576	25

(3) CCIR 601 标准规定,每个样本点按 8 位数字化,也即 256 个等级。实际上亮度信号占 220 级,色度信号占 225 级,其他位用于同步和编码等控制。

3. 数字视频的压缩标准

可以说,数字视频的出现得益于两大技术的发展,即光盘存储技术和数字压缩技术。例如对于分辨率为 640×480、24b/像素、每秒 30 帧的视频图像而言,其数据传输速率达 28Mb/s,每秒其文件大小为 640×480×24×30/8≈28MB,20s 的未压缩视频图像将占用约

560MB 的存储空间,相当于一张 CD-ROM 光盘只能存储 20s 的未压缩视频图像。由此可以看到,如此大的数据量,对计算机的处理能力、存储能力和通信能力都是极大的考验,对普通个人用户来讲是难以接受的,所以各种视频图像压缩编码方法就应运而生了。

(1) 数字视频的压缩方法

压缩方法种类繁多,视频图像的压缩方法总体可分成两种类型:有损压缩和无损压缩。

① 有损压缩(loss compression)是一种经过压缩、解压的数据与原始数据不同但是非常接近的压缩方法。有损压缩又称为破坏型压缩,即将次要的信息数据压缩掉,牺牲一些质量来减少数据量,使压缩比提高。有损压缩方法利用了人类视觉对图像中的某些频率成分不敏感的特性,允许压缩过程中损失一定的信息;虽然不能完全恢复原始数据,但是所损失的部分对理解原始图像的影响较小,却换来了大得多的压缩比。有损压缩广泛应用于语音、图像和视频数据的压缩。音频能够在质量下降无法察觉的情况下实现 10:1 的压缩比,视频能够在质量稍有下降的情况下实现 300:1 这样非常大的压缩比。有损压缩算法包括预测编码、变换编码、模型编码等。

② 无损压缩(lossless compression)指数据经过压缩后信息不受损失,还能完全恢复到压缩前的原样。它和有损数据压缩相对。这种压缩通常压缩比小于有损数据压缩的压缩比。无损压缩利用数据的统计冗余进行压缩,可完全恢复原始数据而不引起任何失真,但压缩比受到数据统计冗余度的理论限制,一般为 2:1~5:1。这类方法广泛用于文本数据、程序和特殊应用场合的图像数据(如指纹图像、医学图像等)的压缩。由于压缩比的限制,仅使用无损压缩方法不可能解决图像和数字视频的存储和传输问题。

(2) 数字视频的 MPEG 压缩标准

国际上现有两个负责音、视频编码的标准化组织,一个是国际标准化组织下的活动图像专家组(Motion Pictures Expert Group,MPEG),另一个是国际电信联合会下的视频编码专家组(Video Code Expert Group,VCEG)。以上两个标准化组织制定的相关编码标准都获得了广泛的应用。VCEG 制定的标准有 H.261,H.262,H.263 等,这些标准成为电视会议的视频压缩标准,最新推出的 H.264 是为新一代交互视频通信制定的标准。

活动图像专家组(MPEG)是由国际标准化组织(ISO)和国际电工委员会(IEC)于 1988年联合成立的国际组织,专门致力于运动图像及伴音编码标准化工作,包括 MPEG 视频、MPEG 音频和 MPEG 系统(视音频同步)3 个部分。MPEG 制定的标准有 MPEG-1,MPEG-2,MPEG-4,MPEG-7,MPEG-21。MPEG-1 即是俗称的 VCD,MPEG-2 则为 DVD 所采用,MPEG-4 是为交互式多媒体通信制定的压缩标准,MPEG-7 是为互联网视频检索制定的压缩标准,MPEG-21 被称为多媒体框架。

从总体上说,MPEG 在 3 个方面优于其他压缩/解压方案:一是兼容性好,主要是因为它在一开始就被作为一个国际化的标准来研究制定;二是压缩比高,最高可达到 200:1;三是在提供高压缩比的同时,数据损失造成的音、视频失真很小。

下面对 MPEG 标准作简要介绍。

① MPEG-1 标准

MPEG-1 标准制定于 1992 年。是针对 1.5Mb/s 以下数据传输速率的数字存储媒体运动图像及其伴音编码设计的国际标准,可适用于不同带宽的设备,它通过设定关键帧并只改变临近帧画面中的不同区域工作。经过 MPEG-1 标准压缩后,视频数据压缩率为 1/100~

1/200,音频数据压缩率为 1/6.5。对标准交换格式(SIF)标准分辨率(NTSC 制为 352×240、PAL 制为 352×288)的图像进行压缩,每秒可播放 30 帧画面,具有接近 VHS(家用录像系统)录像带的质量,能够达到激光唱盘的音质,主要用于在 CD-ROM 上存储视频图像,还可被用于数字电话网络上的视频传输,如 ADSL(非对称数字用户线路)、VOD(视频点播)以及教育网络等。同时,MPEG-1 也被用于记录媒体或是在 Internet 上传输音频。

使用 MPEG-1 的压缩算法,可以将一部 2 小时长的电影压缩到两张 CD-ROM 光盘(约 1.2GB)中,该标准是一个面向家庭电视质量级的视频、音频压缩标准。MPEG-1 成功制定后,以 VCD 和 MP3(MPEG-1 Audio Layer 3)为代表的 MPEG-1 产品在世界范围内迅速普及。

② MPEG-2 标准

MPEG-2 标准于 1994 年公布,全称为"运动图像及其伴音的通用编码",它主要针对高清晰度电视(HDTV)所需要的视频及伴音信号。MPEG-2 主要用于标准清晰度、高清晰度视频节目的存储及传输,是数字电视机顶盒和 DVD 等产品的基础。

MPEG-2 的设计目标是高级工业标准的图像质量以及更高的传输速率。与 MPEG-1 相比,MPEG-2 支持更高的分辨率和数据传输速率,MPEG-2 数据传输速率为 3~10Mbit/s,最高达 15Mbit/s,在 NTSC 制式下的分辨率可达 720×486 像素。MPEG-2 能够提供广播级的视频和 CD 级的音质,成为数字图像盘(DVD)和数字广播电视的压缩方式。利用 MPEG-2 的压缩算法,可以将一部 2 小时长的电影压缩到 4~8GB,但它提供的是 DVD 的图像品质。其音频编码可提供左、中、右及两个环绕声道、一个加重低音声道和多达 7 个伴音声道。

MPEG-2 标准支持固定比特率传送、可变比特率传送、随机访问、信道跨越、分级译码、比特流编辑以及一些特殊功能,如快进播放、快退播放、慢动作、暂停和画面凝固等。MPEG-2 视频标准与 MPEG-1 视频向前兼容并与 EDTV,HDTV,SDTV 格式向上或向下兼容。

MPEG-2 标准目前的 9 个部分已获得通过,成为正式的国际标准,并在数字电视等领域中得到广泛的应用。

③ MPEG-4 标准

MPEG-4 在 1999 年 1 月正式成为国际标准,并在 2000 年推出了 MPEG-4 Version 2.0,增加了可变形、半透明视频对象工具,以进一步提高编码效率,所有版本都是向下兼容的。它是为视听(audio-visual)数据的编码和交互播放开发的算法和工具,是一个数据传输速率很低的多媒体通信标准。它不仅针对一定比特率下的视频、音频编码,更加注重多媒体系统的交互性和灵活性。这个标准主要应用于视频电话(video phone)、视频电子邮件(video email)和电子新闻(electronic news),对数据传输速率要求较低,在 4800~6400bit/s 之间,分辨率为 176×144 像素。MPEG-4 利用很窄的带宽,通过帧重建技术、数据压缩,以求用最少的数据获得最佳的图像质量。利用 MPEG-4 的高压缩比和高图像还原质量可以把 DVD 里面的 MPEG-2 视频文件转换为体积更小的视频文件。经过这样处理,图像的视频质量下降不大,但数据量却可缩小几分之一,可以很方便地用 CD-ROM 来保存 DVD 上面的节目。MPEG-1,MPEG-2,MPEG-4 的比较如表 5-3 所示。

193

表 5-3　MPEG-1,MPEG-2,MPEG-4 的比较

	MPEG-1	MPEG-2	MPEG-4
标准创建时间	1992 年	1994 年	1999 年
最高图像分辨率/像素	352×288	1920×1152	720×576
PAL 制式分辨率/像素	352×288	720×576	720×576
NTSC 制式分辨率/像素	352×288	640×480	640×480
最佳声音频率/kHz	48	96	96
最多声音通道/路	2	8	8
最高数据流量/(Mb/s)	3	80	5～10
一般数据流量/(kb/s)	1380(352×288)	6500(720×576)	880(720×576)
帧/s(PAL)	25	25	25
帧/s(NTSC)	30	30	30
图像质量	一般	非常好	非常好
编码硬件要求	低	高	非常高
解码硬件要求	非常低	中等	高

总体上,MPEG-1,MPEG-2,MPEG-4 相比较,MPEG-1 的文件要小,但质量最差; MPEG-4 比 MPEG-2 小了很多,但质量上却可以与 MPEG-2 相媲美。

④ MPEG-7 标准

MPEG-7 并不是一种压缩编码方法,其名字叫做"多媒体内容描述接口",制定这个标准的主要目的是为了解决多媒体内容的检索问题。对各种形式存储的多媒体结构有一个合理的描述,通过这个描述,用户可以方便地根据内容访问多媒体信息。

MPEG-7 可以对各种音、视频内容进行描述,包括图片、图形、3D 模型、音频、语音以及将这些元素组合成多媒体场景的合成信息等。除了对内容进行特征描述外,MPEG-7 还可以对多媒体数据的其他方面信息进行描述,如数据形式、存取访问的限制条件、分类、到其他相关资源的链接以及事件背景等。

MPEG-7 的应用很广泛,既可以用于存储(在线或离线),也可以用于流式应用(如广播和 Internet 等),它可以在实时或非实时环境下应用,在教育、新闻、导游信息、娱乐、研究业务、地理信息系统、医学应用、购物等方面具有潜在的应用能力。

⑤ MPEG-21 标准

MPEG-21 的正式名称是"多媒体框架"或"数字视听框架",它以将标准集成起来支持协调的技术和以管理多媒体商务为目标,目的就是理解如何将不同的技术和标准结合在一起,需要什么新的标准,以及完成不同标准的结合工作。

目前在多媒体领域,仍然没有一种能够描述、表达各种技术的协作合作关系的框架体系,这使得各种技术之间递送和消费多媒体内容变得非常困难。MPEG 组织为了解决这个问题,提出了 MPEG-21 多媒体框架,在这个开放的多媒体框架下,各种技术能够互相合作、平滑过渡。通过实现 MPEG-21 多媒体框架,使得用户能够在不同实体的不同平台下,透明、高效、可信地处理多媒体数据。

(3) 数字视频的 VCEG 压缩标准

VCEG 制定的标准有 H.261(被国际电信联合会选定为电视会议的视频压缩标准)、 H.262(该标准同 MPEG-2 完全一样,是 VCEG 同 MPEG 组成的联合编码专家组 JVT 制

定的压缩标准,VCEG 发布的是 H.262,MPEG 发布的是 MPEG-2)、H.263(该标准被国际电信联合会选定为可视电话的视频压缩标准,有增强型版本 H.263＋和 H.263＋＋)、H.264(该标准是 2002 年 5 月 VCEG 为新一代交互式视频通信制定的标准)。

VCEG 制定的压缩标准 H.26X 都是针对单一矩形视频对象,其追求的是更高的压缩效率。MPEG-4 在目前之所以很热,是因为 MPEG-4 是基于多个视音频对象的压缩编码标准,这非常适合于互联网上的多媒体应用。在互联网上传播的多媒体信息,很多是可以划分为多个视频对象的,如电脑制作的动画节目、电视新闻节目等,而在实时视频图像编码中,在一个图像矩形框中很难实时识别多个视频对象,还是把一个视频源当作一个矩形视频对象进行编码。

VCEG 在 1997 年发布 H.263 的压缩标准后,制定了短期开发计划 H.26N 和长期开发计划 H.26L,H.26N 发展成 H.263＋和 H.263++；H.26L 经过 5 年时间的发展,在 2002 年 5 月作为 H.264 压缩标准进行发布。

MPEG 在 VCEG 发布 H.263 之后,发布了 MPEG-4 SP(即 MPEG-4 第一版),在该版本中引入了两个非常重要的概念:一个是一个视频源多个视音频对象编码；另一个是码流传输异常处理(特别是无线传输应用)。从这里可以看出,VCEG 致力于高效率的视频编码技术,MPEG 更侧重系统和框架。

在 2001 年第 4 季度,VCEG H.26L 发展到 TML 9.0 时,MPEG 同 VCEG 再次组成联合视频编码专家组 JVT,对 H.26L 的算法进行了改进和完善,在 2003 年 5 月 VCEG 发布了 H.264 的压缩标准。MPEG 在 JVT 对 H.26L 压缩算法修改的基础上,将该技术规范纳入到 MPEG-4 的标准中,作为 MPEG-4 PART10 发布,即 MPEG-4 的第三版,MPEG-4 AVC。H.264 和 MPEG-4 AVC 代表了全人类在视音频编解码方面的最新成果。

针对单一矩形视频对象,MPEG-4 AVC 比 MPEG-4 第二版 MPEG-4 ACE 的压缩效率提高 30％以上。

H.264 是由 ITU-T(ITU Telecommunication Standardization Sector,国际电信联盟远程通信标准化组)视频编码专家组(VCEG)和 ISO/IEC 动态图像专家组(MPEG)联合组成的联合视频组(Joint Video Team,JVT)提出的高度压缩数字视频编解码器标准。

ITU-T 的 H.264 标准和 ISO/IEC MPEG-4 第 10 部分(正式名称是 ISO/IEC 14496-10)在编解码技术上是相同的,这种编解码技术也被称为 AVC,即高级视频编码(Advanced Video Coding)。该标准第一版的最终草案(FD)已于 2003 年 5 月完成。

H.264 是 ITU-T 以 H.26x 系列为名称命名的标准之一,同时 AVC 是 ISO/IEC MPEG 一方的称呼。

H.264/AVC 项目最初的目标是希望新的编解码器能够在比相对以前的视频标准(比如 MPEG-2 或者 H.263)低很多的码率下(比如说,一半或者更少)提供很好的视频质量；同时,并不增加很多复杂的编码工具,使得硬件难以实现。另外一个目标是可适应性,即该编解码器能够在一个很广的范围内使用(比如说,既包含高码率也包含低码率,以及不同的视频分辨率),并且能在各种网络和系统上(比如组播,DVD 存储,RTP/IP 包网络,ITU-T 多媒体电话系统)工作。

4. 数字视频的常用文件格式

视频信息在计算机中存放的格式有很多,目前比较常见的视频文件格式如下:

(1) AVI

AVI（Audio Video Interleaved，音频视频交错）是将音频和视频同步组合在一起的多媒体文件格式。它于 1992 年被 Microsoft 公司推出，随 Windows 3.1 一起被人们所认识和熟知。这种视频格式的优点是图像质量好，可以跨多个平台使用，其缺点是体积过于庞大，压缩标准不统一。

DV-AVI 格式，DV 的英文全称是 Digital Video Format，是由索尼、松下、JVC 等多家厂商联合提出的一种家用数字视频格式。目前非常流行的数码摄像机就是使用这种格式记录视频数据的。它可以通过电脑的 IEEE 1394 端口传输视频数据到电脑，也可以将电脑中编辑好的视频数据回录到数码摄像机中。这种视频格式的文件扩展名一般是 .avi，所以也叫 DV-AVI 格式。

(2) ASF

ASF（Advanced Streaming Format，高级流媒体格式）是 Microsoft 公司针对 Real 公司开发的一种使用了 MPEG-4 压缩算法的，可以在网上实时观看的流媒体格式。该压缩算法可以兼顾高保真以及网络传输的要求。

(3) WMV

WMV 即 Windows Media Video，是 Microsoft 公司在 ASF 基础上推出的一种媒体格式，具有体积小，可进行高速网络传输等特点。目前，该格式视频在网上比较流行。

(4) MPEG

MPEG（Moving Picture Expert Group，运动图像专家组标准）是一种从数字音频和视频发展起来的压缩编码标准，包括 MPEG 音频、MPEG 视频和 MPEG 系统 3 个部分。在多媒体数据压缩标准中，采用比较多的 MPEG 标准有 MPEG-1（VCD 采用该标准）、MPEG-2（DVD 采用该标准）和 MPEG-4。

(5) RM，RMVB

RM（RealMedia）格式是 RealNetworks 公司开发的一种流媒体文件格式，RMVB 中的 VB 是指 Variable Bit Rate（可变比特率，简称 VBR），该格式使用了更低的压缩比特率，这样制成的文件体积更小，而且画质并没有太大的变化。

(6) MOV

MOV 是苹果（Apple）公司开发的一种流媒体文件格式，在某些方面 MOV 比 WMV 和 RM 还优秀。MOV 早期使用在 MAC 机上，现在可以在 Windows 中使用 QuickTime 等播放器来播放该文件，它无论是在本地播放还是作为视频流格式在网上传播，都是一种优良的视频编码格式。

(7) DAT

DAT 格式常用于 VCD 或 CD 光盘中，其文件扩展名为 .dat。它的分辨率只有 352×240，也是基于 MPEG 压缩的文件。超级解霸和金山影霸等多媒体播放软件及 Windows 自带的媒体播放器一般都支持 DAT 格式的文件播放。

(8) FLV 格式

FLV 是 FLASH VIDEO 的简称，FLV 流媒体格式是一种新的视频格式，全称为 Flash Video。Flash MX 2004 对其提供了完美的支持，它的出现有效地解决了视频文件导入 Flash 后，使导出的 SWF 文件体积庞大，不能在网络上很好的使用等缺点。

5.2 视频信息的获取

在多媒体计算机系统中,视频处理需要借助一些硬件和软件来完成,由于处理的数据量很大,所以对所使用的计算机的配置要求较高(CPU 主频、内存容量、硬盘空间、硬盘存取速度、显示卡等)。计算机获得视频信息的方法很多。譬如,通过视频采集卡将模拟视频转换为数字视频;利用专门的数字视频捕获设备获取视频;通过相关软件对现有视频文件的截取和转换;使用专门的屏幕录制软件获取视频;通过网络下载获取视频等。

5.2.1 视频转换

将模拟视频信号转换为数字视频信号,是计算机获取视频信息的重要途径。此过程需要用到模拟视频采集卡。当前,常用的视频采集卡有天敏电视卡和 Canopus 编辑卡等。

天敏电视卡不仅可以收看电视节目,也可作为级别较低的家用模拟视频采集卡。该卡使用 10b 音视频广播译码器——Conexant CX23881 芯片,内置硬件双制式(NTSC/PAL)自适应梳状滤波器和双语丽音解码,采用 LG 原装微型高频头,发烧级 4 层 PCB 板设计,中间层大面积接地,模拟、数字电路分别供电,专门为高频头单独提供稳压电源,提升了画面稳定性和清晰度。

Canopus(康能普视)编辑卡是一款集采集、编辑于一体的专业级编辑卡,该卡支持数字信号 DV 输入,同时支持模拟信号 AV 和 S-Video 输入等,如图 5-1 所示。

图 5-1　Canopus 编辑卡

使用 Canopus 采集卡的采集过程如下:

(1) 正确连接录像机、摄像机等放像设备的 VIDEO/AUDIO 输出线,选择至 PLAY(回放)状态。

(2) 正确连接 Canopus 采集卡的 VIDEO/AUDIO 输入线,选择 VIDEO 输入。

(3) 打开 Canopus Edius 视频编辑软件,选择"采集"菜单,如图 5-2 所示。

(4) 选择"采集"|"输入设置"命令,如图 5-3 所示,弹出"输入设置"对话框,如图 5-4 所示,选择 DVX-E1 DV 模式,然后单击"确定"按钮。

(5) 选择"采集"|"采集"命令,弹出"采集"对话框,并呈现实时采集信息,如图 5-5 所示。

(6) 所需采集的内容播放结束时,在"采集"对话框中单击"确定"按钮,Edius 将自动在该工程所在的文件夹中存储已采集的文件。

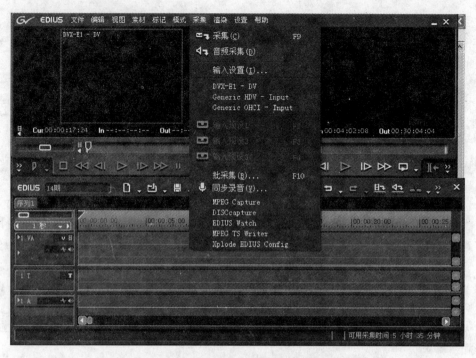

图 5-2　Canopus Edius 视频编辑软件的采集菜单

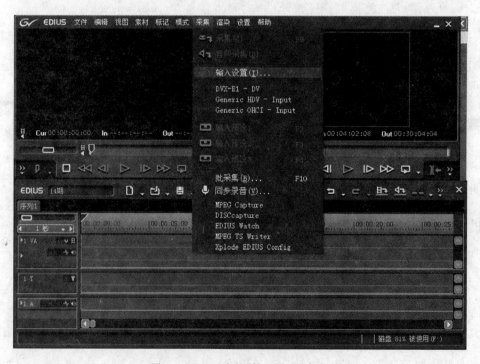

图 5-3　Edius 中的"输入设置"命令

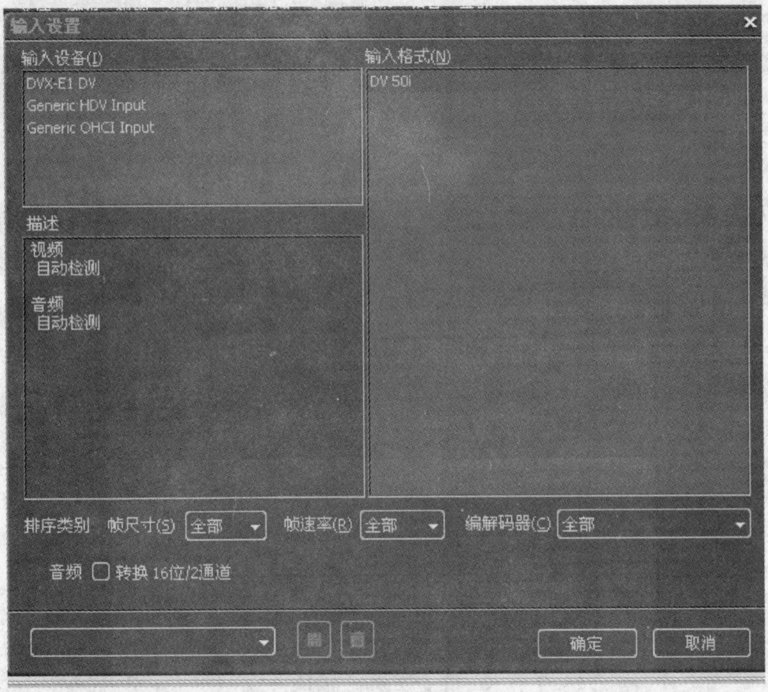

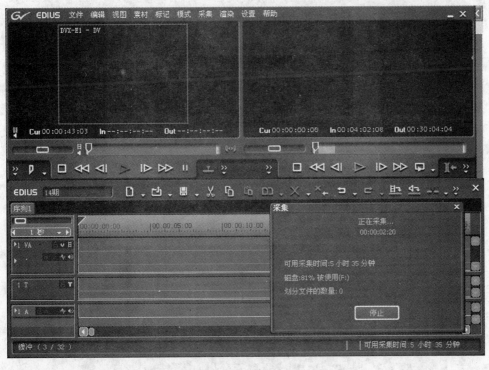

图 5-4　Edius 中的"输入设置"对话框

图 5-5　Edius 中的"采集"对话框

5.2.2　设备获取

利用专门的视频捕获设备,如数码摄像机和摄像头等,获取数字视频是非常便捷的方式之一。

1. 利用数码摄像机获取视频

随着数码摄像机的拥有率不断增加,通过数码摄像机获取视频是最为常见的方法。现在的数码摄像机上一般都有两个连接计算机的接口,其中一个是接串口或者接 USB 口的,这个一般是采集静像用的,由于 USB 接口数据传输速率较低,影响视频的采集效果,一般不推荐使用;另外一个就是采集数字视频要用到的 1394 接口了,全称是 IEEE 1394 接口,也叫 Fireline(俗称火线)。利用该接口,获取数字视频的方法是:

首先,用一条数据线将数码摄像机和计算机相连。具体方法是用数据线一端接数码摄像机的 1394 输出口,另一端接计算机的 1394 接口(如果计算机不具备 IEEE 1394 接口,则需要一块 IEEE 1394DV 采集卡)。然后,利用相关视频编辑软件,譬如绘声绘影、Premiere 和 DVStudio 7 等,进行视频捕获。

下面以 Premiere 为例简单介绍视频捕获的过程,具体步骤如下:

(1) 保证已经正确安装了设备的各种驱动程序,并进行了正确连接,将摄像机打开。

(2) 启动 Premiere,使摄像机放像,选择菜单 File|Capture 命令(或按下 F5 键),弹出 Premiere 的视频捕获窗口,如图 5-6 所示。单击 Record(录像) 按钮,单击 Play(播放) 按钮,开始捕获视频,此时窗口如图 5-7 所示。

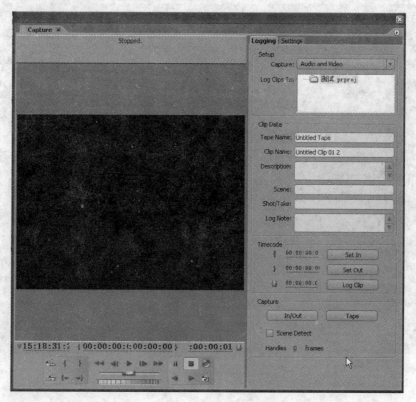

图 5-6　Premiere 的视频捕获窗口

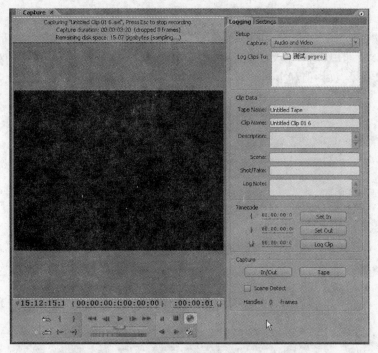

图 5-7　Premiere 中正在采集的窗口

（3）捕获过程中，可以在预览窗口监视视频内容，并可以随时单击 Stop 停止 ■ 按钮，结束捕获，停止捕获后，出现如图 5-8 所示的"保存"对话框，单击 OK 按钮以后，就可以在项目窗口中呈现刚才所捕获的视频。

2. 利用数码摄像头获取视频

使用摄像头可以很方便地捕获实时视频信息，但由于摄像头的分辨率较低，捕获的视频质量稍差，所以使用者要特别注意摄像环境的亮度、摄像头的调焦等问题。首先，将摄像头用 USB 线与计算机相连。然后，在保证已经正确安装了摄像头和音频设备的各种驱动程序的前提下，就可以利用相关摄像头视频捕捉工具获取视频信息了。下面以采用免费的 AMACP 摄像头视频捕捉工具（安装过程略）获取视频为例作简要介绍，具体步骤如下：

（1）启动 AMACP 后，单击 Devices 菜单项，可以看到系统已经找到了摄像头和音频设备，如图 5-9 所示。

图 5-8　"保存"对话框

图 5-9　正确连接摄像头和音频设备

（2）执行菜单的 Options|Video Capture Filter 命令，在 Video Capture Filter 对话框中可以调节视频的亮度、对比度、灰度、饱和度、色调、锐度、白平衡、曝光等一系列参数，如图 5-10 所示。

（3）执行菜单的 Options|Video Capture Pin 命令，在 Video Capture Pin 对话框中可以对捕获视频的帧频、色彩值和分辨率进行设置，如图 5-11 所示。

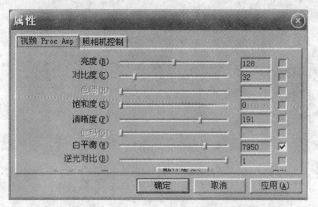

图 5-10　Video Capture Filter 对话框

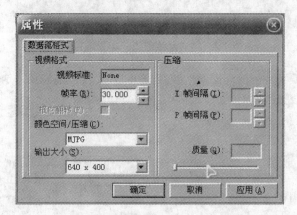

图 5-11　Video Capture Pin 对话框

（4）执行菜单的 Options|Audio Capture Filter 命令，在 Audio Capture Filter 对话框中可以对音频参数进行设置，如图 5-12 所示。

（5）在 Capture 菜单中可以完成捕捉的开始和停止，设置帧频和时间限制等，如图 5-13 所示。

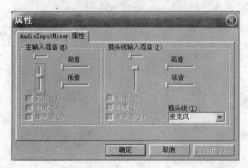

图 5-12　Audio Capture Filter 对话框

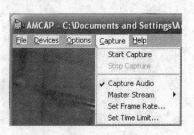

图 5-13　视频捕获菜单

（6）执行菜单的 File|Set Capture File 命令，在 Set Capture File 对话框中设置要捕捉视频文件的路径和名称，如图 5-14 所示，单击 OK 按钮。在随后弹出的窗口中设置要捕捉视频文件容量的最大值和磁盘剩余空间，如图 5-15 所示，单击 OK 按钮。

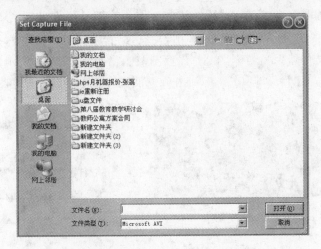

图 5-14　Set Capture File 对话框

（7）执行菜单的 Capture|Start Capture 命令，在弹出的窗口中单击 OK 按钮开始捕捉视频，如图 5-16 所示。

图 5-15　设置捕捉视频文件的最大值

图 5-16　开始捕捉对话框

（8）当捕捉完成时，执行菜单的 Capture|Stop Capture 命令，停止捕捉，从而完成了一段视频的录制。

5.2.3　视频剪辑

通过对现有视频文件的截取和转换，也可以获取到自己需要的视频信息。

1. 从 VCD 碟片中获取视频

VCD 是一种很重要的视频来源，它采用 MPEG-1 压缩标准，其光盘容量通常为 650～700MB，可存放 74～80min 的视频内容。VCD 光盘的根目录一般包括 EXT，MPEGAV，SEGMENT，VCD 等目录，其中主要的视频文件存放在 MPEGAV 目录下，视频文件名通常为 AVSE101. DAT，MUSIC01. DAT 等 DAT 文件。

可以利用很多工具软件获取这些视频，有些视频播放器本身也具有视频捕获和存储的能力。下面就以常见的豪杰超级解霸软件为例介绍此类视频文件的截取，具体步骤如下：

（1）将 VCD 光盘放入光驱，利用豪杰超级解霸软件进行播放。

（2）单击"循环/选择录取区域" 按钮，使其变为 。这样，用于截取的工具按钮才会变成可用。拖动播放进度滑块 到截取的起点，单击"选择开始点" 按钮，然后拖动播放进度滑块 到截取的终点，单击"选择结束点" 按钮，选择好录像区域，如图 5-17 所示。

（3）单击"录像制定区域为 MPG 和 MPV 文件" 按钮，打开"保存数据流"对话框，设置捕捉的视频文件路径和名称，单击"保存"按钮，出现如图 5-18 所示的"正在处理"信息框，系统开始转换，其间可以随时单击"终止"按钮停止转换，转换完毕，信息框会自动消失。

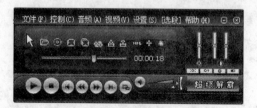

图 5-17　选定录像区域

图 5-18　"正在处理"信息框

2. 从 DVD 碟片中获取视频

DVD 采用的是 MPEG-2 视频压缩标准，可储存 2 小时的高质量视频文件，目前应用非常广泛。DVD 主要的视频内容保存在 VIDEO_TS 文件夹内，通常包含 3 种类型文件，分别是包含影视篇章、字幕频道和音频频道等信息的.ifo 文件；作为.ifo 文件备份的.bup 文件；包括真正视频、音频、字幕和菜单等内容的.vob 文件，该文件容量远远大于前两类文件。可以利用很多工具软件获取这些视频，比如前面介绍的豪杰超级解霸软件，其具体方法与从VCD 碟片获取视频的步骤相同。

5.2.4　屏幕录像

使用屏幕录制软件获取视频也是一种非常重要的视频获取方法，特别是在计算机辅助教学中。现在网上看到的很多视频教程就是采用此方法制作的。常用的屏幕录制软件有Snagit 和 Camstudio 等，在此以 Snagit 为例作简单介绍。

Snagit 是个非常优秀的抓图软件，同时它的视频录制也是非常实用简单。利用其进行视频录制的具体步骤如下：

（1）启动 Snagit，出现如图 5-19 所示的主界面，执行菜单的"捕捉"|"模式"|"视频捕捉"命令，执行菜单"捕捉"|"输入"|"区域"命令，执行菜单"捕捉"|"输入"|"属性"命令，弹出"输入属性"窗口，如图 5-20 所示，单击"选择区域"按钮，然后在桌面上便会显示一个形状"剪裁"的手，在要录制的区域拖拽出一个矩形，并释放鼠标。

（2）本例中，要录制一个"显示"属性设置的视频，通过上面命令拖拽出与"显示"属性窗口大小相仿的区域，出现"Snagit 视频捕获"对话框，如图 5-21 所示。

（3）在弹出的"Snagit 视频捕获"对话框中可以看到关于两方面的内容，即捕获统计信息与捕获属性，捕获统计信息需要经过一段捕获后显示状况，捕获属性则包含有帧的大小、颜色、速度、编码器、是否录制声音等信息。单击"开始"按钮开始捕获，同时在任务栏上会有个"录像机"图标动态显示。在这个录制过程中可以双击图标，弹出"捕捉属性"窗口，单击

"停止"按钮,或者通过事先设置好的快捷键(如 Print Screen)结束捕获。

图 5-19　Snagit 主界面

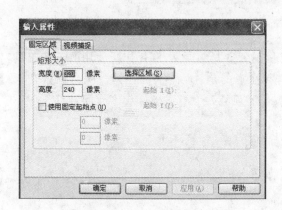

图 5-20　"输入属性"窗口

图 5-21　"Snagit 视频捕捉"对话框

(4) 出现"Snagit 捕获预览"窗口,利用工具条上首帧、前一帧、后一帧、最后帧等按钮或拖动滑动杆,可逐一查看每个帧,如图 5-22 所示。如果想要播放,单击工具栏上的"播放"按钮进行播放,如满意可单击"保存视频"按钮将内容保存为.avi 格式。需要注意的是,.avi 文件不要超过 2GB,否则会丢失。

5.2.5　网络下载

目前,从网络获取视频文件变得越来越容易了,而且方法很多。互联网上有许多视频文件提供下载,这里既有业余爱好者的作品,也有专业多媒体公司的产品,在门户网站的搜索

205

图 5-22 "Snagit 捕获预览"窗口

引擎中输入关键字"视频"就会列出多个提供视频素材的网站,利用广泛使用的下载工具,如"迅雷"的搜索功能寻找视频文件。需要引起注意的是:网络上的视频资源品种繁杂、数量巨大、良莠不齐,使用者应该有鉴别地去选择,特别要注意有关的知识产权问题。

5.3 视频信息的处理

视频信息的处理主要是使用视频编辑软件来进行的。视频编辑软件的主要功能有视频的输入、剪辑、字幕、特效、转场(过渡)、输出等。

5.3.1 视频信息处理软件简介

视频信息处理软件非常丰富,目前常用的视频处理软件主要有:

1. Adobe Premiere

Premiere 是 Adobe 公司推出的非常优秀的非线性编辑软件,能对视频、声音、动画、图片、文本进行编辑加工,并最终生成电影文件,是一款集捕获、后期编辑和输出成品 3 大功能于一体的非线性编辑软件。Premiere 作为一款专业非线性视频编辑软件在业内受到了广大视频编辑专业人员和视频爱好者的好评。

2. Ulead Video Studio

Ulead Video Studio 的中文名称叫做会声会影，它是一款最简单好用的 DV 及 HDV 影片剪辑软件。会声会影操作简单，功能强悍，其不仅完全符合家庭或个人所需的影片剪辑功能，甚至可以挑战专业级的影片剪辑软件。会声会影可以完整支持 HDV 和 HDD 数字摄影机的影片抬取、剪辑与输出，并提供个人化可弹性配置的操作接口，使用户可依照自己的剪辑习惯将预览窗口、选项控制面板、图库区作最符合用户剪辑习惯的配置。在影片覆选功能部分，会声会影独家提供"七轨影片覆选"的强大剪辑功能，使用该功能用户可以轻松制作出独树一格的多重子母画面及蒙太奇特效。除此之外更推出"防手震"、"改善光线"、"鱼眼"等智慧滤镜，以便补救不佳的拍摄画面，再现全心感动。

3. Windows Movie Maker

由于 Windows Movie Maker 2 属于微软搭售软件，只要选择 XP 操作系统就可以免费使用此款软件。制作自动电影是 Windows Movie Maker 2 新增的一项重要功能，对于图省事的用户来说，制作自动电影可以帮助他们快速完成视频编辑任务。在自动电影模式情况下，Windows Movie Maker 2 会自动将素材合成影片，并且为影片创建标题、字幕以及转场效果。利用 Windows Movie Maker 2 用户还可以直接将制作好的视频文件刻录到光盘上。不过，由于 Windows Movie Maker 2 只支持将 WMV 格式，而不是 VCD 和 DVD 格式的视频文件刻录到光盘上，所以无法直接在 VCD 和 DVD 播放机上播放，兼容性并不是特别好。解决办法是输出文件后再用第三方软件(Nero 刻录软件)转换成 VCD 和 DVD 格式。

4. Sony Vegas

Sony Vegas 是一个专业影像编辑软件，其功能完全可以媲美 Premiere，挑战 After Effects。利用 Sony Vegas 可以实现剪辑、特效、合成、Streaming 一气呵成。再结合高效率的操作界面与多功能的优异特性，Sony Vegas 可以让用户更简易地创造丰富的影像。

Sony Vegas 是一款整合了影像编辑与声音编辑的软件，其中无限制的视轨与音轨，更是其他影音软件所没有的特性。Sony Vegas 提供了视频合成、进阶编码、转场特效、修剪及动画控制等功能。另外，其简易的操作界面可以使得不论是专业人士还是个人用户都可以轻松上手。

5. 电影魔方

电影魔方是一款品质优秀、功能强大、操作简单的多媒体数字视频编辑工具软件。它为用户打造了一个精彩、动态的数字电影创作空间。无论是初学者还是资深用户，使用电影魔方都可以轻松完成素材剪切、影片编辑、特技处理、字幕创作、效果合成等工作，通过综合运用影像、声音、动画、图片及文字等素材资料，创作出各种不同用途的多媒体影片。

5.3.2 视频编辑的常用术语

想要很好地掌握视频编辑软件的使用，需要理解视频编辑常用术语的含义。下面对常用的视频编辑术语作简要介绍。

1. 线性编辑(linear editing)

线性是指连续存储视、音频信号的方式，即信息存储的物理位置与接受信息的顺序是完全一致的。线性编辑一般是指多台录放机之间复制视频的过程(可能还包括特效处理机等进行中间处理的过程)。线性编辑的特点是，一旦转换完成就记录成了磁迹，无法随意修改，一旦要在中间插入新的素材或改变某个镜头的长度,后期的内容就需要重新制作。

2. 非线性编辑(non-linear editing)

非线性编辑是相对传统上以时间顺序进行线性编辑而言。非线性是指用硬盘、磁带、光盘等存储数字化视、音频信息的方式。非线性表现出数字化信息存储的特点:信息存储的位置是并列平行的,与接收信息的先后顺序无关。非线性的主要目标是提供对原素材任意部分的随机存取、修改和处理。非线性编辑的实现,要靠软件与硬件的支持,这就构成了非线性编辑系统。一个非线性编辑系统从硬件上看,可由计算机、视频卡或 IEEE 1394 卡、音频卡、高速硬盘、专用板卡(如特技加卡)以及外围设备构成。非线性编辑对素材的调用是瞬间实现,不用反复在磁带上寻找。非线性编辑突破单一的时间顺序编辑限制,可以按各种顺序排列,具有快捷简便、随机的特性。非线性编辑只要上传一次就可以多次地编辑,信号质量始终不会变差,所以节省了设备、人力,提高了效率。

3. 场景/镜头(scene)

一个场景也可以称为一个镜头,它是视频作品的基本元素。大多数情况下它是指摄像机一次拍摄的一小段内容。

4. 字幕/标题(title)

广义来说,title 可以泛指在影像中人工加入的所有标识性元素。它可以是文字,也可以是图形、照片、标记等,当然最常见的用途应该是字幕。字幕可以像台标一样静止在屏幕一角,也可以做出各种让人眼花缭乱的效果。

5. 转场过渡/切换(transition)

一部完整的影视作品由多个场景组成,两个场景之间如果直接连起来的话,有时会感觉有些突兀。为了使影视作品内容的条理性更强、层次的发展更清晰,在场景与场景之间的转换中,需要一定的手法,这就是转场。使用一个转场效果在两个场景进行过渡就会显得自然很多,转场过渡是视频编辑中相当常用的一个技巧,例如百叶窗和溶解等。

6. 特效/滤镜(effect/filter)

动态视频处理中的特效/滤镜和静态图像处理基本相似。"特效"与"滤镜"这两个名词在视频编辑软件中基本上是同义词。如果非要区分这两个词的含义,那么一般而言,"滤镜"更特指亮度、色彩、对比度等方面的调整,而"特效"更侧重于对影像进行的各种变形和动作效果。多数视频编辑软件将其统称为"特效"(effect)。

5.3.3 视频编辑软件 Adobe Premiere

下面以 Adobe Premiere Pro 2.0 为例讲解视频编辑软件的使用。

1. 启动 Adobe Premiere Pro 2.0

常用的启动方法有:

(1) 从"开始"|"所有程序"启动 Adobe Premiere Pro 2.0;

(2) 通过双击计算机桌面上 Premiere 的快捷图标,以快捷方式启动 Premiere。

2. Adobe Premiere Pro 2.0 的界面组成

如图 5-23 所示,Adobe Premiere Pro 2.0 主要由标题栏、菜单栏、工程窗口、素材/效果/声音混合窗口、信息/历史/特效窗口、时间线窗口、工具箱、状态栏等组成。

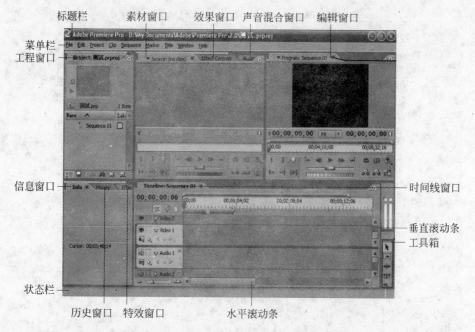

图 5-23　Premiere Pro 2.0 的工作界面

3. Adobe Premiere Pro 2.0 视频处理的基本流程

（1）创建或打开一个项目

打开 Premiere Pro 后，弹出一个 Initial Workspace（开始工作区）对话框，如图 5-24 所示。

图 5-24　Premiere Pro 2.0 的启动窗口

在这个对话框中可以单击 ▣（新建项目）按钮设置一个新建项目；可以单击 ▣（打开项目）按钮打开已经在硬盘中存在的项目文件；还可以通过选取图 5-24 中罗列出来的最近项目文件，来打开最近使用过的存在硬盘上的项目文件。如果是新建项目，将会弹出"新建项目"对话框，如图 5-25 所示。在此对话框中设置新建项目的文件名、路径、影片模式等。由于我国电视标准为 PAL 制式,所以通常情况下我们只需设定影片模式为 DV-PAL/Standard 48kHz 即可。

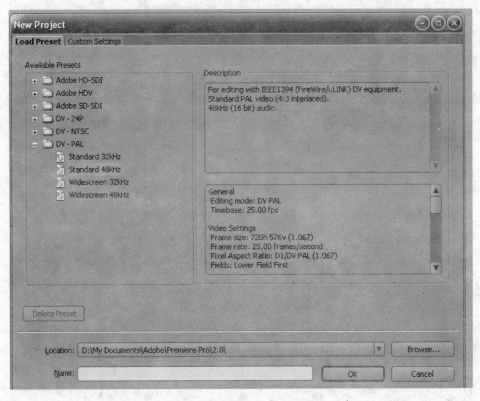

图 5-25 "新建项目"对话框

(2) 音视频素材的导入

新建项目以后,就需要将素材导入到项目窗口中。能够导入到 Premiere Pro 2.0 的素材可以是视频文件(如 AVI 和 MPEG 等格式)、音频文件(如 MP3 和 WAV 等格式),也可以是图像文件(JPG,PSD,BMP,TIFF 等格式)。

 实用小技巧 5.1

素材的导入快捷方法

(1) 选择 File|Import 菜单命令,或者直接使用该菜单命令的快捷键 Ctrl+I。

(2) 在项目窗口中的任意空白位置单击鼠标右键,在弹出的菜单中选择 Import 命令。

(3) 直接在项目窗口中的空白位置双击鼠标左键即可。

使用以上三种方法都会弹出 Import(导入)对话框,如图 5-26 所示。在选择好所需的文件后单击"打开"按钮,素材就成功导入到项目窗口中了。

 实用小技巧 5.2

如果,在同一文件夹下有多个素材文件需要导入到项目中,可以使用鼠标框选或者按住 Ctrl 键的同时单击需要的文件,使得多个文件被选中。当需要导入某文件夹下的所有素材文件时,我们只需要选中这个文件夹后,单击 Import Folder 按钮即可。

图 5-26　Import(导入)对话框

（3）音视频素材的编辑

① 视频素材的编辑

视频素材 Import(导入)到项目窗口后,首先要对素材进行剪辑。将素材 50005.wmv 文件拖动到 Timeline(时间线)窗口的 Video1 轨道上,如图 5-27 所示。

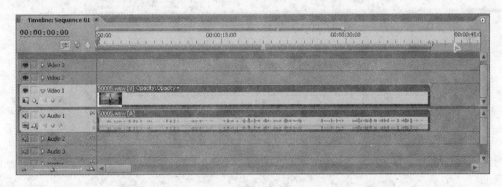

图 5-27　素材 5005.wmv 在 Timeline 窗口的 Video1 轨道上

将 Timeline(时间线)窗口中的播放滑块 ![icon] 拖动到需要的位置,将鼠标移动到视频素材 50005.wmv 的结束位置,鼠标指针变成 ![icon] ,按住鼠标左键移动鼠标至播放滑块位置处,释放鼠标左键,如图 5-28 所示。

此时视频素材长度变短(原视频 50005.wmv 长度为 40 秒 5 帧,剪辑后的长度为 10 秒 13 帧),得到我们需要的视频片段,如图 5-29 所示。

另一种常用的编辑视频素材的方法就是在素材编辑窗口中完成素材的编辑。双击项目窗口中的视频素材 50005.wmv(或者将项目窗口中的视频素材,拖动到素材窗口中),在监视窗口中就呈现 50005.wmv 的画面,如图 5-30 所示。

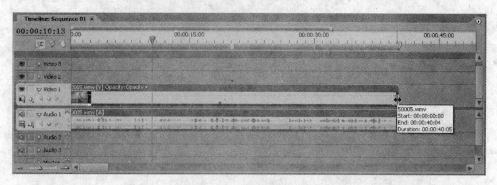

图 5-28　按住鼠标左键移动鼠标至播放滑块位置

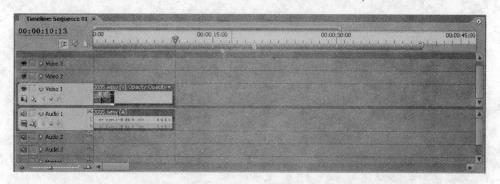

图 5-29　编辑后变短的视频文件 50005.wmv

图 5-30　监视窗口中的素材 50005.wmv

　　拖动监视窗口中的播放滑块 至需要的视频片段起点处单击 按钮,设定入点。拖动监视窗口中的播放滑块 至需要的视频片段结束点处单击 按钮,设定出点,如图 5-31 所示。

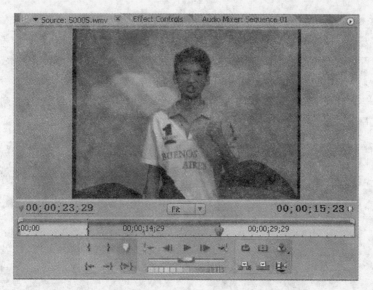

图 5-31　设定好入、出点的素材 50005.wmv

设定好出入点的视频片段就可以直接拖动到 Timeline(时间线)窗口中,得到我们剪辑好的视频片段,此时的原素材 50005.wmv 长度由原来的 40 秒 5 帧变短为 15 秒 19 帧,如图 5-32 所示。

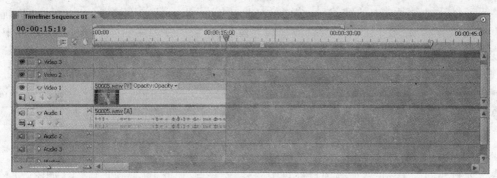

图 5-32　将剪辑后的素材 50005.wmv 拖动到 Timeline(时间线)窗口中

② 音频素材的编辑

众所周知,我们制作的视频文件几乎都(除了默片)包含有声音、背景音乐(或两者同时存在)。而拍摄的视频素材文件中一般也包含有声音,因此在制作视频时就必须对音频进行取舍,也就是对音频进行剪辑。

 实用小技巧5.3

音频素材的剪辑技巧

1. 声画同步剪辑声音

在前面剪辑视频素材的过程中,在剪辑视频的同时也在剪辑音频。也就是说,前面的视频剪辑方法同样适用音频片段的剪辑。这种方法普遍运用于电影电视制作中,特别是在制作新闻、对话、访谈等语言类节目视频时,经常使用此方法。

2. 单独剪辑声音

在制作专题、新闻等节目时,更常用的方法是先准备好解说词、背景音乐等声音文件,然后再根据声音内容配画面。通常情况下,可以用更加专业的声音处理软件(如 Audition 和 GoldWave 等)对解说词进行录制、剪辑、降噪、变调、声音大小调整等处理。处理好的声音生成 *.wmv 格式的文件,直接 Import(导入)到项目窗口中,然后将其拖动到 Timeline(时间线)窗口中,如图 5-33 所示。

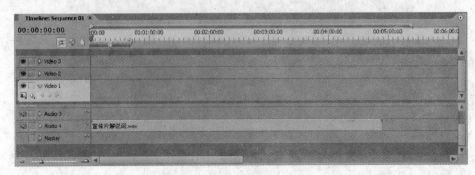

图 5-33　处理好的解说词声音文件直接拖到 Timeline(时间线)窗口中

(4) 视频的处理

① 视频滤镜

为了修补视频素材中的缺陷,使这些素材更加出色和完美,通常将 Timeline(时间线)窗口中 Video(视频)轨道上的视频素材或视频片段(剪辑后的视频素材)在 Premiere 软件中进行过滤,也就是说,对视频素材或视频片段运用滤镜。

Premiere Pro 2.0 为用户提供了 17 个种类、141 个视频滤镜效果,使用户可以任由自己的想象,设置出所期望的视频特效。除此之外,Premiere 还支持所有符合 Adobe Premiere 和 Photoshop 标准格式的第 3 方滤镜。第 3 方滤镜可以通过购买或者从网上下载。

下面通过一个实例来演示如何使用这些滤镜。

* 滤镜的创建

将素材 50005.wmv 添加到项目窗口中,并将它拖到 Video1(视频)轨道上,如图 5-34 和图 5-35 所示。

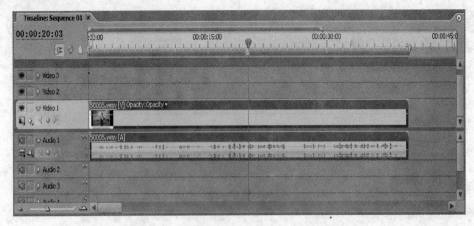

图 5-34　Timeline 时间上的素材 50005.wmv

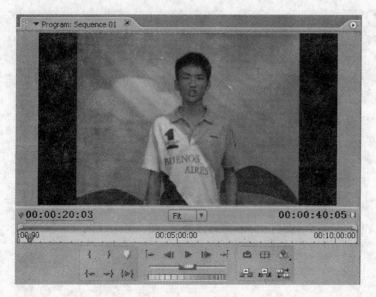

图 5-35　编辑窗口中的素材 50005.wmv

　　在时间线窗口中选定需要添加滤镜的素材,在 Info/History/Effects 窗口中,切换到 Effects 面板,找到 Video Effects|Blur & Sharpen|Radial Blur(辐射模糊)命令,如图 5-36 所示。

　　将此滤镜拖到所选定的素材 50005.wmv 上,弹出 Radial Blur(辐射模糊)对话框,如图 5-37 所示。选择 Blur Methord(模糊方式)为 Zoom(变焦),Quality(质量)为 Good(好),Amount(数值)输入为 40,单击 OK 按钮,此滤镜就运用到该素材之上了,其效果如图 5-38 所示。

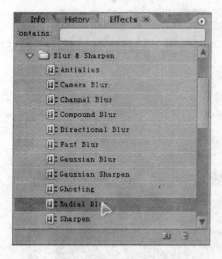

图 5-36　Effects 面板中的 Radial Blur 滤镜

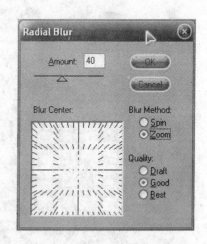

图 5-37　Radial Blur 滤镜对话框

　　• KeyFrame(关键帧)的添加、设置和删除
　　在对视频的编辑过程中,通常只需要对某一视频特定的一段进行滤镜处理,达到特定的效果,使得作品更加生动精彩。比如,需要对素材 50005.wmv 中 0 帧至 4 秒进行 Radial

图 5-38　Radial Blur/Zoom 模糊方式效果

Blur/Zoom 模糊，从 4 秒 01 帧到 7 秒 20 帧由模糊逐渐变清晰。在使用 Radial Blur/Zoom 滤镜这一过程中，有三帧图像是非常关键的，它们分别是 0 秒 1 帧，4 秒 01 帧，7 秒 20 帧，它们标记了从该帧之后一段时间之内使用 Radial Blur/Zoom 滤镜的各种参数状态。这三帧也就是在视频制作中经常会用到的关键帧。对于关键帧的设置如下：

在 Source/Effect Controls/Audio Mixer 窗口中单击 Effect Controls，打开面板并单击 Radial Blur 前的 ▷ 按钮，进入滤镜编辑模式，如图 5-39 所示。

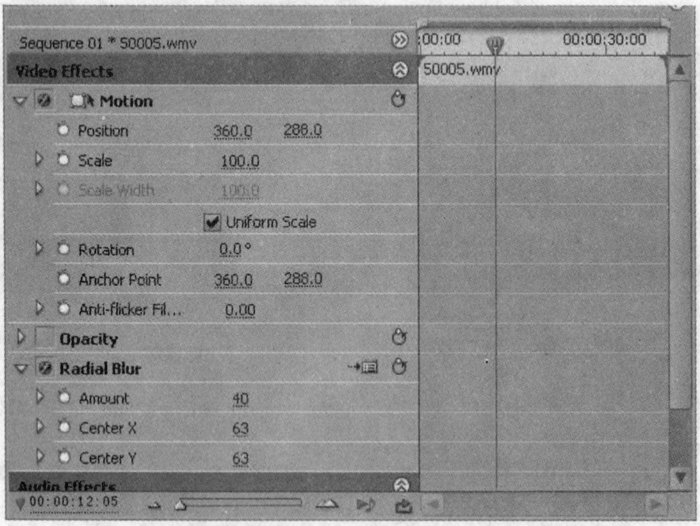

图 5-39　展开的滤镜编辑模式

拖动播放滑块 到 0 秒 1 帧，单击 Amount 前的 "秒表"按钮，设置第一个关键帧，调整好滤镜的各项参数，如图 5-40 所示，其滤镜效果如图 5-41 所示。

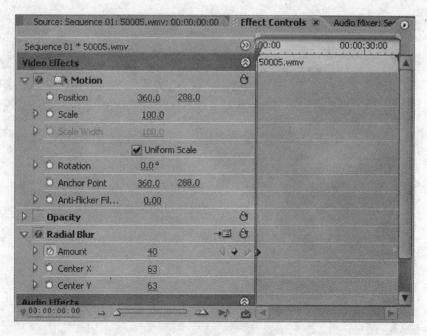

图 5-40　第 0 秒 1 帧关键帧设置及参数

图 5-41　第 0 秒 1 帧关键帧的效果图

　　拖动播放滑块![icon]到 4 秒 1 帧,单击 Amount 后的![icon]"添加/删除关键帧"按钮,设置第二个关键帧,调整好滤镜的各项参数,如图 5-42 所示,其滤镜效果如图 5-43 所示。

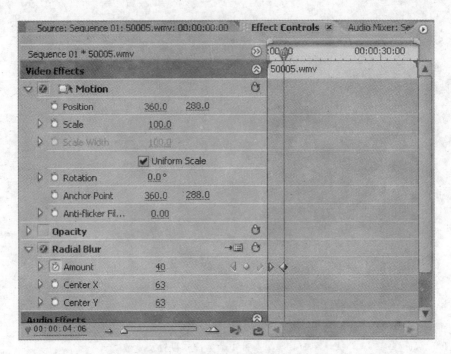

图 5-42　第 4 秒 1 帧关键帧设置及参数

图 5-43　第 4 秒 1 帧关键帧的效果图

拖动播放滑块<img>到 7 秒 20 帧，单击 Amount 后的<img>"添加/删除关键帧"按钮，设置第三个关键帧，调整好滤镜的各项参数，如图 5-44 所示，其滤镜效果如图 5-45 所示。

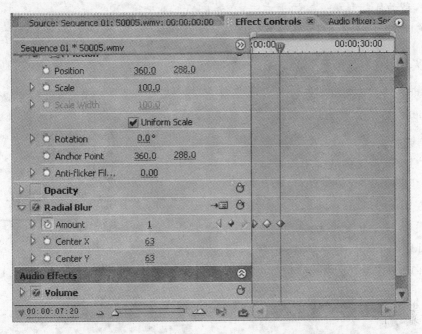

图 5-44　第 7 秒 20 帧关键帧设置及参数

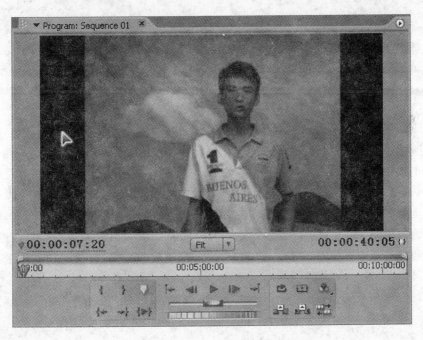

图 5-45　第 7 秒 20 帧关键帧的效果图

 实用小技巧 5.4

　　如果用户对所添加的关键帧位置不满意可以用鼠标拖动关键帧，直到满意为止。

　　如果用户需要删除关键帧只需将 Effect Controls 面板上的时间播放线滑块 ▓ 拖到该

关键帧上,移动鼠标到该关键帧上右击,在弹出的菜单中选择 Clear 命令即可,如图 5-46 所示。

实用小技巧 5.5

如果用户对素材上所添加的所有关键帧进行删除,只须单击 Amount 前的 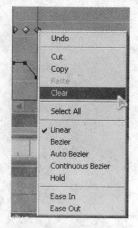 "秒表"按钮,使其状态恢复到 状态。

图 5-46　弹出菜单 Clear 命令

- 滤镜的删除

如果对视频所加的滤镜不满意,可以进行删除操作。

选中 Timeline(时间线)窗口中的已经添加了滤镜的视频素材,在 Effect Controls 面板中,选中要删除滤镜的名称,单击面板右上角的黑色三角 ▶,在弹出菜单上选择 Delete Selected Effect 命令,如图 5-47 所示。或者在 Effect Controls 面板中,选中要删除滤镜的名称,单击鼠标右键,在弹出的菜单上选择 Clear 命令,如图 5-48 所示。

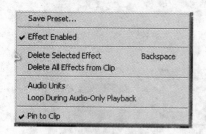

图 5-47　删除滤镜 Delete Selected Effect 命令

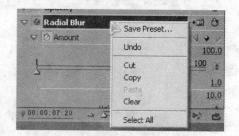

图 5-48　删除滤镜 Clear 命令

② 视频间的转场

转场也被称为切换或过渡,主要作用于影片中从一个场景转换到另外一个场景。在 Premiere Pro 2.0 中,提供了 10 大类几十种转场效果,每一种类型的作用除了本身所包含的一些视觉效果或者蒙太奇含义外,还可以附加一些其他的含义在上面。比如经常可以看见的画中画效果(Video Translations|Zoom 方式)。

下面通过对两个视频 50005.wmv 和 jm8.wmv 之间添加 Push 转场实例来演示如何运用转场。

将素材 50005.wmv 和 jm8.wmv 添加到项目窗口中,并将它拖到 Timeline(时间线)窗口中 Video1(视频 1)轨道上,并使 jm8.wmv 的起点位于 50005.wmv 的结束点,如图 5-49 所示。

在 Info/History/Effects 窗口中,切换到 Effects 面板,找到 Video Transitions|Slade|Push(推动)切换效果,如图 5-50 所示。

将此切换效果拖到素材 50005.wmv 和 jm8.wmv 的衔接处,在弹出的对话框中,单击"确定"按钮,Push 切换方式就运用在了这两段素材之上,如图 5-51 所示,其效果如图 5-52 所示。

双击 Timeline(时间线)窗口中 Video1(视频 1)轨道上的 Push 切换效果(如图 5-51 所示),

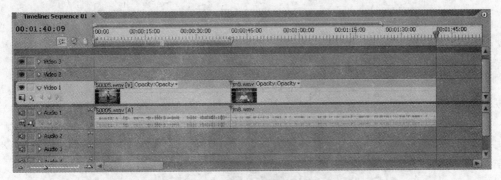

图 5-49　Video1(视频 1)轨道上的素材 50005. wmv 和 jm8. wmv

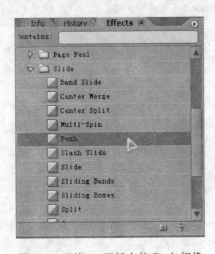

图 5-50　Effects 面板中的 Push 切换

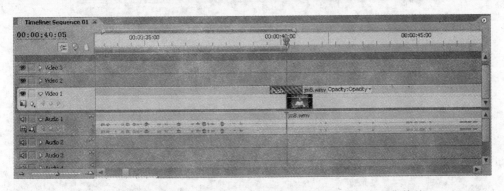

图 5-51　Push 切换效果拖到素材 50005. wmv 和 jm8. wmv 的衔接处

在 Source/Effect Controls/Audio Mixer 窗口中弹出 Push 转场的编辑窗口,如图 5-53 所示。

在 Push 转场的编辑窗口中可以设定 Duration(持续时间)、Alignment(对齐方式)、Border Width(边线线宽)、Border Color(边界线颜色)、Reverse(反转)等。

选中 Timeline(时间线)窗口中 Video1(视频 1)轨道上的 Push 切换效果(如图 5-51 所示),按下 Delete 键,就可以删除 Push 切换效果。或者在 Timeline(时间线)窗口中 Video1(视频 1)轨道上的 Push 切换效果上单击鼠标右键,在弹出的菜单中选择 Clear 命令,也可以删除 Push 切换效果,如图 5-54 所示。

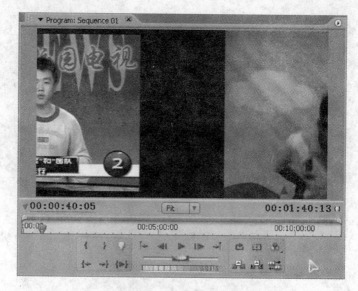

图 5-52　Push 切换的效果

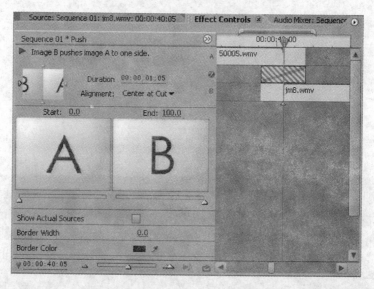

图 5-53　Push 转场的编辑窗口

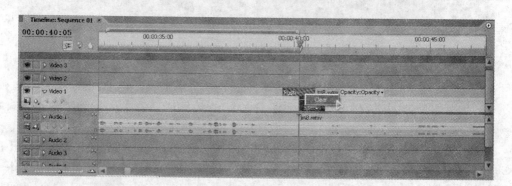

图 5-54　在弹出的菜单中选择 Clear 命令，删除 Push 切换效果

③ 字幕的制作

标题字幕能传达给观众更多、直接、快速的画面信息,制作精美的字幕更是为影片增光添色。

 实用小技巧 5.6

Premiere Pro 2.0 为用户提供了三种制作字幕的方法。一是直接在 Premiere Pro 2.0 中运用 Title 工具制作字幕;二是在 Photoshop 中制作含有文字的图片,图片背景为蓝色或含有 Alpha 通道,然后输入到 Premiere 中利用 Blue Screen 抠像或者 Alpha Channel 通道抠像,实现字幕叠加;三是在 3ds Max 等三维动画制作软件中生成三维字幕动画,并保存为 TGA 格式的图片序列,输入到 Premiere 中。

下面将通过一个简单字幕的制作,介绍 Title 窗口中菜单的使用方法,以及字幕制作和编辑的基本操作技能。

将素材 50005. wmv 添加到项目窗口中,并将它拖到 Timeline(时间线)窗口中 Video1(视频 1)轨道上,拖动播放滑块 到 7 秒 15 帧,选择 File|New|Title 命令(或者使用快捷键 F9),打开 New Title(新建字幕)对话框,如图 5-55 所示在 Name 栏输入"主持人-小雨字幕"后,单击 Ok 按钮,弹出 Title(字幕)编辑窗口,如图 5-56 所示。

图 5-55 New Title(新建字幕)对话框

图 5-56 Title 编辑窗口

单击▣ Rectangle Tool(矩形工具)，在文本区域内绘制一个大小、样式适宜的矩形作为文字的背景，使得文字更加醒目、美观，如图 5-57 所示。选中矩形框，可以对矩形框的Opacity(透明度)、X Position(X 坐标)、Y Position(Y 坐标)、Width(宽度)、Height(高度)、Rotation(旋转度)、Graphic Type(图片类型)、Fill Type(填充类型)、Color(填充颜色)、Fill Opacity(填充色的透明度)、Shadow Color(阴影颜色)、Shadow Opacity(阴影透度)等进行设定和修改，如图 5-58 所示。

图 5-57　文字区域中的矩形框背景

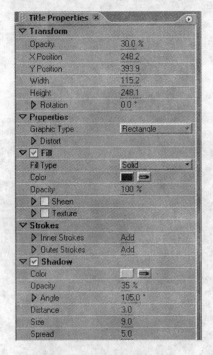

图 5-58　矩形框的属性调整

单击T Vertical Type Tool(垂直文字工具)按钮，在 Title Styles 窗口中选定一种文字样式，如图 5-59 所示。输入文字"小雨 高一(一)班"，选中输入的文字，在文字上单击鼠标右键，弹出 Title 菜单，可以对文字的大小、字体、颜色、对齐方式等进行设定和修改，如

图 5-60 所示。也可以在 Title Properties 窗口中进行更加详细的设定和修改,如图 5-61 所示。

图 5-59 Title Style 选择窗口

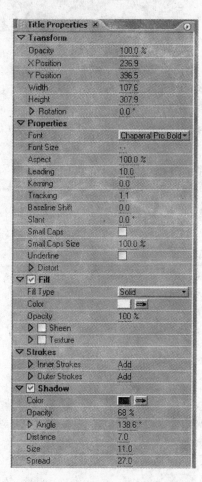

图 5-60 Title 弹出菜单 图 5-61 Title Properties 窗口

制作好矩形框背景和文字,关闭 Title 编辑窗口,字幕自动保存,并在 Timeline(时间线)窗口的 Video(视频)轨道上生成刚才的字幕,如图 5-62 所示。要修改字幕,只需要在项目窗口中双击"主持人-小雨字幕"(或在 Timeline 窗口中双击"主持人"),就会弹出 Title 编辑窗口。而选中项目窗口中的"主持人-小雨字幕"(或在 Timeline 窗口中的"主持人"),按下 Delete 键,就可以删除该字幕(前者是删除字幕源文件,不可逆转,后者是删除 Timeline 上的字幕)。

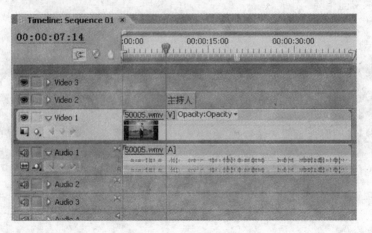

图 5-62　Timeline 上的字幕

（5）影片的输出

项目制作完成后首先要将其保存。保存的方法非常简单，选择 File|Save 命令或按下 Ctrl＋S 键即可。保存的路径是在项目建立时就选定的，所以在制作完成之后，直接保存即可。

在制作的过程中或保存完成后，还可以对整个影片进行预览。预览影片是在 Timeline 窗口中播放节目中的部分或者全部，而不需要将项目生成为最终影片的快速播放方式。

当需要预览影片时，选择 Sequence|Render Work Area 命令，渲染当前项目，如图 5-63 所示。渲染完毕后，就可以流畅地播放整个影片。而渲染文件保存的位置在 D：\My Documents\Adobe\Premiere Pro\2.0\Adobe Premiere Pro Preview Files\范例．PRV 下。如果制作的项目包含的内容较多，则渲染后的文件，即"范例．PRV"文件夹内的文件就会很大。当完成全部的电影内容编辑后，只需选择 Sequence|Delete Render Files 命令即可将其删除。

影片的输出就是将前面编辑好的节目生成为一个可以单独播放的节目。Premiere Pro 2.0 可以生成的节目格式有很多种，常用的是.avi 格式的文件，它可以在许多多媒体软件中播放。选择 File|Export|Movie 命令或按

图 5-63　渲染工作区命令

Ctrl＋M 快捷键，弹出 Export Movie 对话框，如图 5-64 所示。在此对话框中可以给生成的文件命名（譬如"范例.avi"），还可以对将要生成的影片进行设定。单击 Setting（设定）按钮，弹出 Export Movie Setting 对话框，如图 5-65 所示。

在 General（常用）设置中，具体设置如图 5-65 所示。在 Video（视频）设置中，具体设置如图 5-66 所示。

设定好 Export Movie Setting 后，单击 Ok 按钮，返回 Export Movie（输出影片）对话框，单击"确定"按钮，影片开始生成，如图 5-67 所示。

图 5-64　Export Movie 对话框

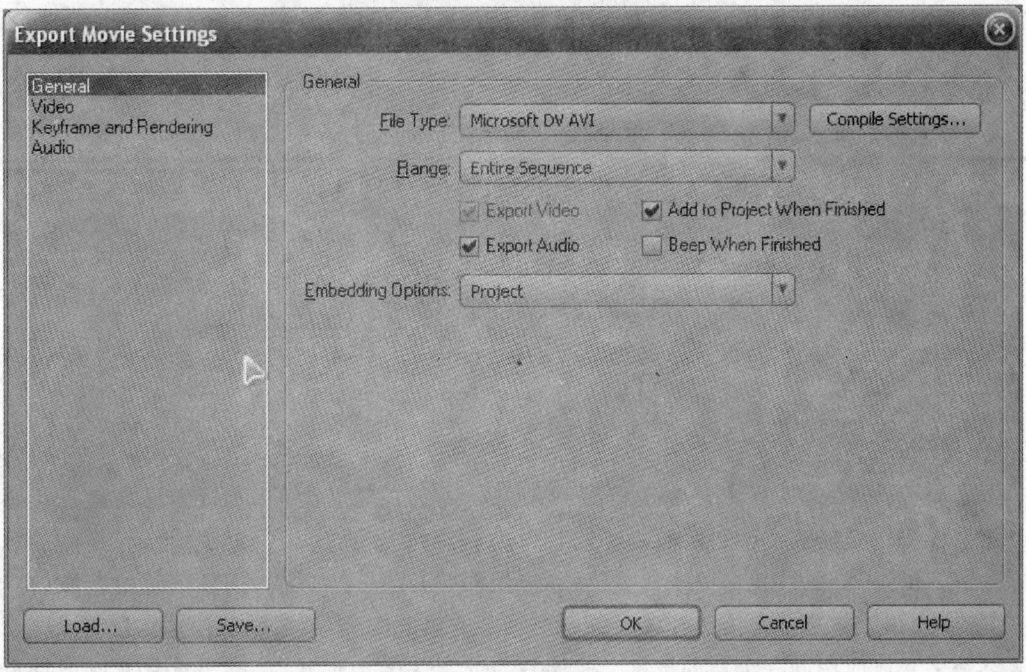

Export Movie Settings

General
Video
Keyframe and Rendering
Audio

General

File Type: Microsoft DV AVI   Compile Settings...

Range: Entire Sequence

☑ Export Video   ☑ Add to Project When Finished
☑ Export Audio   ☐ Beep When Finished

Embedding Options: Project

Load...   Save...   OK   Cancel   Help

图 5-65　Export Movie Setting 对话框

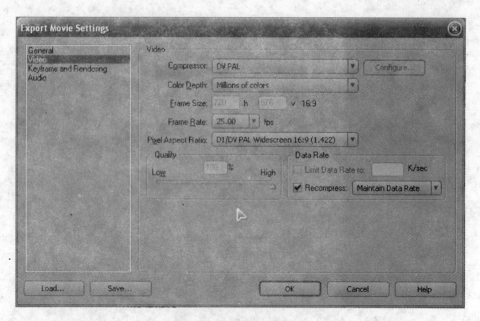

图 5-66　Video 设置对话框

图 5-67　生成影片过程

5.4　视频信息的应用

5.4.1　视频信息的特点与优势

据研究,人类至少有 80% 以上的外界信息是通过视觉获得的。因此,视觉是人类感知外部世界的一个最重要的途径。视频信息作为一种信息量最丰富、直观、生动、具体的承载视觉信息的媒体形式,其作用非常重要,其应用非常广泛。可以说,视频信息的获取、存储、处理、播放和传输是多媒体计算机系统一个重要的组成部分,视频处理技术在目前以至于将来都是多媒体应用的一个核心技术。相比其他的媒体表现形式,视频信息具有以下特点和优势:

1. 动态性和真实性

和文本、图像信息相比,视频信息的画面在不停变换,画面中的影像也在不停运动。因此,视频信息特别适宜表现事物运动、变化的动态内容。

和动画相比,视频信息是指拍摄、记录和再现真实人物、事物和景物的动态画面,其表现的内容更真实、更具体,承载的信息量也更为丰富。

2. 时间性和实时性

视频信息具有时间性和实时性的特点。由于事物的运动、变化均伴随时间的进程而进行,因此视频信息的呈现过程就有时间上的限制。正是这样,可以说视频信息是一种基于时间的信息表现形式,它只有在时间的不断展开中才能逐步展现其形式和内涵。也是由于这样,从某种意义上说,视频信息是瞬间即逝的信息表现形式。它不像文本、图像信息一样可以供人们长时间地仔细观察对象的各种细节,视频信息具有实时性的特点。

3. 多样性和集成性

和文本、图形、图像、音频等信息不同,广义上的视频信息本身也可以集文本、图形、图像、声音等信息表现形式于一体,其本身即拥有多媒体信息的多样性和集成性等特点。并且绝大多数情况下,视频信息都伴随有与画面同步的音频信息。

4. 艺术性和感染力

视频的本质并不是艺术而是传播信息的一种载体形式。也就是视频信息的出发点不是艺术而是传播,但好的视频信息却是艺术品。好的视频信息作品在传递一些基本信息之外,其画面构图、光线处理、角度变化、运动节奏,再加上音乐、音效的恰当运用等都会给人带来极大的美的享受和艺术感染力。

5.4.2 视频信息应用的原则及注意事项

视频信息在应用时应注意以下原则和事项:

1. 视频信息的技术性

视频信息是一种信息量最丰富、直观、生动、具体的承载视觉信息的媒体形式。因此,视频信息处理起来要考虑的技术因素也比较多。在应用视频信息时,要考虑视频信息的素材质量、时间长短、声画同步、文件大小、压缩格式等技术问题。

2. 视频信息的艺术性

优秀的视频信息作品除了传递一些基本信息之外,其本身就是一件艺术作品,可以给人以极大的艺术愉悦感。视频信息的艺术性要考虑的因素主要有:构成动画的基本静态画面的构图方法、色彩和对比、用光和节奏;“推、拉、摇、跟、移、甩”等拍摄画面技法的应用;正面拍摄角度、斜侧面角度、背面角度以及平摄、仰摄、俯摄等拍摄角度的变化;画面与画面的组接技巧,譬如蒙太奇手法的应用等。

3. 视频与其他信息表现形式的合理搭配

在多媒体作品设计制作和信息传播过程中,各种不同信息表现形式之间不是决然割裂的。要根据实际需要,合理选择、搭配不同的信息表现形式。发挥每种信息表现形式的长处和整体功能,才能取得最佳的效果。

思考与练习

1. 谈谈视频信息数字化的过程。
2. 简述数字视频的压缩标准。

3．列举常见的数字视频文件格式及其特点。

4．简述视频信息获取的方式及过程。

5．列举常用的视频信息处理软件的名称及特点。

6．简述线性编辑与非线性编辑的含义及区别。

7．如何将音视频素材导入到 Premiere Pro 2.0 中？

8．如何使用 Premiere Pro 2.0 中的视频滤镜功能？

9．如何利用 Premiere Pro 2.0 实现视频间的转场？

10．如何利用 Premiere Pro 2.0 进行字幕的制作？

11．谈谈你对视频信息特点与优势的认识。

12．简述视频信息应用的原则及注意事项。

第6章 动画的处理与应用

⊙**学习目标**
- 理解动画的制作原理。
- 了解动画的基本种类。
- 掌握常见的动画文件格式。
- 掌握动画制作软件 Ulead Gif Animator 的主要功能。
- 掌握二维动画制作软件 Adobe Flash 的主要功能。
- 理解动画的特点与优势。
- 理解动画应用的原则及注意事项。

6.1 动画概述

所谓动画就是使一幅图形或图像"活"起来的过程,即动画就是运动和变化着的图形和图像。因此,著名动画艺术家约翰·汉纳斯(John Halas)说:"运动是动画的本质。"使用动画可以清楚地表现出一个事件的过程,或是展现一个活灵活现的画面。

传统意义的动画是一门通过在连续多格的胶片上拍摄一系列单个画面,从而产生动态视觉的技术和艺术,这种视觉是通过将胶片以一定的速率放映体现出来的。实验证明:动画和电影的画面刷新率为 24 帧/s,即每秒放映 24 幅画面,则人眼看到的是连续的画面效果。

计算机动画是指采用图形与图像的处理技术,借助于编程或动画制作软件生成一系列的景物画面(其中当前帧是前一帧的部分修改)而形成的动态图像。即计算机动画是采用连续播放一系列具有相关性的静止图像的方法产生物体运动的效果。

如无特殊说明,本书中的动画即指的是计算机动画。

如今计算机动画的应用十分广泛,主要用于计算机游戏的开发、电视动画制作、电影特技制作、生产过程及科研模拟等。除此之外,计算机动画还可以让应用程序更加生动,增添多媒体的感官效果。

6.1.1 动画的制作原理

1. 视觉滞留现象

视觉滞留,又称视觉暂留(duration of vision),是人眼具有的一种性质。人眼观看物体时,成像于视网膜上,并由视神经输入人脑,感觉到物体的像。但当物体移去时,视神经对物体的印象不会立即消失,而要延续一段时间,这种残留的视觉称后像,人眼的这种性质被称为视觉滞留现象。

视觉滞留小实验：注视视觉滞留现象实验图（如图 6-1 所示）中心 4 个黑点 15～30s，然后对着白色的墙壁或背景快速眨几下眼睛，看看能看到什么？

为什么会有这种现象呢？这是因为视觉实际上是靠眼睛的晶状体成像，感光细胞感光，并且将光信号转换为神经电流，传回大脑引起人体视觉。感光细胞的感光是靠一些感光色素，感光色素的形成是需要一定时间的，这就形成了视觉滞留的现象。

图 6-1 视觉滞留现象实验图

视觉滞留现象最早是被我国人民发现的，走马灯便是历史记载中最早的视觉滞留运用事例。走马灯最早出现在我国宋朝，当时称"马骑灯"。随后法国人保罗·罗盖在 1828 年发明了留影盘，它是一个被绳子在两面穿过的圆盘。盘的一个面画了一只鸟，另一面画了一个空笼子。当圆盘旋转时，鸟在笼子里出现了。这证明了当人的眼睛看到一系列图像时，它一次只保留一个图像。物体在快速运动时，当人眼所看到的事物消失后，人眼仍能继续保留其影像一段时间。

视觉滞留现象是动画和电影等视觉媒体形成和传播的根据。譬如，人在观看电影时，银幕上映出的是一张一张不连续的像。但由于眼睛的视觉滞留作用，一个画面的影像还没有消失，下一张稍微有一点差别的画面又出现了，所以看上去感觉动作是连续的。经研究，视神经的反应速度的时值是 $\frac{1}{24}$s。因此，为了得到连续的视觉画面，电影每秒要更换 24 张画面。

2. 动画的制作方法

动画是由许多幅单个画面组成的。因此，它是在图形和图像基础上产生的。计算机动画是计算机图形图像技术与传统动画艺术结合的产物，它是在传统动画基础上使用计算机图形图像技术而迅速发展起来的一门高新技术。传统手工动画在百年历史中形成了自己特有的艺术表现风格，而计算机图形图像技术的加入不仅发扬了传统动画的特点，缩短了动画制作周期，而且给动画加入了更加绚丽的视觉效果。

传统的动画是产生一系列动态相关的画面，每一幅图画与前一幅图画略有不同，将这一系列单独的图画连续地拍摄到胶片上，然后以一定的速度放映这个胶片来产生运动的幻觉。如前所述，根据人的视觉滞留特性，为了要产生连续运动的感觉，每秒需播放至少 24 幅画面。所以一个 1min 长的动画，需要绘制 1440 张不同的画面。为了表现动画中人物的一个动作，如抬手，动画制作人员需根据故事要求设计出动画人物动作前后两个动作极端的关键画面，接着，动画辅助人员在这两个关键画面之间添加中间画面，使画面逐步由第一关键画面过渡到第二关键画面，以期在放映时人物的动作产生流畅、自然和连续的效果。

计算机强大的功能革新了动画的制作和表现方式。计算机动画即是使用计算机来产生运动图像的技术。一般而言，计算机动画分为两类：一类是二维动画系统又称计算机辅助动画制作系统或关键帧系统，计算机可以自动生成两幅关键画面间的中间画；第二类是三维动画系统，属于计算机造型动画系统，该系统是用数学描述来绘制和控制在三维空间中运动的物体。

6.1.2　动画的基本种类

计算机动画有非常多的形式,通常可以分为二维动画和三维动画两种。

二维动画又称 2D 动画。它是借助计算机 2D 位图或者是矢量图形来创建、修改或者编辑动画的,其制作上和传统动画比较类似。许多传统动画的制作技术被移植到计算机上。比如渐变、变形、洋葱皮技术、转描机等。二维动画在影像效果上有非常巨大的改进,制作时间上却相对以前有所缩短。现在的 2D 动画在前期上往往仍然使用手绘,然后扫描至计算机,或者是用数位板直接绘制在计算机上(考虑到成本,大部分二维动画采用铅笔手绘),然后在计算机上对作品进行上色的工作。而特效、音响音乐效果及渲染等后期制作则几乎完全使用计算机来完成。

三维动画又称 3D 动画。它是基于 3D 计算机图形来表现动画的。有别于二维动画,三维动画提供三维数字空间利用数字模型来制作动画。这个技术有别于以前所有的动画技术,给予动画者更大的创作空间。高精度的模型和照片质量的渲染使动画的各方面水平都有了新的提高,也使其被大量用于现代电影之中。3D 动画几乎完全依赖于计算机制作,在制作时,大量的图形计算机工作会因为计算机性能的不同而不同。3D 动画可以通过计算机渲染来实现各种不同的最终影像效果,包括逼真的图片效果以及 2D 动画的手绘效果。三维动画主要的制作技术有建模、渲染、灯光阴影、纹理材质、动力学、粒子效果、布料效果及毛发效果等。

6.1.3　动画的文件格式

当前,计算机动画应用比较广泛。由于应用领域不同,其动画文件也存在着不同类型的存储格式。目前应用较为广泛的动画格式有以下几种:

1. GIF

如前文所述,GIF 是 Graphics Interchange Format(图形交换格式)的缩写,它是在 World Wide Web 及其他联机服务上常用的一种文件格式,用于显示超文本置标语言(HTML)文档中的索引颜色图形和图像。除此之外,一个 GIF 文件中可以存放多幅彩色图像,如果把存于一个文件中的多幅图像数据逐幅读出并显示到屏幕上,就可以构成一种最简单的动画。

GIF 动画是目前 Internet 上最常见的动画格式之一,其文件扩展名为.gif。GIF 动画的特点是存储空间小,制作容易。目前,绝大多数网上浏览器都直接支持播放 GIF 格式的动画。

2. SWF

SWF 动画是目前 Internet 上最常见的流媒体动画格式,其文件扩展名为.swf。它主要是由 Adobe Flash 软件制作生成的一种矢量动画格式。它采用曲线方程描述其内容,不是由点阵组成内容,因此这种格式的动画在缩放时不会失真,非常适合描述由几何图形组成的动画,如教学演示等。由于这种格式的动画可以与 HTML 文件充分结合,并能添加 MP3 音乐,因此被广泛地应用于网页上。另外,SWF 动画是一种"准"流式媒体文件,也就是说,在观看的时候,可以不必等到动画文件全部下载到本地再观看,而是随时可以观看,哪怕后面的内容还没有完全下载到硬盘上,也可以开始欣赏动画。目前,大多数网上浏览器安装

Flash 插件后都可以播放 SWF 格式的动画。

3. FLIC(FLI/FLC)

FLIC 是 Autodesk 公司在其出品的 Autodesk Animator、Animator Pro 和 3D Studio 等动画制作软件中采用的彩色动画文件格式。FLIC 是 FLC 和 FLI 的统称，其中，FLI 是最初的基于 320×200 像素的动画文件格式，而 FLC 则是 FLI 的扩展格式，采用了更高效的数据压缩技术，其分辨率也不再局限于 320×200 像素。FLIC 文件采用行程编码(RLE)算法和 Delta 算法进行无损数据压缩。首先压缩并保存整个动画序列中的第一幅图像，然后逐帧计算前后两幅相邻图像的差异或改变部分，并对这部分数据进行 RLE 压缩。由于动画序列中前后相邻图像的差别通常不大，因此可以得到相当高的数据压缩率。FLIC 格式被广泛用于动画图形中的动画序列、计算机辅助设计和计算机游戏应用程序。

6.2 动画的制作

6.2.1 动画制作软件简介

如前文所述，计算机动画通常可以分为二维动画和三维动画两种。因此，动画制作软件一般也可以分为二维动画制作软件和三维动画制作软件两种。

1. 二维动画制作软件

目前常用的二维动画制作软件主要有以下几款：

(1) Ulead Gif Animator

Ulead Gif Animator 是一款专门用于平面动画制作的软件，其工作界面如图 6-2 所示。该软件操作、使用都十分简单，比较适合非专业人士使用。这款软件提供"精灵向导"，使用者可以根据向导的提示一步一步地完成动画的制作。同时，它还提供了众多帧之间的转场效果，实现画面间的特色过渡。

这款软件的主要输出类型是 GIF，因此主要用来制作一些简单的标头动画。

(2) Adobe Flash

Adobe Flash 是 Adobe 公司出品的一款功能强大的二维动画制作软件，有很强的矢量图形制作能力，它提供了遮罩和交互的功能，支持 Alpha 遮罩的使用，并能对音频进行编辑。Flash 采用了时间线和帧的制作方式，不仅在动画方面有强大的功能，在网页制作、媒体教学、游戏等领域也有广泛的应用，Flash 是交互式矢量图和 Web 动画的标准。网页设计者使用 Flash 能创建漂亮的、可改变尺寸的以及极其紧密的导航界面。无论是专业的动画设计者还是业余动画爱好者，Flash 都是一款很好的动画设计软件，其工作界面如图 6-3 所示。

(3) SOFTIMAGE TOONZ

SOFTIMAGE TOONZ 是世界上最优秀的卡通动画制作软件系统，它被广泛应用于卡通动画系列片、音乐片、教育片、商业广告片等中的卡通动画制作，其工作界面如图 6-4 所示。

SOFTIMAGE TOONZ 利用扫描仪将动画师所绘的铅笔稿以数字方式输入到计算机中，然后对画稿进行线条处理、检测画稿、拼接背景图、配置调色板、画稿上色、建立摄影表、上色的画稿与背景合成、增加特殊效果、合成预演以及最终图像生成。利用不同的输出设备将结果输出到录像带、电影胶片、高清晰度电视以及其他视觉媒体上。

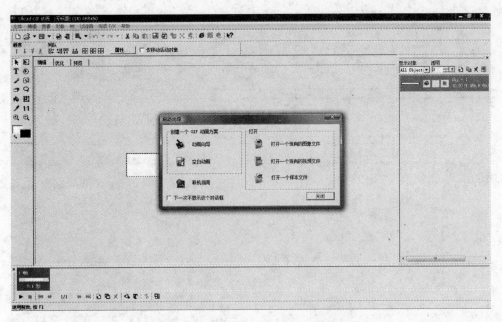

图 6-2　Ulead Gif Animator 工作界面

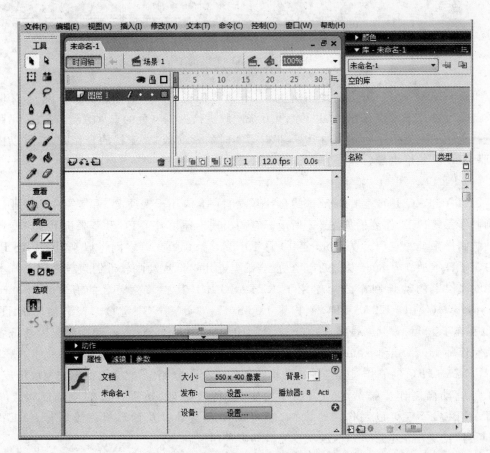

图 6-3　Flash 的工作界面

第6章　动画的处理与应用　◄◄◄

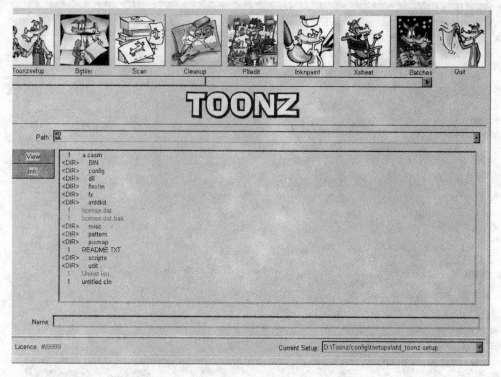

图 6-4　SOFTIMAG TOONZ 的工作界面

　　SOFTIMAGE TOONZ 的使用使动画工作者既保持了原来所熟悉的工作流程,又保持了具有个性的艺术风格,同时省去了为上万张图画进行人工上色的繁重劳动,省去了用照相机进行重拍的重复劳动和胶片的浪费,获得了实时的预演效果、流畅的合作方式,可以快速达到所需的高质量水准。

　　(4) RETAS PRO

　　RETAS PRO 是日本 Celsys 株式会社开发的一套应用于普通 PC 和苹果机的专业二维动画制作系统,其工作界面如图 6-5 所示。它的出现迅速填补了 PC 和苹果机上没有专业二维动画制作系统的空白。从 1993 年 10 月 RETAS 1.0 版在日本问世以来,RETAS PRO已占领了日本动画界 80% 以上的市场份额,雄踞近几年日本动画软件销售额之冠。日本已有 100 家以上的动画制作公司使用了 RETAS PRO,其中较为著名的有 Toei、Sunrise、TokyoMovie(使用 RETAS PRO 制作了 Lupin The 3rd(鲁宾三世))、TMS(使用 RETASPRO 制作了 Spider-Man(蜘蛛人)),日本著名的动画学校——Yoyogi 动画学校以及著名的游戏制作师 Hudson 和 Konami 也使用 RETAS PRO。

　　RETAS PRO 的制作过程与传统的动画制作过程十分相似,它主要由四大模块组成,替代了传统动画制作中描线、上色、制作摄影表、特效处理、拍摄合成的全部过程。同时RETAS PRO 不仅可以制作二维动画,还可以合成实景以及计算机三维图像。RETASPRO 可广泛应用于电影、电视、游戏及光盘等多种领域。

　　RETAS PRO 的日、英文版已在日、欧、美、东南亚地区享有盛誉,如今中文版的问世将为中国动画界带来计算机制作动画的新时代。

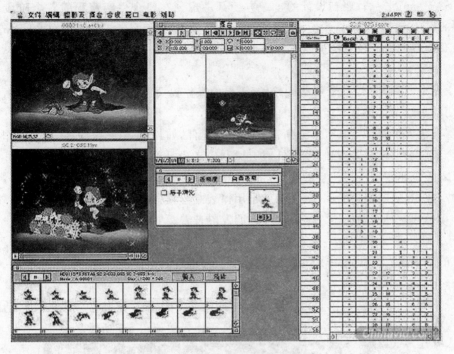

图 6-5　RETAS PRO 的工作界面

（5）USAnimation

应用 USAnimation 可使动画师自由地创造出传统的卡通技法无法表现的效果，并轻松地组合二维动画和三维图像，其工作界面如图 6-6 所示。

图 6-6　USAnimation 的工作界面

USAnimation 软件当初设计的每一方面都考虑到在整个生产流程的各个阶段如何获取最快的生产速度。采用自动扫描、DI 的质量实时预视,都使系统工作得很快。USAnimation 以矢量化为基础的上色系统被业界公认为是最快的。

（6）AXA

AXA 是一种 PC 级的全彩动画软件,简易的操作界面可以让卡通制作人员或新人很快上手,而动画线条处理与着色品质,亦具专业水准。

AXA 包含了制作计算机卡通所需的所有元件,如扫图、铅笔稿检查、镜头运作、定色、着色、合成、检查、录影等模组,完全针对卡通制作者设计使用界面,使传统制作人员可以轻易地跨入数位制作的行列。它的特色是以计算机律表（exposure sheet）为操作主干,因为卡通这种高成本、耗时费力的工作,靠的就是用律表来连接制作流程进而来提高制作效率的,所以计算机律表对动画创作人来说就像老朋友般亲善。

2. 三维动画制作软件

目前常用的三维动画制作软件主要有:

（1）Ulead Cool 3D

Cool 3D 是由 Ulead 公司出品的一款专门用于实现三维文字动态效果的文字动画制作软件,主要应用于制作影视字幕和界面标题,其工作界面如图 6-7 所示。

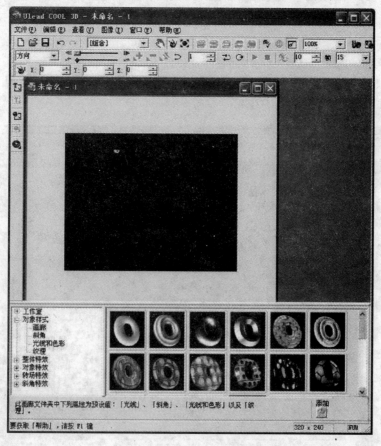

图 6-7　Ulead Cool 3D 工作界面

这款软件具有操作简单的优点,它采用的是模板式操作。使用者可以直接从软件的模板库里调用动画模板来制作文字三维动画,只需先用键盘输入文字,再通过模板库挑选合适的文字类型,选好之后双击即可应用效果。同样,对于文字的动画路径和动画样式也可从模板库中进行选择,十分简单易行。

(2) 3ds Max

3ds Max 是 Autodesk 公司出品的一款三维动画制作软件,其功能强大,可用于影视、广告、室内外设计等领域。3ds Max 具有优良的多线程运算能力,支持多处理器的并行运算,丰富的建模和动画能力,出色的材质编辑系统。它的光线、色彩渲染都很出色,造型丰富细腻,跟其他软件相配合可产生非常专业的三维动画制作效果。目前在中国,3ds Max 的使用人数大大超过其他三维软件,其工作界面如图 6-8 所示。

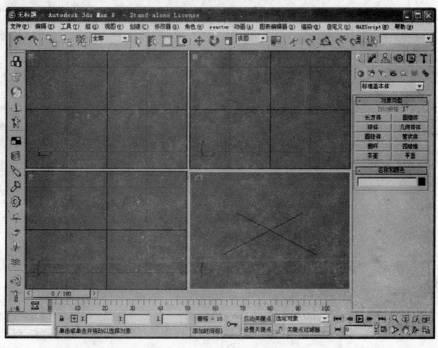

图 6-8　3ds Max 的工作界面

3ds Max 提供了两种全局光照系统并且都带有曝光量控制,光度控制灯光,以及新颖的着色方式来控制真实的渲染表现。3ds Max 也拥有最佳的 Direct 3D 工作流程(可以使用 DirectX),使用者可以自己增加实时硬件着色,并且可以非常容易地将作品进行贴图渲染、法线渲染、光线渲染,同时也支持 Radiosity 的定点色烘培技术。

3ds Max 的制作效率非常高,再加上一些新的常用的功能就能够很好地发挥使用者的创造力。

(3) Maya

Maya 是 Alias|Wavefront 公司出品的三维动画制作软件,对计算机的硬件配置要求比较高,所以一般都在专业工作站上使用,随着个人计算机性能的提高,使用者也逐渐多了起来。其工作界面如图 6-9 所示。

Maya 软件主要分为 Animation(动画)、Modeling(建模)、Rendering(渲染)、Dynamics

239

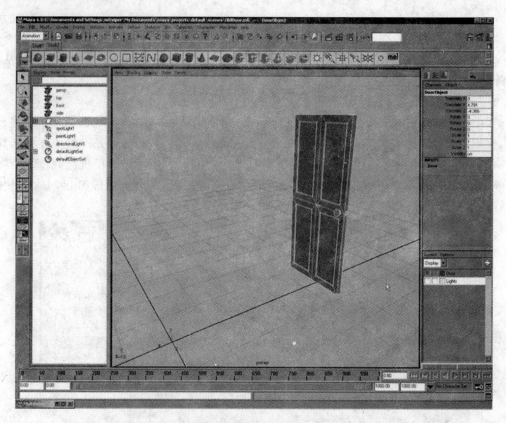

图 6-9　Maya 的工作界面

（动力学）、Live（对位模块）和 Cloth（衣服）六个模块，有很强大的动画制作能力，很多高级、复杂的动画制作都是用 Maya 来完成的，许多影视作品中都能看到 Maya 制作的绚丽的视觉效果。

　　Maya 集成了 Alias|Wavefront 最先进的动画及数字效果技术，它不仅包括一般三维和视觉效果制作的功能，而且还结合了最先进的建模、数字化布料模拟、毛发渲染和运动匹配技术，成为三维动画软件中的佼佼者。

　　（4）Poser

　　Poser 是 Metacreations 公司推出的一款三维动物、人体造型和三维人体动画制作的优秀软件。使用 Poser 软件可以非常轻松自如地进行人体设计和动画制作。不仅如此，使用 Poser 还可以为三维人体造型增添发型、衣服、饰品等装饰。其工作界面如图 6-10 所示。

　　Poser 主要用于人体建模，常配合其他软件来实现真实的人体动画制作。它的操作也很直观，只需鼠标就可实现人体模型的动作扭曲，并能随意观察各个侧面的制作效果。它有很丰富的模型库，使用者通过选择可以很容易地改变人物属性，另外它还提供了服装和饰品等道具，双击即可调用，十分简单。

　　利用 Poser 进行角色创作的过程比较简单，主要为选择模型、姿态和体态设计三个步骤。其内置了丰富的模型，这些模型以库的形式存放在资料板中。人物模型包括裸体的男性、女性和小孩，穿衣的男性、女性和小孩，无性的人体模型、骷髅、木头人。动物模型包括

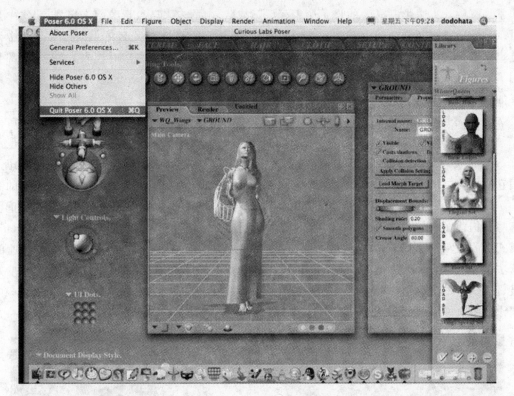

图 6-10　Poser 的工作界面

狗、猫、马、海豚、蛙、蛇、扁鱿、狮子、狼和猛禽,在绝大多数情况下,使用者可以从内置的模型中选出创作某角色所需的模型。

　　一个特定的角色造型都有特定的姿态和体态,姿态一般是指人物或动物在现实生活中的移动方式以及位置移动的过程,而体态则是指人物或动物的身体及其各部位的比例、大小等,对模型进行弯曲、旋转及扭曲。Poser 的模型及构成模型的各组成部分,如人的手、脚、头等,都带有控制参数盘,通过对参数盘的设置,使用者可以随意调整模型的姿态和体态,从而创作出所需的角色造型。对模型进行姿态调整时,一方面可以结合编辑工具设置参数盘以获得某种姿态,另一方面可以将现有的姿态赋予模型或再作相应调整。

　　(5) Softimage 3D

　　在计算机动画兴起和发展的十多年中,Softimage 3D 一直都是那些世界上处于主导地位的影视数字工作室用于制作电影特技、电视系列片、广告和视频游戏的主要工具。

　　由于 Softimage 3D 所提供的工具和环境为制作人员带来了最快的制作速度和高质量的动画图像,使它在获得了诸多荣誉的同时成为世界上公认的最具革新性的专业三维动画制作软件。

　　Softimage 3D 是由专业动画师设计的强大的三维动画制作工具,它的功能涵盖了整个动画制作过程,包括交互的独立的建模和动画制作工具、SDK 和游戏开发工具、具有业界领先水平的 mental ray 生成工具等。Softimage 3D 系统是一个经受了时间考验的、强大的、不断提炼的软件系统,它几乎设计了所有的具有挑战性的角色动画。1998 年获提名的奥斯卡视觉效果成就奖的全部三部影片都应用了 Softimage 3D 的三维动画技术(《失落的世界》中非常逼真的让人恐惧又喜爱的恐龙形象、《星际战队》中的未来昆虫形象、《泰坦尼克号》中几百个用数字动画实现的船上乘客）。这三部影片是从列入奥斯卡奖名单中的七部影片中评选出来的，另外的四部影片，即《蝙蝠侠和罗宾》、《接触》、《第五元素》和《黑衣人》中也全部利用了 Softimage 3D 技术创建了令人惊奇的视觉效果和角色。Softimage 3D 制作的帆船效果如图 6-11 所示。

（6）Lightwave 3D

Lightwave 3D 是 NewTek 公司的产品。目前 Lightwave 3D 在好莱坞的影响一点也不比 Softimage 3D 和 Alias 等差。它具有出色的品质，但价格却非常低廉，这也是众多公司选用它的原因之一。电影《泰坦尼克号》中的泰坦尼克号模型，就是用 Lightwave 3D 制作的。

2005 年，NewTek 有限公司正式发布了 LightWave 3D 9.0 版。NewTek 开发人员重新编写和构建了 LightWave 的内核，将网格编辑功能加入到 Layout 模式中，并增强 Modeler 模式中的工具；从 Layout 模式中提取渲染器，重新编写光线跟踪方法，使它具有更快速的算法；基于到摄像机的距离和可见性改写了网格细分功能。Modeler 的工具箱已经被升级，使它具有实边，细分表面已经被重新启动来改善处理过程并支持多次细分。Lightwave 制作的甲虫效果图如图 6-12 所示。

图 6-11　Softimage 3D 制作的帆船　　　　图 6-12　Lightwave 3D 制作的甲虫效果

6.2.2　简单易用的动画制作软件——Ulead Gif Animator

1. 软件界面

Ulead Gif Animator 是友立公司出品的动画 GIF 制作软件，其内建的 Plugin 有许多现成的特效可以套用，使用它可将 AVI 文件转成动画 GIF 文件，而且还能将动画 GIF 图片最佳化。使用该软件还能将放在网页上的动画 GIF 文件"减肥"，以便让用户能够更快地浏览网页。Ulead Gif Animator 的工作界面主要由标题栏、菜单栏、标准工具栏、属性工具栏、工具面板、对象管理器面板、帧面板、状态栏、动画编辑区域等组成，如图 6-13 所示。

2. 软件的使用

（1）使用动画向导制作动画

启动 Ulead Gif Animator 后，软件会弹出"启动向导"对话框，如图 6-14 所示。利用它可以非常方便地制作 GIF 动画。

① 单击"动画向导"按钮，进入动画制作向导界面，首先弹出的是"动画向导-设置画布

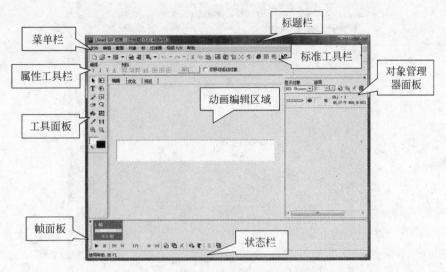

图 6-13　Ulead Gif Animator 工作界面

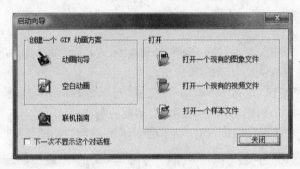

图 6-14　"启动向导"对话框

尺寸"对话框,如图 6-15 所示。制作者可以从预设的画布尺寸模板中选择或根据自己的需要自定义一个尺寸。此尺寸决定了制作动画的画布大小。

②　设置好画布尺寸后,单击"下一步"按钮,进入"动画向导-选择文件"对话框,如图 6-16 所示。单击"添加图像"或"添加视频"按钮,可以选择动画中需要的图像或视频文件,如图 6-17 所示。如需改变插入图像或视频文件的排列顺序,可以通过拖动文件名到想要的位置实现。

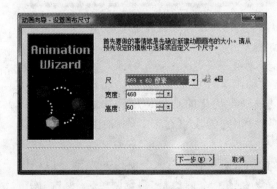

图 6-15　"动画向导-设置画布尺寸"对话框

图 6-16　"动画向导-选择文件"对话框

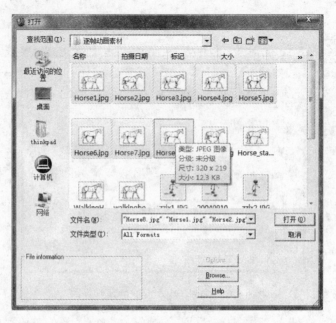

图 6-17　插入逐帧动画需要的图像

③ 单击"下一步"按钮，进入"动画向导-画面帧持续时间"对话框，如图 6-18 所示。制作者可以指定每一帧图像默认的显示时间长度。

④ 单击"下一步"按钮，进入"动画向导-完成"对话框，如图 6-19 所示。单击"完成"按钮，返回到动画编辑窗口，如图 6-20 所示，完成动画的制作。

⑤ 利用"文件"|"另存为"|"GIF 文件"菜单命令，即可将制作的动画发布成 GIF 动画格式。

图 6-18　"动画向导-画面帧持续时间"对话框

图 6-19　"动画向导-完成"对话框

（2）优化 GIF 动画

在制作 GIF 动画过程中，当帧数较多时，这个动画文件可能会比较大，不适合于在网络上传播，所以 Ulead Gif Animator 中提供了对动画进行优化的功能。这种功能的原理是将动画每一帧上的图像分割成若干块，在两帧变换时，相同的块将在第二个帧中被删除，以达到减小文件大小的目的。优化动画的方法如下：

单击"优化"按钮，进入"优化"设置选项卡，如图 6-21 所示。在这个窗口的左侧是原始图像，右侧是系统按照默认优化设置所优化的图像。另外有一个窗口是"颜色调色板"窗口，该窗口中显示了优化后图像中使用的颜色。如果对优化的效果不满意，或者优化后所取得的大小不满意,可以进行有关像素的设置。最高的是 256 像素,也就是系统默认值,最小的是 16 像素。

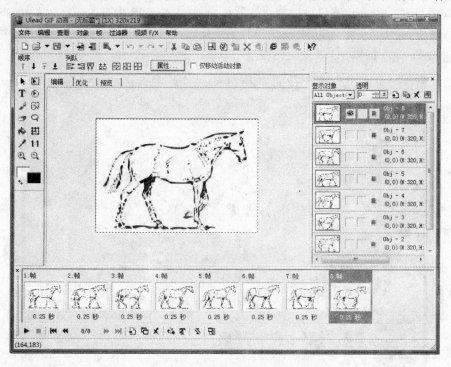

图 6-20　动画编辑窗口

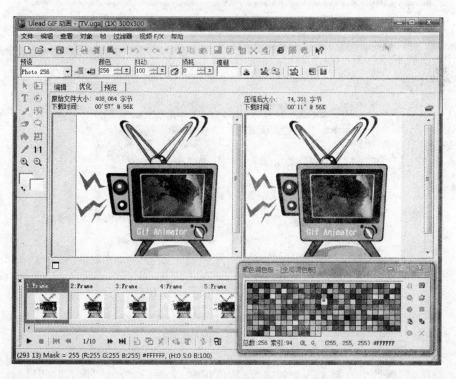

图 6-21　"优化"设置选项卡

（3）渲染效果的使用

Ulead Gif Animator 不仅可以制作最简单的动画，还可以在图像切换过程中加入特殊的效果，例如 3D 等。GIF Animator 中内置的渲染效果都可以在"视频 F/X"菜单栏中找到，如图 6-22 所示。下面以 3D 效果为例讲解渲染效果的使用。

图 6-22　"视频 F/X"菜单栏

利用"视频 F/X"|3D|Gate 3D 菜单命令，调出"添加效果"对话框，如图 6-23 所示。然后进行相关设置。

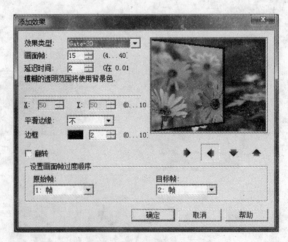

图 6-23　"添加效果"对话框

在"画面帧"属性中设置 4～40 的帧数，数值越多，文件越大。在"延迟时间"属性中设置帧与帧间隔的时间。"平滑边缘"属性中设置框的粗细，一共有四种选项"不"、"大"、"中"和

"小"。在"边框"属性中设置有关边框的颜色。选择"翻转"对话框,表示原本逆时针运行的方向,变为顺时针。进行完以上设置,单击"确定"按钮,就可以输出动画了。

当然,Ulead Gif Animator 中可以运用很多渲染效果,其设置方法也十分类似。Ulead Gif Animator 中的渲染效果如表 6-1 所示。

表 6-1　Ulead Gif Animator 中的渲染效果

效 果 名 称		功　　能
3D	Gate-3D(三维立体)	在动画中实现两个帧之间的动画 3D 过渡效果,可以在对话框中设置过渡方向、填充颜色和柔化过渡边界的参数
Build	Diagonal-Build(倾斜过渡)	按照不同的倾斜对角线路径,逐渐按照不规则块的方式实现两个帧之间的过渡
Clock	Sweep Clock(时钟式过渡)	按照顺时针和逆时针方式实现过渡效果
F/X	Diamond F/X（菱形 F/X 动画）	菱形效果
	Iris F/X（彩虹 F/X 动画）	十字心形的彩虹效果
	Mosaic F/X（马赛克 F/X 动画）	马赛克元素效果
	Power off F/X（关机 F/X 动画）	显示器关机效果
Film	Flap B-Film（分割的倾斜翻页效果）	将原来的帧分为 4 份,分别从中心开始倾斜地实现与目标帧的过渡
	Progressive Film（前进式翻页效果）	也是将原来的帧分为 4 份,分别从中心开始以前进式的方式实现到目标帧的过渡
	Turn Page -Film（整页翻页效果）	整页翻页效果来实现两个帧之间的过渡,同时可以设置翻页的方向等参数
Peel	Turn Page-Peel（整页翻页的剥落效果）	以剥落的效果实现两个帧之间的过渡,与上一个翻页效果略有不同
Push	Run and Stop Push（移动到停止的推动效果）	为了消除两个帧之间生硬的动画元素移动,使用这种效果可以实现图像由模糊、抖动变得清晰、稳定的效果
Roll	Side Roll(整面翻转效果)	整面翻转效果
Slide	Bar-Slide(条状滑动效果)	可以从不同的方向用两个条状的滑动实现过渡
Stretch	Cross Zoom -Stretch（交叉缩放拉伸效果）	交叉缩放拉伸效果
Wipe	Star Wipe(星形擦除效果)	星形擦除效果
2D mapping	Crop…(修剪效果)	修剪效果
Camera Len	Gradient(倾斜效果)	在原帧中加入模糊的镜头,可以设定移动方向等参数
	Mirror(镜像效果)	对原帧中的明显的对象加以处理,实现两个帧之间的过渡
	Zoom Motion(缩放动作效果)	缩放效果
Darkroom	Hue&Saturation(色调饱和)	设置图像中的颜色的变化效果
Nature Painting	Charcoal(木炭效果)	木炭效果
Special	Add Noise(加入噪声)	在原帧中加入噪声干扰效果
	Wind(风)	风的效果

6.2.3　专业的二维动画制作软件——Adobe Flash

1. Adobe Flash 简介

Adobe Flash 原是美国 Macromedia 公司所设计的一种二维矢量动画软件，通常包括 Macromedia Flash（用于设计和编辑 Flash 文档）和 Macromedia Flash Player（用于播放 Flash 文档）。2005 年 4 月，Adobe 公司斥资 34 亿美元收购 Macromedia 公司，Flash 成为 Adobe 公司在动态媒体设计领域的重要产品。

Adobe Flash 是一种创作工具，设计人员和开发人员可使用它来创建演示文稿、应用程序和其他允许用户交互的内容。Flash 可以包含简单的动画、视频内容、复杂演示文稿和应用程序以及介于它们之间的任何内容。通常，使用 Flash 创作的各个内容单元称为应用程序，即使它们只是很简单的动画。用户也可以通过添加图片、声音、视频和特殊效果，构建包含丰富媒体的 Flash 应用程序。其工作界面如图 6-24 所示。

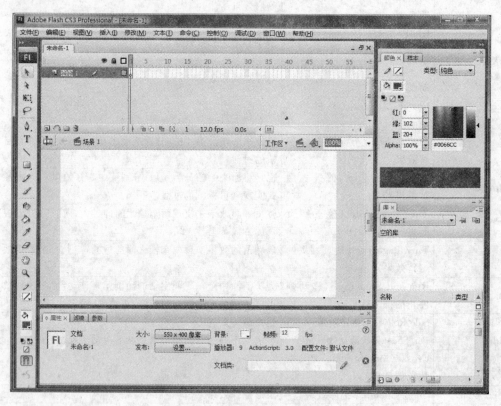

图 6-24　Adobe Flash 工作界面

Flash 特别适用于创建在 Internet 上使用的内容，因为它的文件非常小。Flash 是通过广泛使用矢量图形做到这一点的。与位图图形相比，矢量图形需要的内存和存储空间要小很多。因为它们是以数学公式而不是大型数据集来表示的。位图图形之所以更大，是因为图像中的每个像素都需要一组单独的数据来表示。要在 Flash 中构建应用程序，可以使用 Flash 绘图工具创建图形，并将其他媒体元素导入 Flash 文档。接下来便可以定义如何以及何时使用各个元素来创建设想中的应用程序。

Flash 被称为"最为灵活的前台",由于其独特的时间片段分割(TimeLine)和重组(MC嵌套)技术,结合 ActionScript 的对象和流程控制,使得灵活的界面设计和动画设计成为可能,同时它也是最为小巧的前台。Flash 具有跨平台的特性,所以无论处于何种平台,只要安装了支持的 Flash Player,就可以保证它们的最终显示效果一致,而不必像在以前的网页设计中那样要为 IE 或 NetSpace 各设计一个版本。同 Java 一样,它有很强的可移植性。最新的 Flash 还具有手机支持功能,可以让用户为自己的手机设计出自己喜爱的功能。

2. Adobe Flash 的工作界面及一般流程

(1) 工作界面

Adobe Flash 的工作界面如图 6-24 所示,通常包括标题栏、菜单栏、工具箱、时间轴、舞台区域和各种创作面板等。下面对时间轴、舞台区域和各种创作面板等 Flash 较有特色的部分作简要介绍。

① 舞台。舞台是在创建 Flash 文档时放置图形内容的矩形区域。创作环境中的舞台相当于 Flash Player 或 Web 浏览器窗口中在回放期间显示文档的矩形空间。要在工作时更改舞台的视图,可使用放大和缩小功能。若要帮助在舞台上定位项目,可以使用网格、辅助线和标尺。

② "工具"面板。使用"工具"面板中的工具可以绘图、上色、选择和修改插图,并可以更改舞台的视图。"工具"面板分为四个部分,如图 6-25 所示。

图 6-25 "工具"面板

- "工具"区域包含绘图、上色和选择工具。
- "查看"区域包含在应用程序窗口内进行缩放和平移的工具。
- "颜色"区域包含用于笔触颜色和填充颜色的功能键。
- "选项"区域包含用于当前所选工具的功能键。功能键影响工具的上色或编辑操作。

创作者还可以使用"自定义工具面板"对话框指定在创作环境中显示哪些工具。

③ 时间轴。时间轴用于组织和控制一定时间内的图层和帧的文档内容,如图 6-26 所示。与胶片一样,Flash 文档也将时长分为帧。图层就像堆叠在一起的多张幻灯胶片一样,每个图层都包含一个显示在舞台中的不同图像。时间轴的主要组件是图层、帧和播放头。

文档中的图层列在时间轴左侧的列中。每个图层中包含的帧显示在该图层名右侧的一行中。时间轴顶部的时间轴标题指示帧编号。播放头指示当前在舞台中显示的帧。播放文档时,播放头从左向右通过时间轴。

时间轴状态显示在时间轴的底部,它指示所选的帧编号、当前帧频以及到当前帧为止的运行时间。在播放动画时,将显示实际的帧频;如果计算机不能足够快地计算和显示动画,则该帧频可能与文档的帧频设置不一致。

时间轴显示文档中哪些地方有动画,包括逐帧动画、补间动画和运动路径。

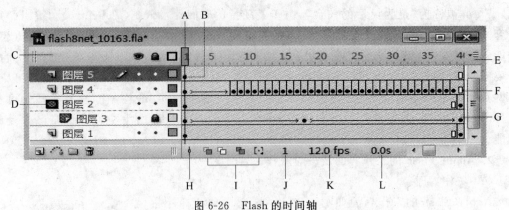

图 6-26　Flash 的时间轴

A—播放头；B—关键帧；C—时间轴标题；D—遮罩层图标；E—"帧视图"弹出菜单；

F—逐帧动画；G—补间动画；H—"滚动到播放头"按钮；I—"绘图纸"按钮；

J—当前帧指示器；K—帧频指示器；L—运行时间指示器

　　使用时间轴的图层部分中的控件可以隐藏、显示、锁定或解锁图层，并能将图层内容显示为轮廓。用户可以将帧拖到同一图层中的不同位置，或是拖到不同的图层中。

　　④ 图层。图层可以帮助创作者组织文档中的插图。创作者使用它可以方便地在某一图层上绘制和编辑对象，而不会影响其他图层上的对象。在图层上没有内容的舞台区域中，可以透过该图层看到下面的图层。

　　要绘制、涂色或者对图层或文件夹进行修改，需要在时间轴中选择该图层以激活它。时间轴中图层或文件夹名称旁边的铅笔图标表示该图层或文件夹处于活动状态。一次只能有一个图层处于活动状态（尽管一次可以选择多个图层）。

　　创建 Flash 文档时，其中仅包含一个图层。要在文档中组织插图、动画和其他元素，可以添加更多的图层。还可以隐藏、锁定或重新排列图层。可以创建的图层数只受计算机内存的限制，而且图层不会增加发布的 SWF 文件的大小。只有放入图层的对象才会增加文件的大小。

　　Flash 允许创建图层文件夹以便组织和管理图层。可以在时间轴中展开或折叠图层文件夹，而不会影响在舞台中看到的内容。对声音文件、ActionScript、帧标签和帧注释分别使用不同的图层或文件夹，将有助于快速找到这些项目以进行编辑。

　　⑤ "属性"检查器。使用"属性"检查器可以轻松访问舞台或时间轴上当前选中内容的最常用属性，如图 6-27 所示。创作者可以在"属性"检查器中更改对象或文档的属性，而不用访问也用于控制这些属性的菜单或面板。

图 6-27　"属性"检查器

根据当前选择的内容不同,"属性"检查器可以显示当前文档、文本、元件、形状、位图、视频、组、帧或工具的信息和设置。当选择了两个或多个不同类型的对象时,"属性"检查器会显示选中对象的总数。

⑥ "库"面板。"库"面板是存储和组织在 Flash 中创建的各种元件的地方,它还用于存储和组织导入的文件,包括位图图形、声音文件和视频剪辑。使用"库"面板可以组织文件夹中的库项目,查看项目在文档中使用的频率,并按类型对项目排序,如图 6-28 所示。

元件是指在 Flash 创作环境中或使用 Button(AS 2.0)、SimpleButton(AS 3.0)和 MovieClip 类创建过一次的图形、按钮或影片剪辑。创作者可在整个文档或其他文档中重复使用该元件。元件可以包含从其他应用程序中导入的插图。创作者创建的任何元件都会自动成为当前文档的库的一部分。

⑦ "动作"面板。使用"动作"面板可以创建和编辑对象或帧的 ActionScript 代码,如图 6-29 所示。选择帧、按钮或影片剪辑实例可以激活"动作"面板。根据选择的内容,"动作"面板标题也会变为"按钮动作"、"影片剪辑动作"或"帧动作"。

图 6-28 "库"面板

（2）工作一般流程

要构建 Flash 应用程序,通常需要执行下列基本步骤:

① 计划应用程序。确定应用程序要执行哪些基本任务。

② 添加媒体元素。创建并导入媒体元素,如图像、视频、声音和文本等。

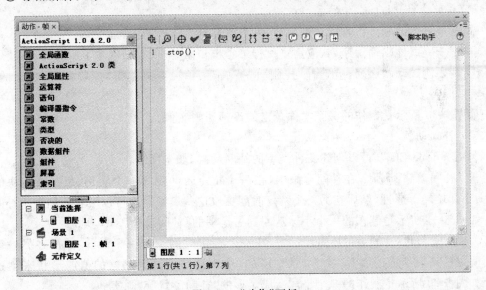

图 6-29 "动作"面板

③ 排列元素。在舞台上和时间轴中排列这些媒体元素,以定义它们在应用程序中显示时间和显示方式。

④ 应用特殊效果。根据需要应用图形滤镜（如模糊、发光和斜角）、混合和其他特殊效果。

⑤ 使用 ActionScript 控制行为。编写 ActionScript 代码以控制媒体元素的行为方式,

包括这些元素对用户交互的响应方式。

⑥ 测试并发布应用程序。进行测试以验证应用程序是否按预期工作,查找并修复所遇到的错误。在整个创建过程中应不断测试应用程序。将 FLA 文件发布为可在网页中显示并可使用 Flash Player 回放的 SWF 文件。

3. Adobe Flash 中基本动画的制作

（1）逐帧动画

逐帧动画在每一帧中都会更改舞台内容,它最适用于图像在每一帧中都在变化而不是在舞台上移动的复杂动画。逐帧动画增加文件大小的速度比补间动画快得多。在逐帧动画中,Flash 会存储每个完整帧的值。

创建逐帧动画,需要将每个帧都定义为关键帧,然后为每个帧创建不同的图像。每个新关键帧最初包含的内容和它前面的关键帧是一样的,因此可以递增地修改动画中的帧。

具体方法如下：

① 单击一个图层名称使之成为活动图层,然后在该图层中选择一个帧作为开始播放动画的帧。

② 如果该帧还不是关键帧,可单击“插入”|“时间轴”|“关键帧”菜单命令。

③ 在序列的第一个帧上创建插图。可以使用绘画工具、从剪贴板中粘贴图形或导入一个文件。

④ 若要添加和第一个关键帧内容一样的新关键帧,可单击同一行中右侧的下一个帧,然后单击“插入”|“时间轴”|“关键帧”菜单命令,或者右击并在弹出的快捷菜单中选择“插入关键帧”菜单命令。

⑤ 若要开发动画接下来的增量内容,可更改舞台上该帧的内容。

⑥ 若要完成逐帧动画序列,应重复执行第④步和第⑤步,直到创建了所需的动作。

⑦ 若要测试动画序列,应选择“控制”|“播放”菜单命令或单击“控制器”面板上的“播放”按钮。

如图 6-30 所示是制作的一个木偶行走的逐帧动画实例。

（2）补间动画

利用 Adobe Flash 可以创建两种类型的补间动画,如下所示。

① “补间动画”动画：在补间动画中,在一个特定时间定义一个实例、组或文本块的位置、大小和旋转等属性,然后在另一个特定时间更改这些属性。也可以沿着路径应用补间动画。如图 6-31 所示是制作的一个小球从左到右运动的“补间动画”动画实例。

② “补间形状”动画：在补间形状中,在一个特定时间绘制一个形状,然后在另一个特定时间更改该形状或绘制另一个形状。Flash 会内插二者之间的帧的值或形状来创建动画。如图 6-32 所示是制作的一个小球变成矩形的“补间形状”动画实例。

需要注意的是：若要对组、实例或位图图像应用形状补间,需要分离这些元素。若要对文本应用形状补间,需要将文本分离两次,从而将文本转换为对象。

（3）沿着路径补间动画

在 Flash 中利用运动引导层可以绘制路径,补间实例、组或文本块可以沿着这些路径运动。可以将多个层连接到一个运动引导层,使多个对象沿同一条路径运动。连接到运动引导层的常规层就成为引导层。具体方法是：

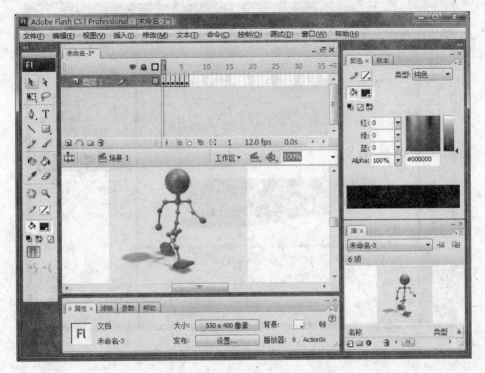

图 6-30 逐帧动画

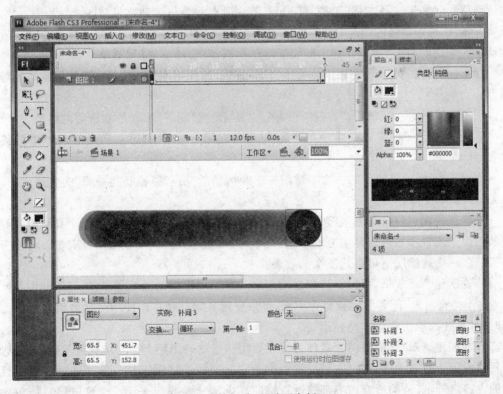

图 6-31 "补间动画"动画实例(一)

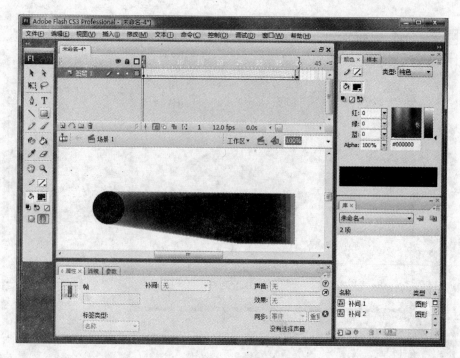

图 6-32　"补间形状"动画实例(二)

① 创建有补间动画的动画序列。如果选择"调整到路径",则补间元素的基线就会调整到运动路径。如果选择"对齐",则补间元素的注册点将会与运动路径对齐。

② 选择包含动画的图层,然后单击"插入"|"时间轴"|"运动引导层"菜单命令或者在包含动画的图层上右击,然后在弹出的快捷菜单中选择"添加引导层"菜单命令。

③ Flash 会在所选图层之上创建一个新图层,该图层名称的左侧有一个运动引导层图标。

④ 使用"钢笔"、"铅笔"、"直线"、"圆形"、"矩形"或"刷子"工具绘制所需的路径。

⑤ 将补间实例、组或文本块的中心与线条在第一帧中的起点和最后一帧中的终点对齐。

如图 6-33 所示是制作的一个小球沿一曲线运动的"沿着路径补间动画"的实例。

(4) 遮罩动画

若要获得聚光灯效果和过渡效果,可以使用遮罩层创建一个孔,通过这个孔可以看到下面的图层。遮罩项目可以是填充的形状、文字对象、图形元件的实例或影片剪辑。将多个图层组织在一个遮罩层下可创建复杂的效果。

若要创建动态效果,可以让遮罩层动起来。对于用作遮罩的填充形状,可以使用补间形状;对于类型对象、图形实例或影片剪辑,可以使用补间动画。当使用影片剪辑实例作为遮罩时,可以让遮罩沿着运动路径运动。

若要创建遮罩层,需要将遮罩项目放在要用作遮罩的图层上。与填充或笔触不同,遮罩项目就像一个窗口一样,透过它可以看到位于它下面的连接层区域。除了透过遮罩项目显示的内容之外,其余的所有内容都被遮罩层的其余部分隐藏起来。一个遮罩层只能包含一个遮罩项目。遮罩层不能在按钮内部,也不能将一个遮罩应用于另一个遮罩。

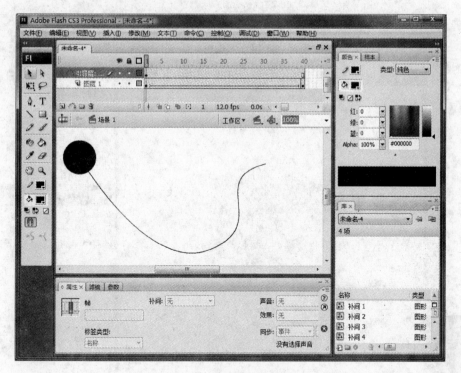

图 6-33　沿着路径补间动画

遮罩动画制作的具体方法如下：

① 选择或创建一个图层，其中包含出现在遮罩中的对象。

② 单击"插入"|"时间轴"|"图层"菜单命令，以在其上创建一个新图层。遮罩层总是遮住其下方紧贴着它的图层；因此需要在正确的位置创建遮罩层。

③ 在遮罩层上放置填充形状、文字对象或图形元件的实例。Flash 会忽略遮罩层中的位图、渐变、透明度、颜色和线条样式。在遮罩中的任何填充区域都是完全透明的；而任何非填充区域都是不透明的。

④ 在时间轴中的遮罩层名称处右击，然后选择"遮罩"菜单，将出现一个遮罩层图标，表示该层为遮罩层。紧贴它下面的图层将连接到遮罩层，其内容会透过遮罩上的填充区域显示出来。被遮罩的图层的名称将以缩进形式显示，其图标将更改为一个被遮罩的图层的图标。

⑤ 若要在 Flash 中显示遮罩效果，需要锁定遮罩层和被遮住的图层。

如图 6-34 所示是制作的一个遮罩动画实例。

4. Adobe Flash 制作动画实例

（1）实例 1：学跳舞动画

① 新建一个 Flash 文档，设置影片文档大小为 126×110 像素。

② 选择第 1 帧，利用"文件"|"导入"|"导入到舞台"命令，将图片 1 导入到舞台上，并调整其至合适的位置。素材如图 6-35 所示。

③ 选择第 2 帧，然后插入空白关键帧，将图片 2 导入到舞台上，并调整其至合适的位置。

图 6-34　遮罩动画实例

图1　　　　　图5　　　　　图10　　　　　图15　　　　　图20　　　　　图25

图30　　　　　图35　　　　　图40　　　　　图45　　　　　图50　　　　　图55

图 6-35　"学跳舞动画"部分图片素材

④ 按照步骤③的方法，依次创建完成逐帧动画序列的所有关键帧。

（2）实例.2：圆形变矩形动画

动画效果如图 6-36 所示。

① 新建一个文件，设置影片属性如图 6-37 所示。

② 在第 1 帧上用画椭圆工具画一个圆形，按住 Shift 键则画一个正圆形。可使用工具栏中的"笔触颜色"和"填充颜色"控件选择笔触颜色和填充颜色，如图 6-38 所示。本例中我

们绘制一个不带边框的蓝色的正圆形,如图 6-39 所示。

图 6-36　圆形变矩形动画

图 6-37　设置影片属性对话框

图 6-38　工具栏颜色控件　　　　　　　　图 6-39　第 1 帧效果图

③ 在第 20 帧插入空白关键帧(快捷键 F7 键),在舞台上用画矩形工具画一个矩形,按住 Shift 键则画一个正方形。本例中我们绘制一个蓝色无边框的矩形。

④ 单击第 1 帧至第 19 帧中的任一帧,然后在"帧"属性面板中,"补间"下拉列表中选择"形状",如图 6-40 所示,则形变动画创建成功,如图 6-41 所示。

图 6-40　"帧"属性面板

⑤ 将第 1 帧至第 20 帧全部选中,右击,在弹出的快捷菜单中选择"复制帧"命令,在第 21 个时间点右击,在弹出的快捷菜单中选择"粘贴帧"命令。那么,从第 21 帧至第 40 帧,又得到了一个小球变矩形的动画。

⑥ 将第 21 帧至第 40 帧全部选中,右击,在弹出的快捷菜单中选择"翻转帧"命令,从第 21 帧至第 40 帧得到一个矩形变小球的动画。这样整个动画的效果就变成了小球变成矩

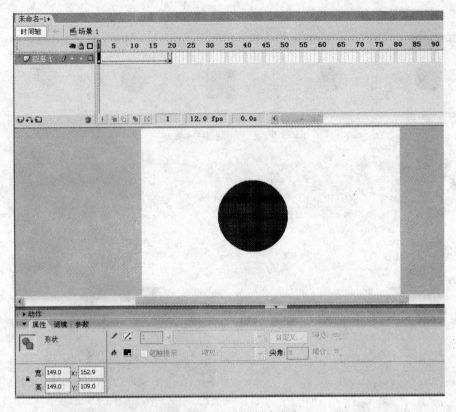

图 6-41　形变动画创建成功

形,然后矩形又变为小球的连续动画。

(3) 实例 3:甲壳虫沿椭圆轨迹运动动画

① 新建一个文件,把文档背景色修改为浅蓝色♯EBF9FE,如图 6-42 所示。舞台显示修改为 75％,或用 Flash 默认的"符合窗口大小",这正好是能全部显示的比例,如图 6-43 所示。

② 选择第 1 帧,从外部的图片文件夹中复制一个甲壳虫的图片粘贴到舞台上,如图 6-44 所示。

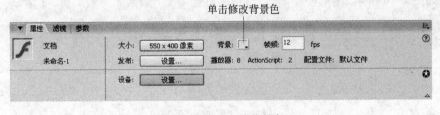

图 6-42　修改文档背景色

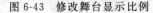

图 6-43　修改舞台显示比例　　　　图 6-44　粘贴甲壳虫的图片

③ 选择第 50 帧，插入关键帧，改变甲壳虫的位置。

④ 单击第 1 帧，创建补间运动动画。

⑤ 选择动画图层，然后在时间轴上选择"添加运动引导层"。

⑥ 选择引导层的第 1 帧，使用圆形工具在舞台上绘制一条椭圆路径，圆形填充色可选择"无"。

⑦ 用橡皮擦工具给椭圆擦出一个小缺口，如图 6-45 所示。

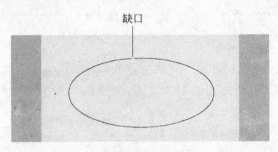

图 6-45　在椭圆路径上擦出一个缺口

⑧ 分别选择引导层的第 1 帧和第 50 帧，将甲壳虫的中心与引导层的第 1 帧中的椭圆起始点对齐，再与第 50 帧的椭圆终点对齐。

⑨ 路径动画创建成功，在舞台上可以看到引导线，在实际播放中引导线是不可见的，如图 6-46 所示。

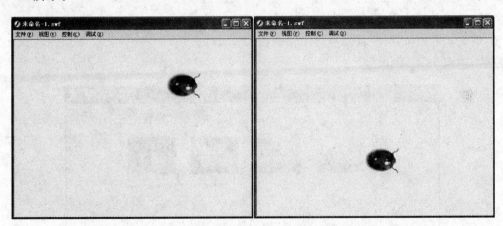

图 6-46　路径运动动画效果

⑩ 甲壳虫在运动过程中身体始终是一个方向，不符合运动规律。要让它的身体随着运动方向而变化，选择运动图层中第 1 帧，在帧属性面板中，旋转的下拉列表中选择"顺时针"1 次。最终得到的甲壳虫旋转的路径运动动画效果如图 6-47 所示。

（4）实例 4：镂空字动画

① 新建一个 Flash 文档，设置影片文档大小为 500×200 像素。

② 选择图层的第 1 帧，用文字工具写 GOOD，在属性面板中设置字的属性。

③ 在图层的第 30 帧处插入帧。

图 6-47　甲壳虫旋转的路径运动动画效果

④ 在时间轴上选择"插入图层"，则在当前图层的上方插入一个新图层，把新图层拖拉到当前图层的下方。

⑤ 在新图层的第 1 帧，选择矩形工具绘制一个大小超过 GOOD 的一个矩形，在颜色面板中选择填充"位图"类型，如图 6-48 所示，则弹出一个"导入到库"的对话框，如图 6-49 所示。可以选择想要通过遮罩显示的图片，该图片填充矩形的同时也被导入到库中。

⑥ 改变矩形的位置，使其最右边刚好超过 GOOD 的最右边，如图 6-50 所示。

⑦ 在新图层的第 30 帧，插入关键帧，得到同样的矩形，改变矩形的位置，使其最左边刚好超过 GOOD 的最左边，如图 6-51 所示。

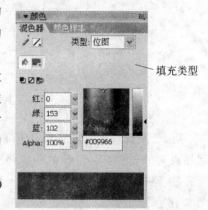

填充类型

图 6-48　颜色面板

图 6-49　"导入到库"对话框

图 6-50　改变第 1 帧矩形的位置

图 6-51　改变第 30 帧矩形的位置

⑧ 选择新图层的第 1 帧,创建补间运动动画。

⑨ 选择作为遮罩层的图层(想透过其上面对象的形状来显示内容的图层),即写有 GOOD 的图层,右击,在弹出的快捷菜单中选择"遮罩层"命令,如图 6-52 所示。遮罩层和被遮罩层分别被加了标记且被锁定,被遮罩层缩进,遮罩动画创建成功,如图 6-53 所示。

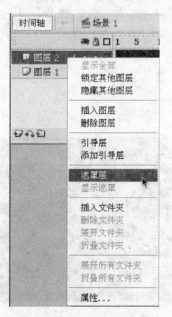

图 6-52　选择遮罩层

图 6-53　确定遮罩后时间轴效果

（5）实例 5：闪闪红星动画

动画效果如图 6-54 所示。

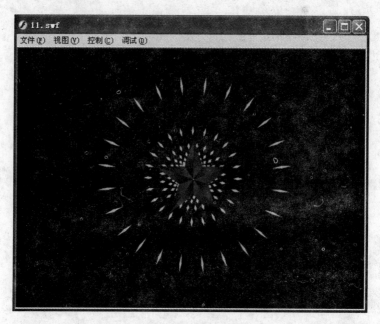

图 6-54　动画效果

① 新建一个 Flash 文档，设置影片文档大小为 550×400 像素，背景为黑色。

② 创建"光线"图形元件。

- 利用"插入"｜"新建元件"命令，新建一个图形元件，名称为"光线"，如图 6-55 所示。选择图层 1 的第 1 帧，选择工具箱中的线条工具，设置"笔触颜色"为黄色（♯FFFF00），在场景中画一条直线，具体参数设置线型为"实线"，线宽为 3，位置和长度如图 6-56 所示。

- 选择所绘制的直线，单击"修改"｜"形状"｜"将线条转换为填充"菜单命令。

- 选择已经转换为填充的直线，单击工具箱中的"任意变形工具"按钮，此时直线中心出现一个白色的"变形点"，将"变形点"拖到如图 6-57 所示的位置。

图 6-55　创建"光线"图形元件

图 6-56　绘制直线效果

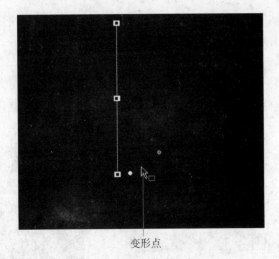

变形点

图 6-57　改变直线的变形点

- 单击"窗口"|"变形"命令，打开"变形"面板，选中"旋转"单选按钮，角度设为 15°，连续单击复制并应用变形按钮，在舞台中复制出的效果如图 6-58 所示。

中心点　舞台中心

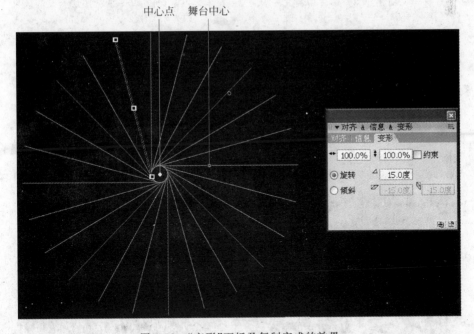

图 6-58　"变形"面板及复制完成的效果

- 将绘制及复制的全部直线选中，并设置为群组，然后移动群组后的对象，使其中心点对齐舞台中心"＋"处。
- ③ 创建"光辉"影片剪辑元件。
- 单击"插入"|"新建元件"命令，创建一个影片剪辑元件，名称为"光辉"，如图 6-59 所示。
- 将"库"面板中名为"光线"的图形元件拖到舞台中，使元件实例的中心点对齐舞台中的"＋"符号。

- 在第 50 帧处插入一个关键帧,选择第 1 帧右击,在弹出的快捷菜单中选择"创建补间动画"命令,并将属性面板中"旋转"属性设置为"顺时针"。
- 新增一个图层,选择图层 1 中的"光线"实例复制,然后选择图层 2 的第 1 帧,利用"编辑"|"粘贴到当前位置"命令,使两图层中的"光线"实例完全重合,单击"修改"|"变形"|"水平翻转"命令,让复制过来的线条和图层 1 中的线条方向相反,在场景中形成交叉的图形,如图 6-60 所示。

图 6-59　创建"光辉"影片剪辑元件　　　　　图 6-60　两个图层交叉的效果

- 选择图层 2 右击,在弹出的快捷菜单中选择"遮罩层"命令,将图层 2 设置为遮罩层,效果如图 6-61 所示。

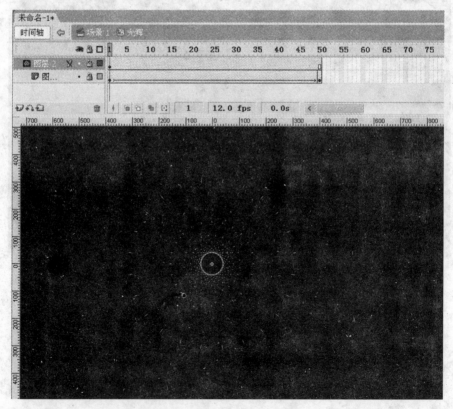

图 6-61　设置遮罩层后的效果

④ 创建"五角星"图形元件。

- 利用"插入"|"新建元件"命令，新建一个图形元件，名称为"五角星"。
- 按住 Shift 键，从舞台中心向上画一根黄色的线条。
- 选择工具箱中的任意变形工具，在画好的直线上单击一下，这时直线的中心出现其"变形点"。将"变形点"拖到直线的最下端。
- 单击"窗口"|"变形"命令，打开"变形"面板，选中"旋转"单选按钮，角度设为72°，单击复制并应用变形按钮 4 次，在舞台中复制出另外 4 条直线。效果如图 6-62 所示。
- 用绿色线条分别连接 5 条直线的顶端，五角星的雏形绘制完成。效果如图 6-63 所示。

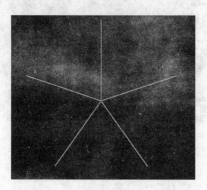
图 6-62　中心到顶点的五条线段

图 6-63　五角星的雏形

- 用黄色线条分别连接五角星中心和上一步连线的交叉点。选择多余线段，按 Delete 键，删除线段，得到如图 6-64 所示的图形。
- 选择工具箱上的"填充色"，在打开的"调色器"面板中，用"拾色器"拾取由红到黑的放射状渐变色，如图 6-65 所示。用颜料桶工具给五角星上色，并使每个角的颜色有所不同，增加立体感。

图 6-64　辅助上色图形

图 6-65　用"拾色器"拾取颜色

- 将所有线条选中，删除，一颗具有立体效果的五角星绘制完成，效果如图 6-66 所示。

⑤ 创建动画。回到主场景中，将"光辉"影片剪辑元件拖入图层 1 中，"五角星"图形元件拖入图层 2 中，调整元件的大小和位置，动画制作完成。效果如图 6-67 所示。

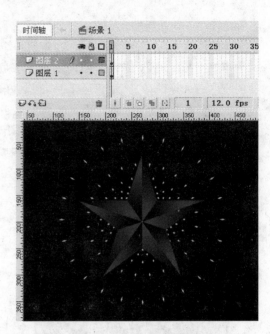

图 6-66　绘制完成的五角星　　　　　　　　图 6-67　最终动画效果

（6）实例 6：放大镜动画

动画效果如图 6-68 所示。

图 6-68　放大镜动画

① 新建一个 Flash 文档，设置影片文档大小为 550×400 像素，背景为深蓝色（＃000066）。

② 创建"文字"图形元件。

• 利用"插入"|"新建元件"命令，新建一个图形元件，名称为"文字"。

• 选择工具箱中文本工具，在舞台中输入"放大镜效果"文字。具体属性设置如图 6-69 所示。

③ 回到主场景中，将图层 1 命名为"小文字"，将文字图形元件拖动到舞台中合适的位置，在第 50 帧处插入关键帧。

④ 新增一个图层，命名为"大文字"，将文字图形元件拖动到舞台中，利用任意变形工具将文字适当放大。在第 50 帧插入关键帧，修改文字图形元件实例的位置，使得本图层中第 1 帧中文字的"放"字与"小文字"图层中的"放"字基本对齐，第 50 帧中文字的"果"字与

图 6-69　文本属性设置

"小文字"图层中的"果"字基本对齐。选择第 1 帧,创建运动补间动画。

　　⑤ 选择"小文字"图层后,新增一个图层,命名为"遮小文字",选择矩形工具,将矩形的笔触颜色设置为无色,填充颜色设置为黄色,在舞台中绘制一矩形。要求绘制的矩形高度高于"大文字"图层上的文字高度,宽度要比"小文字"图层中所有文字所占宽度的 2 倍略长。

　　⑥ 选择椭圆工具,将椭圆的笔触颜色设置为无色,填充颜色设置为蓝色,按 Shift 键在舞台中绘制一圆形,要求绘制的圆形直径与绘制的矩形的高度相等,效果如图 6-70 所示。

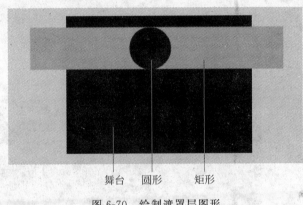

舞台　　圆形　　矩形

图 6-70　绘制遮罩层图形

　　⑦ 选择"大文字"图层后,新增一个图层,命名为"遮大文字"。选择"遮小文字"图层中的圆形,利用"编辑"|"剪切"命令,将圆形剪切至"遮大文字"图层中的第 1 帧。

　　⑧ 选择"遮小文字"图层,将第 1 帧中的图形组合,在第 50 帧插入关键帧,调整图形的位置,使第 1 帧中图形的右半部分将"小文字"图层中的文字全部遮盖,第 50 帧中图形的左半部分将"小文字"图层中的文字全部遮盖。选择第 1 帧创建运动补间动画,并将"遮小文字"图层设置为"小文字"图层的遮罩层。

　　⑨ 选择"遮大文字"图层,将第 1 帧中的图形组合,在第 50 帧插入关键帧,调整图形的位置,使第 1 帧和第 50 帧中的图形与"遮小文字"图层中挖去的圆孔重合。选择第 1 帧创建运动补间动画,并将"遮大文字"图层设置为"大文字"图层的遮罩层。

　　⑩ 创建"放大镜"图形元件。

* 利用"插入"|"新建元件"命令,新建一个图形元件,名称为"放大镜"。
* 选择圆形工具,将圆形的笔触颜色设置为黑色,填充颜色设置为无色,笔触高度设置为 6,笔触样式为实线,按住 Shift 键在舞台中绘制一圆形。要求圆形的大小与"遮大文字"图层中圆形的大小相同。
* 选择矩形工具,将矩形的笔触颜色设置为黑色,填充颜色设置为由白到黑的线性渐

267

268

变颜色,笔触高度设置为1,笔触样式为实线,在舞台中绘制一矩形。

- 利用选择工具将绘制的矩形修改成放大镜把柄的形状,选择任意变形工具将改变后的放大镜把柄旋转合适的角度。

- 将绘制的圆形与放大镜把柄移动到合适的位置,注意使整个放大镜的中心对齐舞台中心"＋"处,完成放大镜的绘制。效果如图6-71所示。

⑪ 回到主场景中,选择"遮大文字"图层,新增一个图层,命名为"放大镜"。将放大镜图形元件拖动到舞台中,在第50帧处插入关键帧。调整图形的位置,使第1帧和第50帧中的放大镜图形元件实例与"遮大文字"图层中的圆形重合。选择第1帧创建运动补间动画,动画制作完成,最终效果如图6-72所示。

图6-71　放大镜元件

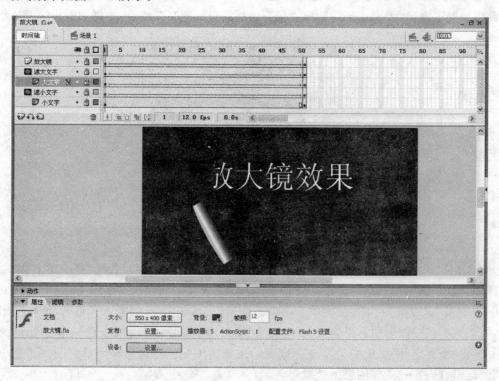

图6-72　最终效果

6.3　动画的应用

6.3.1　动画的特点及优势

随着计算机技术的迅速发展,计算机动画给传统动画的制作工艺带来了巨大革新,动画信息的应用领域也日益扩大,例如电影业、电视片头、广告、教育、娱乐和因特网等。和其他信息表现形式相比,动画信息具有以下特点和优势。

1. 动态性和概括性

与文本和图像信息相比,动画信息的画面在不停变换,画面中的影像也在不停运动。因此,动画特别适宜表现事物运动、变化的动态信息内容。

与视频信息相比,动画信息所表现的内容,不受对象的拍摄时间、地点和对象的内外结构等客观条件的限制。动画能根据表达信息的需要,把复杂的内容用高度概括、集中、简化、夸张的表现手段剖析得透彻、准确、简明生动而又清楚易懂,并能把抽象的概念加以形象化,使这些形象化的图形活动起来,现象的本质就变得具体生动、引人入胜了。

2. 时间性和实时性

由于事物的运动和变化均伴随时间的进程而进行,因此动画信息的呈现过程就有时间上的限制。也正是因为如此,动画在表现动作状态的同时,对动作的时间性体现得十分准确。也正是这样,与文本及图像信息表现的瞬间的、静态的、固定的视觉形象相比,动画信息具有实时性的特点。从某种意义上说,动画信息是瞬间即逝的信息表现形式。它不像文本和图像信息那样可以供人们长时间地仔细地观察对象的各种细节。

3. 多样性和集成性

和文本、图形、图像及音频等信息不同,动画信息本身也可以集文本、图形、图像及声音等信息表现形式于一体,其本身即拥有多媒体信息的多样性和集成性等特点。

4. 艺术性和感染力

动画信息由于采用画面构图形成图形,连续的画面图形形成动画,因此在构图手法和表现手法上都和电影、电视一样体现出一定的艺术性。有人认为,动画是一种独特的艺术形态,也是一种文化形态。在后现代消费和视觉体验时代里,动画艺术成了最好的视觉娱乐生活方式,更预示着无穷的文化价值和商业价值。动画是一种有意味艺术形式的视觉符号载体,它折射了角色的性格,民族的审美文化,科技的发展,以其独特的形式与审美价值被更多的人认知。离奇的动画视觉形象和动画意象,表现夸张、变形的视觉审美张力,明亮的色彩、卡通化的造型以及强烈的动感、凸现感官强烈的视觉快感,幽默虚拟的形象,满足了人们欢愉和体验的激情。

6.3.2 动画应用的原则及注意事项

动画信息在应用时应注意以下原则和事项。

1. 动画信息的技术性

动画信息本身就可以集文本、图形、图像及声音等信息表现形式于一体,其本身就具有多媒体的特性。因此,动画承载的信息量较大,处理起来要考虑的因素比较多。在应用动画信息时,要考虑动画的素材质量、播放频率、时间长短、声画同步等技术问题。

2. 动画信息的艺术性

动画是一种独特的艺术形态。优秀的动画作品除了传递一些基本信息之外,其本身就是一件艺术作品,可以给人以极大的艺术愉悦感。动画信息的艺术性要考虑的因素主要有:构成动画的基本静态画面的构图方法、色彩和对比、用光和节奏;画面与画面的组接技巧,譬如,蒙太奇手法在动画中的应用等。

3. 动画与其他信息表现形式的合理搭配

如前文所述,在多媒体作品设计制作和信息传播过程中,各种不同信息的表现形式之间不是决然割裂的。要根据实际需要,合理地选择、搭配不同的信息表现形式。发挥每种信息表现形式的长处和整体功能,才能取得最佳的效果。

思考与练习

1. 简述动画的制作原理。
2. 谈谈你对视觉滞留现象的理解。
3. 列举常见的动画文件格式及其特点。
4. 列举常用的动画制作软件的名称及其特点。
5. 简述利用 Ulead Gif Animator 制作动画的过程。
6. 何为逐帧动画?它有何特点?
7. 如何利用 Adobe Flash 制作逐帧动画?
8. 如何利用 Adobe Flash 制作补间动画?
9. 如何利用 Adobe Flash 制作沿着路径的补间动画?
10. 如何利用 Adobe Flash 制作遮罩动画?
11. 谈谈你对动画特点与优势的认识。
12. 简述动画应用的原则及注意事项。

⊙ **学习目标**
- 理解不同种类多媒体集成工具的含义及其特征。
- 理解多媒体集成工具的选择依据。
- 理解多媒体作品开发的流程。
- 掌握多媒体集成工具 Microsoft PowerPoint 的主要功能。

7.1　多媒体集成工具

多媒体集成工具又称多媒体创作工具，它是支持多媒体应用开发人员进行多媒体应用创作的工具，它能够用来集成各种媒体素材。借助这种工具，应用人员将各种零散、非连贯的媒体素材使其彼此之间按照有机的方式交互联系，整合到一起，具备良好的可读性，不用编程也能做出很优秀的多媒体软件作品，极大地提高了应用开发人员的工作效率。目前，应用比较广泛的多媒体集成工具有 PowerPoint，Authorware，Flash，Dreamweaver，Director 等。

7.1.1　多媒体集成工具的种类

从目前多媒体集成工具创作作品的方式和工作特点来看，一般可以将多媒体集成工具分为三类：基于卡片或页面类型的集成工具、基于图标事件和流程图类型的集成工具、基于时序类型的集成工具。下边分别针对这三种类型的集成工具作简要介绍。

1. 基于卡片或页面类型的集成工具

基于卡片或页面类型的集成工具提供一种可以将对象连接于卡片或页面的工作环境。一页或一张卡片便是数据结构中的一个节点，它类似于教科书中的一页或数据袋内的一张卡片。在基于卡片或页面的集成工具中，可以将这些卡片或页面连接成有序的序列。这类多媒体集成工具以面向对象的方式来处理多媒体元素，这些元素用属性来定义，用剧本来规范，允许播放声音元素及动画和数字化视频素材。在结构化的导航模型中，可以根据命令跳至所需的任何一页，形成多媒体作品。

这类工具的超文本功能最为突出，特别适合制作各种演讲、汇报、教师的电子教案等多媒体作品。目前，这类工具中常见的软件有 PowerPoint、方正奥思、Tool Book、Dreamweaver 等。下面对其中应用最为广泛的 PowerPoint 和 Dreamweaver 两个软件的基本信息和特点作简要介绍。

（1）PowerPoint

使用简单、应用广泛的 PowerPoint 软件和 Word，Excel 等应用软件一样，都是

Microsoft 公司推出的 Office 系列产品之一。PowerPoint 主要用于演示文稿的创建,即幻灯片的制作。此软件制作的演示文稿可以通过计算机屏幕或投影机播放,广泛地应用于教师教学、学术演讲、产品演示以及会议报告等场所。

PowerPoint 能够制作出集文字、图形、图像、声音以及视频剪辑等多媒体元素于一体的演示文稿,把自己所要表达的信息组织在一组图文并茂的画面中,用于介绍公司的产品、展示自己的学术成果等。用户不仅可以在投影仪或者计算机上进行演示,也可以将演示文稿打印出来,以便应用到更广泛的领域中。利用 PowerPoint 不仅可以创建演示文稿,还可以在互联网上共享或展示演示文稿。

PowerPoint 的主要优点有以下几个方面。

① 应用广泛,操作简单,易学易用;

② 作品易修改,扩展性强;

③ 作品能够在网络上共享和播放。

PowerPoint 的主要缺点有以下两个方面。

① 引用外部文件比较有限,不容易控制;

② 交互方面比较缺乏,无法制作复杂的多媒体课件。

(2) Dreamweaver

Dreamweaver 是集网页制作和网站管理于一身的"所见即所得"的网页编辑器,它是第一套针对专业网页设计师的视觉化网页开发工具,利用它可以轻而易举地制作出跨越平台限制和跨越浏览器限制的充满动感的网页。

Dreamweaver 原先是 Macromedia 公司的产品,与 Flash 和 Fireworks 并称为网页三剑客。2005 年,Adobe 公司将 Macromedia 收购,所以 Macromedia Dreamweaver 改名为 Adobe Dreamweaver。

Dreamweaver 软件的主要优点有以下几个方面:

① 网页编辑"所见即所得",不需要通过浏览器就能预览网页,直观性强;

② 制作效率高,Dreamweaver 可以快速、精确地将 Fireworks 和 Photoshop 等文件插入到网页并且进行编辑与图片优化;

③ 能够方便集成交互式内容,将视频以及播放器控件等轻松添加到网页中,使用方便,容易上手;

④ Dreamweaver 集成了程序开发语言,对 ASP,. NET,PHP,JS 的基本语言和连接操作数据库完全支持,能够进行更专业、复杂的网页制作与开发。

Dreamweaver 软件的主要缺点有:

① 在结构复杂一些的网页中难以精确达到与浏览器完全一致的显示效果;

② 与非所见即所得的网页编辑器相比,难以产生简洁、准确的网页代码;

③ 如果要制作专业、复杂的网页,制作人员需要计算机编程专业知识。

2. 基于图标事件和流程图类型的集成工具

在这类工具中,数据是以对象或事件的顺序来组织的,并且以流程图为主干,在流程图中包括起始事件、分支、处理及结束、图形、图像、声音及运算等各种图标。设计者可依照流程图将适当的对象从图标库中拖拉至工作区内进行编辑。这类工具具有强大的交互性,广泛用于多媒体光盘制作、应用软件制作、教学和学习课件制作等领域,其代表软件为

Authorware 及 IconAuthor。

Authorware 是一个基于图标和流程线的多媒体制作工具,使非专业人员快速开发多媒体软件成为现实,它无须传统的计算机语言编程,只通过对图标的调用来编辑一些控制程序走向的活动流程图,图标决定程序的功能,流程则决定程序的走向,将文字、图形、声音、动画、视频等各种多媒体数据汇集在一起,具有丰富的交互方式及大量的系统变量的函数、跨平台的体系结构、高效的多媒体集成环境和标准的应用程序接口等。

Authorware 原先是 Macromedia 公司的产品,2005 年,Adobe 公司将 Macromedia 收购,所以 Macromedia Authorware 改名为 Adobe Authorware。Authorware 自 1987 年问世以来,获得的奖项不计其数。其面向对象、基于图标的设计方式,使多媒体开发不再困难。Authorware 一度成为世界公认领先的多媒体创作工具,被誉为"多媒体大师"。2007 年 8 月 3 日,Adobe 宣布停止在 Authorware 的开发计划,并且没有为 Authorware 提供其他相容产品作替代,当前的最新使用版本为 Authorware 7.0。Adobe 公司认为 Authorware 的市场应让位于 Adobe Flash 和 Adobe Captivate 软件,所以这限制了近年来 Authorware 的发展和应用。

Authorware 的主要优点有:

(1) Authorware 编制的软件具有强大的交互功能,可任意控制程序流程,就是不会编程也可以做出一些交互良好的课件;

(2) Authorware 编制的软件除了能在其集成环境下运行外,还可以编译成扩展名为 .exe 的可执行文件,脱离 Authorware 制作环境也可以独立运行。

Authorware 的主要缺点有:

(1) Authorware 编制的软件规模很大时,图标及分支增多,进而复杂度增大;

(2) Authorware 制作动画比较困难,如果不借助其他的软件,做一些好的动画一般来说是不太可能的,虽然有很多插件支持动画的调用,但必须打包在程序中;

(3) 打包后的文件比较大,适合制作成光盘,但不利于网络传播。

3. 基于时序类型的集成工具

在这种集成工具中,数据或事件是以一个时间顺序来组织的。其基本设计思想是用时间线的方式表达各种媒体元素在时间线上的相对关系,把抽象的时间观念予以可视化。这类工具特别适合于制作各种动画,典型的软件有 Action、Director、Flash 等。

Flash 不仅是一个优秀的矢量绘图与制作软件,而且也是一个杰出的多媒体集成工具,可以通过添加图片、声音、视频、动画和特殊效果,构建包含丰富媒体素材的声色俱佳、互动性高的 Flash 集成作品。Flash 借助经过改进的 ActionScript 编辑器,提供自定义类代码提示和代码完成加快开发流程,使用常见操作、动画、音频和视频插入等预建的便捷代码片段,降低 ActionScript 学习难度,对于非计算机专业人员也可以实现复杂的交互编辑并实现更高创意。

Flash 原先是 Macromedia 公司的产品,2005 年,Adobe 公司将 Macromedia 收购,所以 Macromedia Flash 改名为 Adobe Flash。

Flash 的主要优点有:

(1) 使用矢量图形和流式播放技术。矢量图形可以任意缩放尺寸而不影响图形的质量;流式播放技术使得动画可以边播放边下载,从而避免了用户长时间的等待。

273

（2）通过广泛使用矢量图形使得所生成的动画文件非常小，几千字节的动画文件已经可以实现许多令人心动的动画效果，使得 Flash 集成作品可以广泛用于网络传播。

Flash 的主要缺点有：

（1）交互功能的实现比较复杂，需要使用 ActionScript 脚本语言，要求 Flash 软件制作人员具有一定的计算机基础。

（2）基于时间帧概念的结构复杂，给作品的修改与管理造成不便。

Flash 一般不太用于制作大型的交互型课件，若希望使用时序型创作工具创作大型多媒体课件，建议创作者选用同为 Adobe 公司出品的 Director 软件，其创作原理与 Flash 相类似，但其功能更为强大，是专业的基于时序型的多媒体创作工具。

7.1.2 多媒体集成工具的选择

如何从众多的多媒体创作集成系统中选择出满足用户需要的多媒体创作集成工具，关系到多媒体作品的质量与效率。一般来讲，选择多媒体集成工具时应考虑以下几个方面。

1. 集成工具的基本特性

充分了解多媒体集成工具、软件开发语言的特性和编程风格，有助于集成工具的选择以及保证多媒体作品的开发质量。开发者在选择多媒体集成工具时应首先考虑开发所需的支持环境及所选择的多媒体集成工具是否具有多媒体作品设计所需的相应功能或是否擅长相应功能以利于创作的效率。如果开发者所创作的作品只是用于演示，不需很强的交互功能，则可以选择 PowerPoint 等软件来完成；若所创作的作品要求具有很强的交互功能，则 PowerPoint 显然不能胜任，而 Authorware 和 Director 在此方面则显然要强很多。

2. 创作人员的个人能力与经验

相对来说，多媒体集成工具的学习使用有难有易。因此，开发人员本身的能力与经验也对多媒体集成工具的选择影响较大。如果多媒体作品制作人员从未使用过多媒体集成工具，则应该选择那些操作相对容易的集成系统（如 PowerPoint）；如果多媒体作品制作人员对使用创作工具已有一定的经验，而且具有一定的编程能力，则可选择含有程序设计思想的多媒体集成工具（如 Authorware）。

3. 多媒体作品的类型

在选用多媒体创作工具时应考虑待开发的多媒体作品的类型。因为不同的多媒体集成工具其适用范围是不一样的，如 Authorware 等比较适合制作交互型的多媒体应用软件；Flash 适合制作用于网络传播和演示的多媒体作品；Director 比较适合制作动感较强的演示型多媒体教学软件；PowerPoint 则比较适于制作一般演示文稿等。

4. 是否需要较强的素材制作与编辑功能

有些多媒体集成工具只具有对多媒体素材基本的加工处理与集成功能，本身没有强大的绘图和动画功能，如 PowerPoint；有些多媒体集成工具为了方便对多媒体素材的集成处理，往往本身就带有强大的绘图与动画功能，如 Director 和 Flash 等；有些具有强大的多媒体素材集成功能但本身的绘图功能并不强大，如 Authorware 等。这就需要多媒体作品制作人员根据具体情况进行选择。

5. 是否需要强大的超文本功能

在制作百科全书类的多媒体作品时，超文本功能是必不可少的，但并不是每一个多媒体创作集成工具都擅长这一功能。具有超文本功能的创作工具有：Authorware 和 Powerpoint 等，而在 Director 和 Flash 中则较弱。在进行选择时，应就首先选择 Authorware 和 Powerpoint 等多媒体集成工具。

7.2 多媒体作品开发

7.2.1 多媒体作品开发的流程

多媒体作品开发的流程与一般计算机软件系统的开发并无本质不同，规范的开发过程都要遵循软件工程的相关要求和标准，其开发流程一般如图 7-1 所示。

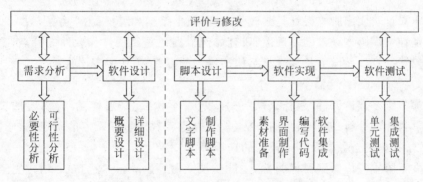

图 7-1 多媒体作品开发流程图

1. 需求分析

需求分析就是对所要解决的问题进行总体定义，包括了解用户的要求及现实环境，从技术、经济和社会因素等三个方面研究并论证本多媒体作品的必要性和可行性，编写可行性研究报告。

开发者和用户还要一起确定要解决的问题，对用户的需求进行去粗取精、去伪存真、正确理解，建立本多媒体作品的逻辑模型，然后把它用软件工程开发语言（形式功能规约，即需求规格说明书）表达出来。

探讨解决问题的方案，并对可供使用的资源（如计算机硬件、系统软件和人力等）成本，可取得的效益和开发进度作出估计，制订完成开发任务的实施计划。

需求分析的主要方法有结构化分析方法、数据流程图和数据字典等方法。

2. 软件设计

本阶段的工作是根据需求说明书的要求，设计建立相应的多媒体作品体系结构，并将整个作品分解成若干个子系统或模块，定义子系统或模块间的接口关系，对各子系统进行具体设计定义，编写软件概要设计和详细设计说明书，作品结构设计说明书以及组装测试计划等。

软件设计可以分为概要设计和详细设计两个阶段。

（1）概要设计就是结构设计，其主要目标就是给出多媒体作品的模块结构，用软件结构图表示。实际上多媒体作品设计的主要任务就是将作品分解成模块（模块是指能实现某个功能的数据和程序说明、可执行程序的程序单元，可以是一个函数、过程、子程序、一段带有程序说明的独立的程序和数据,也可以是可组合、可分解和可更换的功能单元)。另外,多媒体作品的概要设计还要确定作品的整体风格、界面布局以及导航方式等。

（2）详细设计的首要任务就是设计模块的程序流程、算法和数据结构,次要任务就是设计界面接口等。

软件设计的常用方法还是结构化程序设计方法。

3. 脚本设计

很多多媒体作品开发过程中的软件设计代替了脚本设计。而在多媒体课件设计中,往往是用脚本设计代替软件设计,脚本设计的主要任务就是选择教学内容、教学素材及其表现形式,建立多媒体课件的框架结构,确定程序的运行方式等。

脚本可分为文字脚本(A 类)和制作脚本(B 类)。同样,脚本设计也分为文字脚本设计和制作脚本设计。文字脚本设计是对教学内容、教学结构和组织、教学方法等的设计。制作脚本设计是在文字脚本设计的基础上,研究如何根据计算机硬件和软件的特点与视听媒体的特征,将教学内容、教学方法和教学结构用恰当的方式、方法表现出来。

（1）文字脚本设计

文字脚本是多媒体课件"教什么"、"怎样教"、"学什么"、"怎样学"等内容的文字描述。它包括教学目标的分析、教学对象的分析、教学内容和教学重点难点的确定、教学方法策略的制定、教学媒体的选择以及学习模式的选择等。

编写文字脚本时应做到目标明确,主题鲜明;内容生动,形象直观;结构完整,层次分明。在结构上文字脚本应包括课件名称、课件简介、教学对象、教学目标、教学内容、教学方法等。教学内容及其安排是文字脚本的主要方面和重点内容。从多媒体课件呈现教学内容的形式来说,有画面和声音两种。画面的内容即是文字、数字、图形图像、影像、动画等视觉信息,声音即是音乐、音响和解说等。画面和声音的配合构成了多媒体课件的基本单位。文字脚本可用框图来表示,如表 7-1 所示。

表 7-1　文字脚本示例

编号：A1	课件名称：Summit Meeting		
使用对象：研究生	设计者：_____		填写日期：2009.10

课件简介

本软件作为研究生的新闻内容视听教材,目的是要培养学生的听力,词汇应用能力,阅读能力和理解能力。要求学生在正常的语速下,能够正确理解并回答问题,能够掌握必要的关键词汇等,要求做到正确拼写使用。

软件的内容,节选的是关于美国总统罗纳德·里根与前苏联总统米哈依·戈尔巴乔夫进行"星球大战"问题高级会谈的新闻报道,以及对星球大战的讲解、演示。在选题上,既具有较强的时事性,又空间上的展现,配之生动的视频材料,非常有助于学生的英语学习。

脚本卡片中使用媒体的表示符号：

文本 T	图形 G	动画 M	声音 S	视频 V	热键 H	学习者书写区 W
操作 信息 D	弹出式 窗口 P	正确 反馈 TF	错误 反馈 FF	上一节 点 PN	下一节 点 NN	学习者控制区 (包括菜单,按钮)C

＋　同时出现	↓＋　新的内容出现后,原来的内容不消失
→　激活新的内容	↓－　新的内容出现后,原来的内容消失

注释：

（2）制作脚本设计

制作脚本是在文字脚本的基础上，根据多媒体和多媒体计算机表达教学内容的特点，从程序设计的角度确定具体教学内容的表现方法和实现的途径，设计课件的操作界面和交互手段，规定不同内容之间联系和切换的方法和途径，达到对课件的控制。

编写制作脚本时要做到总体构思、合理设置；灵活多样、方便可靠；具体直接、行之有效。制作脚本是对多媒体课件的整体和每一部分内容的表示方法、操作与控制方法的描述，其基本的结构应包括课件进入和退出的设计和控制，操作和控制界面的设计，交互手段的设计，不同内容、不同页面切换的设计，每一部分内容表现方式、方法的设计等。制作脚本的设计目前尚无统一的格式，一般需根据所用的多媒体课件的创作集成工具来确定，如表7-2所示。

表7-2 制作脚本示例

《动物王国》脚本卡片					
软件名称	动物王国	知识点序号	1	脚本作者	胡民
知识点名称	单击鼠标出现放大的动画狗的场景	卡片序号	1	使用对象	3～6岁的儿童
屏幕布局： 背景为变淡的游戏开始界面背景，中间是个可爱的伸着舌头的小狗，小狗旁边是狗的中英文词汇文本，界面下方有三个小喇叭按钮，单击依次可播放英文，中文发音和狗的叫声，右下角设置一个喜洋洋的返回按钮					
画面尺寸	550×400		画面色调	采用绚丽的暖色调，以绿蓝为主，色彩鲜艳，吸引儿童注意力	
屏幕导航：右下角设置一个喜洋洋的返回按钮					
内容呈现策略：生动可爱的动画狗					
交互动作：界面下方有三个小喇叭按钮，单击依次播放英文发音、中文发音和狗的叫声					
				共 页	第1页

4. 软件实现

软件制作是指把软件设计或脚本设计结果转换为可执行的计算机程序代码。在这个阶段需要完成素材的收集、用户与计算机进行交互的界面完成、软件编码和最后的软件集成。根据前面的说明书或脚本进行相关的素材收集工作；界面的制作应该满足清晰、准确、符合用户习惯、满足人机工程学；小型的多媒体作品所用的开发工具应该是简单方便，不用或使用较少的代码编写，如PowerPoint和Flash等，在大型的软件开发中一般使用的是面向对象的开发语言，如VC，C♯，C++等，在编码中一定要制定统一、符合标准的编写规范，以保证程序的可读性、易维护性，提高程序的运行效率；最后把分模块编写的代码或程序集成到一起，形成最后的作品。

5. 软件测试

在软件制作完成之后要进行严密的测试，以确认开发出的作品的功能和性能是否达到预定要求，保证最终产品满足用户的要求。

整个测试阶段分为以下几个阶段。

（1）单元测试：查找软件中的错误，包括文字错误、配音错误以及编程错误等，首先对每一个独立的元素进行测试，然后对每个模块进行测试。

（2）安装测试：在实际应用环境下测试软件运行的硬件环境、软件环境、数据环境和网络环境等是否满足要求。

（3）系统测试：检验系统集成后的各个模块是否都能按照预期的目的实现其功能；是否能够达到预期的视觉、听觉效果。如图片是否清晰、声音是否悦耳、操作是否简单等。

6. 评价与修改

在实际开发过程中，多媒体作品开发并不是从第一步进行到最后一步，而是在任何阶段，在进入下一阶段前一般都有一步或几步的回溯，也就是说，在整个多媒体作品开发的过程中都要不断地作出评价并对其进行修改。如在测试过程中的问题可能要求修改设计，用户可能会提出一些需要来修改需求说明书等。

7.2.2 多媒体集成工具 Microsoft PowerPoint

Microsoft PowerPoint 可以算得上目前世界上应用最广泛的多媒体集成工具。国外一份资料介绍说，目前世界上每天至少有 3 亿人在看由 PowerPoint 制作的演示文稿。PowerPoint 已经成为人们学习和交流的重要的信息技术工具。正如有些学者描述的那样，"从北大清华高等学府举行的顶尖级国际学术会议，到基层中小学校的课堂教学，从决定上千万元投资项目的论证报告，到决定你命运的 5 分钟求职演说，无论你是否意识到，你的PPT 设计是否精彩，已经影响到你的工作、事业与人生！"由此可以看出，PowerPoint 对于多媒体作品的设计与开发是多么重要。

下面就以 PowerPoint 为例介绍多媒体创作集成工具的使用。

打开 PowerPoint 软件后，会自动新建一个演示文稿，单击"开始"|"幻灯片"|"新建幻灯片"命令，会新建一页，通常把一页称为一张幻灯片，可以在幻灯片上添加文本、表格、图形、图像、音频、视频、动画等多媒体信息，每张幻灯片都是演示文稿中既相互独立又相互联系的内容。

1. 添加文本

在 PowerPoint 中添加文本信息非常简单。一是可以直接利用单击幻灯片上文本占位符处，添加文本信息；二是可以在需要的地方利用插入文本框的方式，添加文本信息。添加了文本信息后，有时要对文本进行美化设置，主要包括：

（1）字体格式

对文本的美化最常用的是字体格式的修改，其修改方法与 Word 中对文本格式的修改相似。主要有以下三种方法。

① 选中需要修改格式的文本，选定要处理的文本，鼠标停止不动时旁边会出现浮动的字体格式工具栏，即可在工具栏上单击相应的按钮如"粗体"按钮等，修改文本格式，如图 7-2所示。

② 选定要处理的文本，右击，在出现的快捷菜单中选择"字体"命令。

③ 先选定要处理的文本，然后单击"开始"选项卡，即可在该选项卡的字体组里或单击显示 按钮在弹出的"字体"对话框里找到需要的字体格式命令，如字体、字号、字体颜色、文字阴影等，如图 7-3 所示。

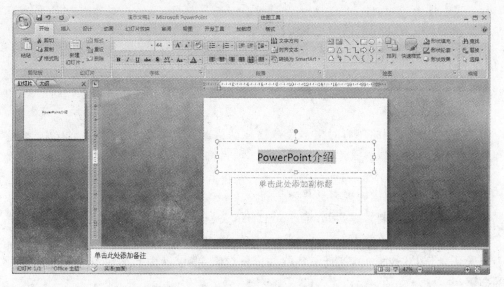

图 7-2　选中文本

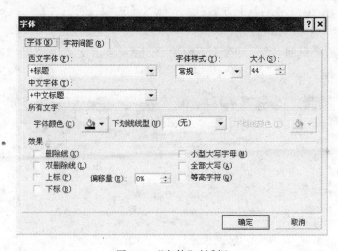

图 7-3　"字体"对话框

（2）艺术字效果

① 选择幻灯片上要美化的文字；

② 在标题栏"格式"选项卡中，单击"艺术字样式"组中内置的艺术字样式即应用到所选文字上，如图 7-4 所示。

图 7-4　"绘图工具"

（3）文本框的美化

对文本的美化还可以借助于文本所在的文本框的美化。

① 选中要修改的文本，运用"开始"|"绘图"组中的命令对文本框进行美化；

② 或者选中要修改的文本后，在标题栏上出现了"绘图工具"|"格式"选项卡，单击"形状样式"，也可以对文本框进行同样的美化。

（4）段落格式

对文本的美化常用的还有对文本段落格式的修改。选中要修改的段落文本，运用"开始"|"段落"组命令，可以对段落创建编号、创建项目符号、进行文本对齐方式的修改等。

（5）保存字体

美化文本时经常要用到需要另行安装的特殊字体，由于每台计算机中安装的字体文件不同，在一台计算机上制作好的 PowerPoint 演示文档在另一台计算机上打开时，设定的字体会发生改变，影响播放效果。

只要在保存 PowerPoint 文件时修改其保存设置，就可以让 PowerPoint 将字体保存在本文档中。

设置方法如下：

① 单击 ，然后单击菜单最下方的"PowerPoint 选项"按钮。

② 在弹出的"PowerPoint 选项"对话框中单击"保存"选项，选中"将字体嵌入文件"复选框，为了减少演示文稿的容量，再选中下面的"仅嵌入演示文稿中使用的字符"单选框，如图 7-5 所示。

图 7-5 "Power Point 选项"对话框

2. 添加图形、图片、图表

图形、图片、图表等是演示文稿重要的组成元素，能够为演示文稿的播放起到更好的可视化效果。下面介绍插入图形、图片、图表的步骤：

(1) 在幻灯片中要插入图的位置单击；

(2) 找到要插入的对象，如图 7-6 所示。

图 7-6 "插图"组

① 在"插入"｜"插图"组中，单击"图片"命令，从弹出的对话框中找到要插入的图片并双击它。要添加多张图片，可在按住 Ctrl 键的同时单击要插入的图片，然后单击"插入"按钮。

② 在"插入"｜"插图"组中，单击"剪贴画"命令，在"剪贴画"任务窗格中的"搜索"文本框中，输入用于描述所需剪贴画的单词或短语，或输入剪贴画的所有或部分文件名称，单击"搜索"，在结果列表中，单击所需的剪贴画即可将其插入。

③ 在"插入"｜"插图"组中，单击"形状"命令，在下拉列表中单击所需形状，接着单击文档中的任意位置，然后拖动鼠标以放置形状（如果要创建规范的正方形或圆形，在拖动的同时按住 Shift 键）。

④ SmartArt 图形是信息和观点的可视化表示形式。在"插入"｜"插图"组中，单击 SmartArt 命令，从弹出的对话框中单击 SmartArt 图形中的一个形状，然后输入文本；或者选择幻灯片上的文本，然后在"开始"｜"段落"组中，单击"转换为 SmartArt"命令。

⑤ 图表是数字值或数据的可视图示，可以在 PowerPoint 2007 中创建条形图、柱形图、折线图、曲面图等。在"插入"｜"插图"组中，单击"图表"命令可在演示文稿中插入图表，同时 Excel 2007 将在一个分开的窗口中打开，并在一个工作表中显示示例数据，在更新工作表之后，PowerPoint 中的图表将用新数据自动更新，并且 Excel 工作表将随 PowerPoint 文件一起保存。如果是将 Excel 2007 中的图表粘贴到演示文稿中，当更新 Excel 中的数据时，PowerPoint 中的图表也会自动更新，但是该 Excel 工作表是一个单独的文件，并且不随 PowerPoint 文件一起保存，要单独保存，如图 7-7 和图 7-8 所示。

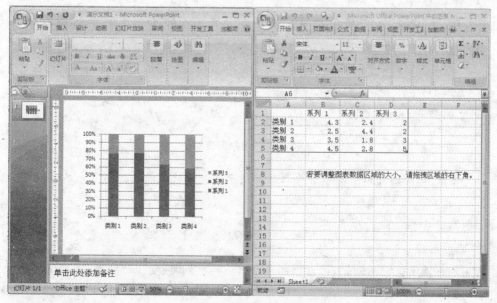

图 7-7 插入图表

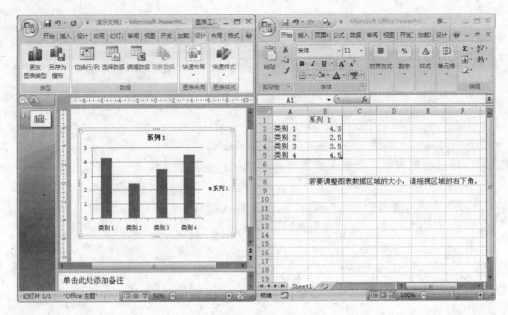

图 7-8 更新数据

 实用小技巧 7.1

图片的压缩

如果演示文稿中插入过多的图片会导致文件所占的存储空间过大。根据图片中使用的颜色数量,可以减少图像的颜色格式(压缩)以使其文件大小变得更小。对图片进行压缩可以使颜色占用的每像素位数较少,并且不会降低图片质量。具体方法如下:

(1) 单击要压缩的图片。

(2) 在"图片工具"下的"格式"选项卡上,单击"调整"组中的"压缩图片"命令,如图 7-9 所示。

图 7-9 "图片工具"

(3) 弹出"压缩图片"对话框,若要仅压缩演示文档中选定的图片而非所有图片,则选中"仅应用于所选图片"复选框。

(4) 单击"选项"命令,然后进行压缩设置。

3. 添加声音

为了增强演示文稿的效果,可以添加声音,以达到强调或实现特殊效果的目的。

(1) 添加声音的步骤

① 单击要添加声音的幻灯片。

② 在"插入"选项卡上的"媒体剪辑"组中,单击"声音"下的箭头,如图 7-10 所示。

③ 单击"文件中的声音",找到包含所需文件的文件夹,然后
双击要添加的文件。或者单击"剪辑管理器中的声音"命令,滚动
"剪贴画"任务窗格,单击找到的所需剪辑,以将其添加到幻灯片中。

图 7-10 "媒体剪辑"组

(2) 设置开始播放方式

插入声音时,会出现一条提示消息,询问以何种方式开始播
放声音:是自动开始播放,还是单击声音时开始播放。

① 若要在放映该幻灯片时自动开始播放声音,则单击"自动"命令。

② 若要通过在幻灯片上单击声音来手动播放,则单击"在单击时"命令。

插入声音时,会添加一种播放触发器效果。该设置之所以称为触发器是因为必须单击
某一特定区域(一般为小喇叭图标)才能播放声音。

如果添加了多个声音,则会层叠在一起,并按照添加顺序依次播放,可以在插入声音后
拖动声音图标,使它们互相分开。

(3) 连续播放声音

可以只在一张幻灯片放映期间连续播放某个声音,也可以跨多张幻灯片连续播放。

在一张幻灯片放映期间连续播放某个声音的设置方式如下:

① 单击声音图标 。

② 在标题栏新出现的"声音工具"|"选项"选项卡上,在"声音选项"组中,选中"循环播放,
直到停止"复选框。循环播放时,声音将连续播放,直到转到下一张幻灯片为止,如图 7-11
所示。

图 7-11 声音工具

跨多张幻灯片连续播放的设置方式如下:

① 在"动画"选项卡的"动画"组中,单击"自定义动画"。

② 在"自定义动画"任务窗格中,单击"自定义动画"列表中所选声音右侧的箭头,然后
单击"效果选项"命令。

③ 在"效果"选项卡上的"停止播放"下,单击第三个选项,然后填充播放多少张幻灯片
后停止播放,如图 7-12 所示。

(4) 隐藏声音图标

只有将声音设置为自动播放,或者创建了可播放声音的控件(如触发器)时,才可使用该
选项。

① 单击声音图标。

② 在"声音工具"下的"选项"选项卡上,在"声音选项"组中,选中"放映时隐藏"复选框。

图 7-12　播放声音效果选项

也可以在"普通"视图中,把声音图标拖到幻灯片之外,放映时则不会显示声音图标。

(5) 设置声音的开始和停止选项

① 单击声音图标。

② 单击"动画"|"动画"|"自定义动画"命令,弹出如图 7-13 所示的界面。

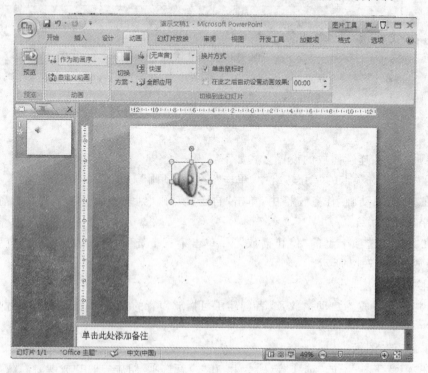

图 7-13　"动画"选项卡

③ 在"自定义动画"任务窗格中,单击"自定义动画"列表中所选声音右侧的箭头,然后单击"效果选项"命令。

④ 在"效果"选项卡上的"开始播放"下,执行下列操作之一:

- 若要立即开始播放声音文件,单击"从头开始"命令。
- 若要从 CD 中上次播放的曲目处开始播放声音文件,单击"从上一位置"命令。
- 若要从声音文件中间某位置开始播放,单击"开始时间"命令,然后输入延迟的秒数。

⑤ 在"效果"选项卡上的"停止播放"下,执行下列操作之一:

- 若要通过单击此幻灯片停止播放声音文件,单击"单击时"命令。
- 若要在该幻灯片放映结束后停止播放声音文件,单击"当前幻灯片之后"命令。
- 若要跨多张幻灯片播放声音文件,单击"之后"命令,然后输入在其上播放该文件的幻灯片总数。

 实用小技巧 7.2

声音的链接

只有 .wav 声音文件才可以嵌入,所有其他的媒体文件类型都只能以链接的方式插入。默认情况下,如果 .wav 声音文件的大小超过 100 KB,将自动链接到演示文稿,而不采用嵌入的方式。最大可将 .wav 嵌入文件的大小限制值增加到 50000 KB,但提高此限制也会增加整个演示文稿的大小。

插入链接的声音文件时,PowerPoint 会创建一个指向该声音文件当前位置的链接。如果之后将该声音文件移动到其他位置,则需要播放该文件时 PowerPoint 会找不到文件。最好在插入声音前,将其复制到演示文稿所在的文件夹中。PowerPoint 会创建一个指向该声音文件的链接;即使将该文件夹移动或复制到另一台计算机上,只要声音文件位于演示文稿文件夹中,PowerPoint 就能找到该文件。确保链接文件位于演示文稿所在文件夹中的另一种方法是使用"打包成 CD"功能。此功能可将所有文件复制到演示文稿所在的位置(CD 或文件夹),并自动更新声音文件的所有链接。当演示文稿包含链接的文件时,如果打算在另一台计算机上进行演示或用电子邮件发送演示文稿,必须一同复制演示文稿及其链接的文件。

4. 添加影片或动态 GIF 文件

影片属于视频文件,其格式包括 AVI 和 MPEG,文件扩展名包括 .avi、.mov、.mpg、.mpeg。可以使用影片开展培训或进行演示。

动态 GIF 文件用于显示彩色图形。它最多支持 256 种颜色,使用的是无损压缩,文件包含动画,其文件扩展名为 .gif。尽管从技术上讲,动态 GIF 文件不是影片,但它们包含多个图像,按顺序播放图像即可产生动画效果。GIF 文件通常用于装点设计或网站。

Microsoft Office 中的"剪贴画"功能将 GIF 文件归为影片剪辑一类,但实际上这些文件并不是数字视频,因此并非所有影片选项都适用于动态 GIF 文件。

为防止可能出现的链接问题,向演示文稿添加影片之前,最好先将影片复制到演示文稿所在的文件夹。

(1)添加影片步骤

① 单击要添加影片或动态 GIF 文件的幻灯片。

② 在"插入"选项卡上的"媒体剪辑"组中,单击"影片"下的箭头。

285

③ 单击"文件中的影片",找到包含所需文件的文件夹,然后双击要添加的文件。或者单击"剪辑管理器中的影片",滚动"剪贴画"任务窗格以查找所要的剪辑,然后单击该剪辑将其添加到幻灯片中。

（2）设置开始播放方式

① 插入影片时,会出现一条提示消息,询问希望如何开始播放影片:是自动开始播放,还是在单击影片时开始播放。

- 若要在放映幻灯片时自动开始播放影片,应单击"自动"。影片播放过程中,可单击影片以暂停播放。要继续播放,再次单击影片即可。
- 若要通过在幻灯片上单击影片来手动开始播放,可单击"在单击时"。

② 插入影片时,会添加暂停触发器效果。这种设置之所以称为触发器是因为,用户必须单击幻灯片上的某个区域才能播放影片。在幻灯片放映中,单击影片可暂停播放影片,再次单击可继续播放,如图 7-14 所示。

（3）全屏播放影片

全屏播放影片就是在演示过程中播放影片时,可使影片充满整个屏幕,而不是只将影片作为幻灯片的一部分进行播放。影片放大时可能会发生变形,具体取决于原始影片文件的分辨率。通常可以通过预览影片,如果影片发生变形或变得模糊不清,可以撤销全屏选项。一般来说,如果将较小的影片设置为全屏播放,其放大后的效果不会很好。

图 7-14 暂停触发器

① 在"普通"视图中,单击幻灯片上要全屏播放的影片。

② 在"影片工具"下的"选项"选项卡上,在"影片选项"组中,选中"全屏播放"复选框,如图 7-15 所示。

图 7-15 影片工具

（4）跨多张幻灯片播放影片

进入下一张幻灯片时,可能希望继续播放演示文稿中插入的影片。为此,需要指定影片应何时停止播放。否则,影片将在下次单击鼠标时停止播放。

① 第一种设置方法

跨多张幻灯片播放影片必须有一种播放效果,如果已经插入了影片并在收到提示时选择了"在单击时",可以切换到"自动"以添加播放效果。

- 单击"影片工具"|"选项"|"影片选项"组中的"播放影片"列表中的"自动"。
- 通过单击"动画"选项卡上的"动画"组中的"自定义动画"调出"自定义动画"任务窗格。
- 在"自定义动画"任务窗格中,单击"播放影片"动画右侧的箭头,然后单击"效果选项",如图 7-16 所示。
- 在弹出的"播放影片"对话框中,单击"效果"选项,若要跨多张幻灯片播放影片,在"停止播放"下,单击第三个单选框"在：……张幻灯片后",然后设置该文件应播放的幻灯片总数,如图 7-17 所示。

② 第二种设置方法

直接单击"影片工具"|"选项"|"影片选项"|"播放影片"列表中"跨幻灯片播放"。这样 PowerPoint 可以自动把"之后"的值设置为 999(最大值),即使在演示文稿中添加或删除了幻灯片,也无须调整该值。

图 7-16 效果选项

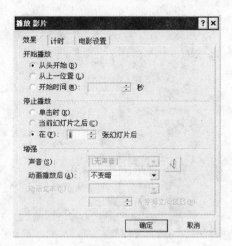

图 7-17 "播放影片"对话框

(5) 循环播放影片

如果影片的长度短于演示文稿的长度,可将影片设置为播放结束后重新开始播放。在"影片工具"下的"选项"选项卡上,在"影片选项"组中,选中"循环播放,直到停止"复选框。

 实用小技巧 7.3

影片与演示文稿的链接

与图片或图形不同,影片文件始终都链接到演示文稿,而不是嵌入到演示文稿中。插入链接的影片文件时,PowerPoint 会创建一个指向影片文件当前位置的链接。如果之后将该影片文件移动到其他位置,则在需要播放时,PowerPoint 将找不到文件。最好在插入影片前将影片复制到演示文稿所在的文件夹中。PowerPoint 会创建一个指向影片文件的链接,只要影片文件位于演示文稿所在的文件夹中,PowerPoint 就能够找到该影片文件;即使将该文件夹移动或复制到其他计算机上,也不例外。确保链接文件位于演示文稿所在文件夹中的另一种方法是使用"打包成 CD"功能。此功能可将所有的文件复制到演示文稿所在的位置(CD 或文件夹中),并自动更新影片文件的所有链接。当演示文稿包含链接的文件时,如果打算在另一台计算机上进行演示或用电子邮件发送演示文稿,必须将链接的文件和演示文稿一同复制。

287

(6) 借助控件添加影片

也可以通过控件的方式添加影片到幻灯片,利用控件可以在幻灯片播放时控制影片的播放。

① 单击"开发工具"|"控件"中 "其他控件",在弹出的列表中选择 Windows Media

Player 控件，单击"确定"按钮，如图 7-18 所示。

如果 PowerPoint 中没有显示"开发工具"，则单击 🍥，然后单击菜单最下方的"PowerPoint 选项"按钮，在弹出的"PowerPoint 选项"对话框中单击"常用"选项，选中"在功能区显示'开发工具'选项卡"，则 PowerPoint 中会显示"开发工具"选项卡，如图 7-19 和图 7-20 所示。

图 7-18　选择控件

图 7-19　Office 按钮

图 7-20　PowerPoint 选项

② 鼠标指针变为"＋"字形,拖拉鼠标在幻灯片上画出一个矩形区域,松开鼠标,矩形区域则出现 Windows Media Player 播放器面板,如图 7-21 和图 7-22 所示。

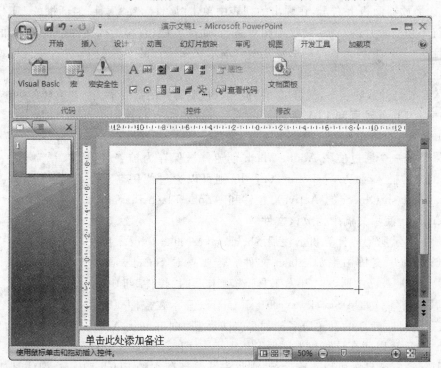

图 7-21　画影片区域

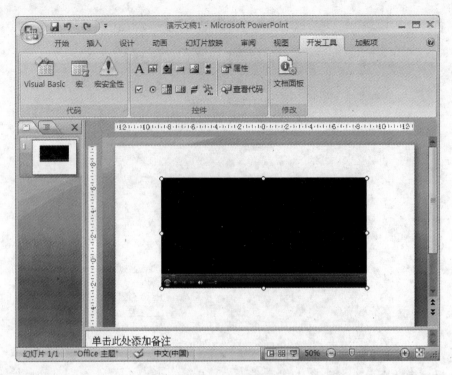

图 7-22　播放器面板

③ 在播放器面板上右击，在弹出的列表中单击"属性"，在"属性"对话框的 URL 统一资源定位符中填写影片的路径，建议用相对路径，简单方便，直接输入文件全名（影片的名称一定要包括扩展名）即可。只要把影片复制到演示文稿所在的文件夹中，在另一台计算机上进行演示也不会出错，如图 7-23 所示。

进入到幻灯片放映状态，就可以用播放器来控制影片的播放了。

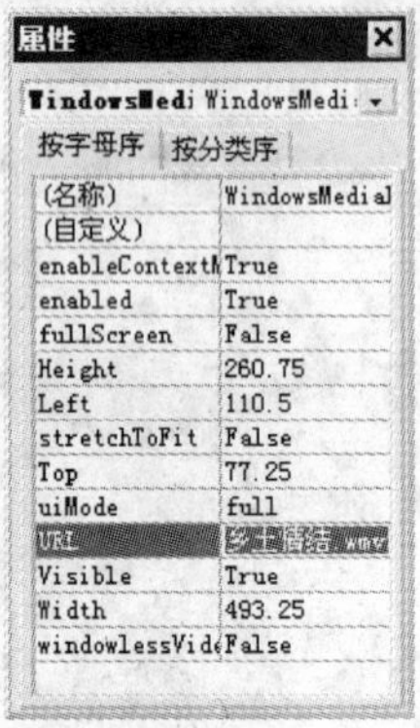

5. 插入 Flash 动画和 FLV 视频

（1）插入 Flash 动画

如果要把一个通过使用 Adobe Flash 创建并被保存为扩展名为 .swf 的文件插入到 PowerPoint 2007 中，则可以通过使用名为 Shockwave Flash Object 的 ActiveX 控件和 Adobe Flash Player，在 PowerPoint 演示文稿中播放该文件。

必须在演示所用的计算机上注册 Shockwave Flash Object 控件才能够在演示文稿中播放 Flash 文件。若要查看 Shockwave Flash Object 是否已注册，在"开发工具"选项卡上的"控件"组中，单击 其他控件。如果 Shockwave Flash Object 显示在控件列表

图 7-23　"属性"对话框

中，则表示它已在计算机上注册了。如果尚未注册，则可以从 Adobe 网站上下载最新版本的 Flash Player，以便在计算机上注册 Shockwave Flash Object 控件。

若要保证复杂动画可以正确运行，则须安装最新版本的 Flash Player，即使早期版本的 Shockwave Flash Object 已在计算机上注册了。

① 单击"开发工具"|"控件"中的 其他控件，在弹出的控件列表中选择 Shockwave

Flash Object 控件，单击"确定"按钮。

② 鼠标指针变为"十"字形，在幻灯片上拖动鼠标以绘制控件，可以通过拖动尺寸控点调整控件大小，如图 7-24 所示。

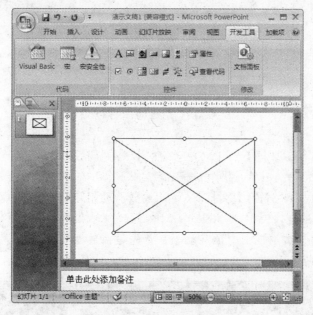

图 7-24　绘制 Flash 控件

③ 右击 Shockwave Flash Object 控件，然后单击"属性"。

* 在"按字母序"选项卡上单击 Movie 属性。在该属性的空白单元格中，输入要播放的 Flash 文件的路径，建议输入相对路径，只要把动画复制到演示文稿所在的文件夹中，只输入包括扩展名 . swf 的动画全名即可（如：123. swf，建议文件名称用英文和数字等符号命名，使用中文命名容易出错），或输入其统一资源定位器（URL），如图 7-25 所示。

* 若要在显示幻灯片时自动播放文件，则将 Playing 属性设置为 True。

* 如果不希望重复播放动画，则将 Loop 属性设置为 False。

④ 最后在幻灯片放映视图中预览动画。

（2）插入 FLV 视频

图 7-25　控件属性

FLV 流媒体格式是一种新的视频格式，全称为 Flash Video。FLV 文件体积小巧，清晰的 FLV 视频 1 分钟在 1MB 左右，一部电影在 100MB 左右，是普通视频文件体积的 1/3，它的出现有效地解决了视频文件导入 Flash 后，使导出的 SWF 文件体积庞大，不能在网络上很好的使用等缺点。由于它生成的文件极小、加载速度极快，再加上 CPU 占用率低、视频质量良好等特点使其在网络上盛行。

FLV 视频格式利用了广泛使用的 Flash Player 平台进行播放，也就是说，只要能看 Flash 动画，自然也能看 FLV 格式的视频，而无需再额外安装其他视频插件。

目前众多著名的视频共享网站都采用 FLV 格式文件提供视频，FLV 是目前增长最快、应用最为广泛的视频传播格式，这也使得 FLV 视频格式具备大量、丰富、多样的资源。所以，FLV 视频日益成为 PowerPoint 演示文稿中需要集成的一种重要的多媒体素材。

下面简要说明在 PowerPoint 演示文稿中插入 FLV 视频的步骤。如果要插入 FLV 视频，首先要插入能播放 FLV 视频的播放器，譬如名为 flv.swf 的 SWF 格式的播放器，然后用这个播放器调用 FLV 视频文件进行播放。插入 SWF 格式的播放器与插入一般 SWF 格式的动画方法相同。

① 单击"开发工具"|"控件"中的 ▧ 其他控件，在弹出的控件列表中选择 Shockwave Flash Object 控件，单击"确定"按钮。

② 鼠标指针变为"＋"字形，在幻灯片上拖动鼠标以绘制控件，可以通过拖动尺寸控点调整控件大小。

③ 右击 Shockwave Flash Object 控件，然后单击"属性"，在"按字母序"选项卡上单击 Movie 属性。在值列的空白单元格中，输入能播放 Flash 文件的播放器路径和调用的 FLV 视频文件名，建议用相对路径，只要把 flv.swf 播放器动画和 FLV 视频（如：123.flv）一起复制到演示文稿所在的文件夹中，输入：flv.swf? file＝123.flv 即可。

④ 最后在幻灯片放映视图中预览动画。首先是播放器界面，单击"播放"按钮后，会播放 FLV 视频，如图 7-26 和图 7-27 所示。

图 7-26　放映动画

图 7-27　播放 FLV 视频

6. 插入超链接

通过超链接可以实现幻灯片之间的跳转或与外部文件的链接。在 PowerPoint 中设置超链接的方法如下：

（1）单击要插入超链接的幻灯片。

（2）在其中选择要进行超链接的对象，比如几个文字、一个图片、一个图形等，这个对象一般与要链接到的内容相关。

（3）对这个对象设置超链接，单击"插入"|"链接"|"超链接"。或者右击要进行超链接的对象，在弹出的菜单中单击"超链接"。

（4）在弹出的对话框中，"链接到"有几种选项，如图 7-28 所示。

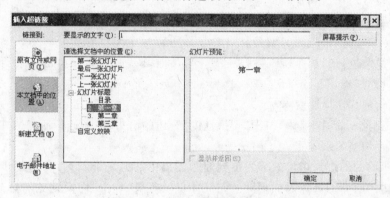

图 7-28　插入超链接

① 选择"原有文件或网页"，则会显示"当前文件夹"、"浏览过的页"、"最近使用过的文件"列表，选择要链接到的对象，单击"确定"按钮完成。

② 选择"本文档中的位置"，则会显示本演示文档中所有的幻灯片，单击要链接到的某张幻灯片即可。

7. 插入对象

如果想将其他文档插入到当前演示文档中，可以在演示文稿中通过"插入"|"对象"命令插入。要了解可以插入哪些类型的内容，单击"插入"选项卡上"文本"组中的"对象"，只有在计算机上安装的且支持 OLE（对象链接和嵌入，一种可用于在程序之间共享信息的程序集成技术）对象的程序才会显示在"对象类型"框中。

（1）单击要插入对象的幻灯片。

（2）单击"插入"|"文本"|"对象"，会弹出"插入对象"对话框，如图 7-29 所示。

图 7-29　"插入对象"对话框

① 单击"由文件创建"选项,找到所需的文件,单击"确定"按钮。

② 单击"新建"选项,单击所需插入的新建对象类型,则会打开相关的程序进行文件新建,创建好文件后关闭文件则返回到当前幻灯片。所需插入的对象即已插入到当前幻灯片中。

8. 幻灯片动画效果的应用

（1）幻灯片切换效果

幻灯片切换效果是在"幻灯片放映"视图中从一个幻灯片移到下一个幻灯片时出现的类似动画的效果,并且可以控制每个幻灯片切换效果的速度,还可以添加声音。

① 设置幻灯片切换效果的步骤

- 选择某个幻灯片。
- 单击"动画"|"切换到此幻灯片"组,然后单击一个幻灯片切换效果。如果要选择更多切换效果,在"快速样式"列表中单击"其他"按钮 ▼,然后单击一个幻灯片切换效果即可。

② 设置幻灯片切换速度

在"切换到此幻灯片"组中,单击"切换速度"旁边的箭头,然后选择所需的速度。

③ 幻灯片切换效果应用

若要将不同的幻灯片切换效果添加到演示文稿中的另一个幻灯片,重复步骤①。若要向演示文稿中的所有幻灯片添加相同的幻灯片切换效果,单击"切换到此幻灯片"|"全部应用"命令。

④ 设置幻灯片切换声音

单击"切换到此幻灯片"|"切换声音"旁边的箭头,然后在列表中选择所需的声音。若要添加列表中没有的声音,选择"其他声音",找到要添加的声音文件（只支持 WAV 格式的声音文件）,然后单击"确定"按钮。

（2）文本或对象制作成动画

将声音、文本、图形、图示、图表、超链接以及对象制作成特殊视觉或声音效果的动画,可以突出重点,控制信息流,还可以平添演示文稿的趣味性。

可以对幻灯片的占位符中的项目或者对段落应用自定义动画。例如,可以对幻灯片上的所有项目应用飞入动画,也可以对单个段落应用该动画。此外,还可以对一个项目应用多个动画,从而可以实现项目在飞入后再飞出。

① 动画类型

动画主要有进入、强调、退出以及自定义动作路径 4 大类型,针对影片对象还有媒体操作动画。

- "进入"为使文本或对象进入幻灯片时带有的效果;
- "强调"为向幻灯片上已显示的文本或对象添加特殊效果;
- "退出"为向文本或对象添加离开幻灯片时的效果;
- "动作路径"为要添加使文本或对象以指定模式移入的效果。

大多数动画选项都包括可以选择的关联效果。关联效果包括在播放动画时播放声音的选项以及动画开始的方式、速度、方向、文本动画发送的方式等。

可以使用"自定义动画"任务窗格控制项目在演示过程中的显示方式和时间,还可以查看有关动画效果的重要信息,包括动画效果的类型以及多个动画效果之间的相对顺序。

② "自定义动画"任务窗格的内容

- 幻灯片上的动画效果相对于其他事件的计时选项有三类,如图 7-30 所示。

单击时(鼠标图标 🐭):动画效果在单击幻灯片时开始。

之前(无图标):动画效果在列表中的上一个动画开始播放时同时开始(即一次单击执行两个或更多个动画效果)。

之后(时钟图标 🕐):动画效果在列表中的上一个动画播完后立即自动开始(即无须再次单击便可开始下一个动画效果)。

- 选择列表中的项目后会看到一个菜单图标(三角形 🔽),然后单击该图标即可显示菜单。单击效果选项或计时,则弹出相应对话框,如图 7-31 和图 7-32 所示。

图 7-30 动画列表

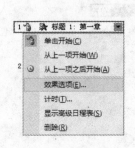

图 7-31 显示动画项目菜单

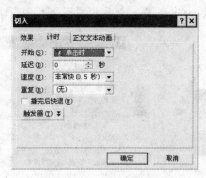

图 7-32 动画效果选项

- 动画前的编号指示动画效果的播放顺序,之前和之后开始都与上一个动画顺序一致。
- 动画图标代表动画效果的类型。如图 7-34 所示分别是 4 种动画效果。

③ 文本或对象应用动画效果的步骤

- 单击要制作成动画的文本或对象。
- 在"动画"选项卡上的"动画"组中,从"动画"列表中选择所需的动画效果或"自定义动画"命令。
- 在"自定义动画"任务窗格中,单击"添加效果",指定向文本或对象应用效果的类型方式。
- 进一步设置动画效果,单击对象动画菜单,在"效果"和"计时"选项卡上单击相关选项进行设置。

(3) 触发器

触发器仅仅是 PowerPoint 幻灯片中的一项,它可以是一个图片、图形、按钮,甚至可以是一个段落或文本框,单击触发器时它会触发一个操作。该操作可能是声音、电影或动画,例如在幻灯片上显示文本。

只要在幻灯片中包含动画效果、电影或声音,就可以为其设置触发器。或者,换一种说法:除非幻灯片中具有上述某种效果,否则无法使用触发器功能。必须直接单击触发器(而不是仅单击幻灯片)才能播放它触发的操作。

① 触发器的设置

单击对象动画菜单,选择"效果选项"或"计时"命令即可打开动画效果对话框,单击"计时"标签里"触发器"按钮,在其下面有两个单选项,如图 7-33 所示。

- "部分单击序列动画"选项即为：在幻灯片放映时用户在任意位置单击鼠标即可触发播放下一个动画;
- "单击下列对象时启动效果"选项即为：用户在其右侧的下拉列表框中选择一个对象作为触发此动画播放的对象。

在设置触发器时,一般选择"单击下列对象时启动效果"选项。

② 触发的显示

触发器设置完成后,在"自定义动画"任务窗格中出现了触发器栏,如果要使另一个动画也在此触发序列中播放,则将其拖至此触发器栏下即可。同时,幻灯片中有触发效果的项目旁出现了一个手状图标 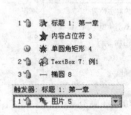 ,表示此项目有一个触发效果,如图 7-34 所示。

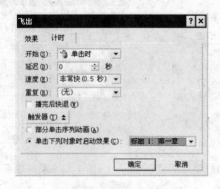

图 7-33　触发器选项

图 7-34　显示触发器

③ 查看触发效果

在"幻灯片放映"视图中查看效果。指向幻灯片中触发器时指针变为手状;单击触发器,将播放触发的动画效果。

9. 版式、模版和母版的应用

（1）使用版式

版式是幻灯片上标题和副标题文本、列表、图片、表格、图表、形状和视频等元素的排列方式。选定幻灯片后,单击"开始"|"幻灯片"|"版式"命令,可以在出现的多个版式中选取所需要的版式应用到选定幻灯片,如图 7-35 所示。

（2）使用模板和主题

① 模板

模板是一张幻灯片或一组幻灯片的图案或蓝图。在 PowerPoint 2007 中,模板是以 .potx 为扩展名的文件,模板可以包含版式、格式、主题、背景样式及内容。

图 7-35　幻灯片版式

可以以模板为基础重复创建相似的演示文稿,打开一个模板时即会打开一个新的演示文稿,会自动将模板里存储的设计信息应用于演示文稿,从而将所有幻灯片上的内容设置成一致的格式。

PowerPoint 2007 模板可以包含示例文本和图像,以帮助用户快速入门。单击"Office 按钮"|"新建"|"已安装的模板",选择一个模板创建演示文档,根据模板中的提示修改文本和图片等文档内容,最后保存为用户所需要的演示文档,如图 7-36 所示。

图 7-36　用模板创建演示文档

② 主题

在 PowerPoint 2007 中,"主题"取代了早期版本中使用的"设计模板"。创建的每个演示文稿内部都包含一个主题(空白演示文稿也应用了主题),通过应用文档主题,可以快速而轻松地设置整个文档的格式。PowerPoint 2007 中提供了预定义的内置主题,主题由主题颜色、主题字体和主题效果组成,如图 7-37 所示。

单击"设计"|"主题"组中某个文档主题,或者单击更多 按钮以查看所有可用的文档主题来选择,右击文档主题,然后单击所需的选项,可以将文档主题应用到所有幻灯片、应用到选定幻灯片或在进行母版编辑时应用到母版幻灯片。在应用新主题时,原有主题将替换为新的外观,由于所有内容都以动态方式链接到主题,更改演示文稿的主题不仅会改变幻灯片的背景颜色,同时还会改变演示文稿中关系图、表格、图表、形状和文本的颜色、样式及字体等所有内容,如图 7-38 所示。

如果要进一步自定义演示文稿的效果,则可以在"设计"|"主题"组中更改主题颜色、主题字体或主题效果,还可以单击"设计"|"背景样式"对主题的背景格式进行设置。也可以通过自定义主题颜色、主题字体、主题效果,然后在"主题"组的下拉菜单中单击"保存当前主题"来创建自己的文档主题,应用到其他文档。自定义文档主题保存在"文档主题"文件夹

297

中,并且将自动添加到自定义主题列表中。

图 7-37 默认内置 Office 主题

图 7-38 应用内置"市镇"主题

（3）使用母版

幻灯片母版是存储有关演示文稿的主题和幻灯片版式的所有信息的幻灯片，包括字形、占位符大小或位置、背景设计和配色方案等。

幻灯片母版的主要作用是可以对演示文稿中的每张幻灯片进行统一的样式更改，对幻灯片母版的创建和编辑要在幻灯片母版视图中进行。幻灯片母版的编辑方法如下：

① 单击"视图"|"幻灯片母版"，切换到幻灯片母版编辑状态，同时出现一个"幻灯片母版"选项卡。

② 对幻灯片母版的编辑与普通幻灯片的编辑基本相同，可以对其修改主题、背景、字体、图形样式等。如需修改幻灯片上所有字体，则对母版的字体进行修改即可；如需在所有幻灯片上输入相同的文本信息，只需在幻灯片母版上插入文本框进行编辑即可，不必在每张幻灯片上输入相同的信息；如需在所有幻灯片上输入相同的图片或图形，只需在幻灯片母版上插入图片或图形，则所有幻灯片上都会出现该对象，如图 7-39 所示。

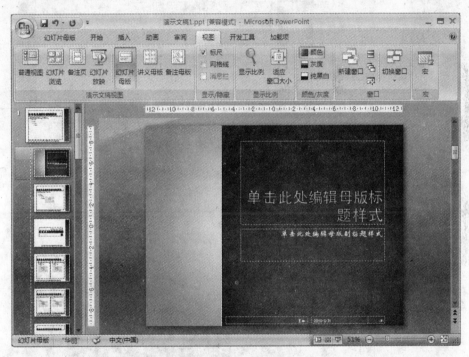

图 7-39　幻灯片母版编辑

在同一个幻灯片母版下有多个幻灯片版式，每个版式可以修改不同的设置，但是与同一个母版相关联的所有版式主题相同。

如在演示文稿中应用了不同的主题，则切换到幻灯片母版编辑状态下，自动会出现多个不同主题的母版，即可对幻灯片母版进行编辑修改。

如果是新建的演示文稿，希望其中能够包含两种或更多种不同的样式或主题，就需要多个幻灯片母版，并且为每个幻灯片母版应用不同的主题。单击"幻灯片母版"|"编辑母版"|"插入幻灯片母版"命令，为幻灯片插入新的母版。选中新插入的幻灯片母版，单击"幻灯片母版"|"编辑主题"|"主题"命令，为新插入的幻灯片更改主题。这样，在一个演示文稿中就

包含了多个不同主题的幻灯片母版。当新建幻灯片时,就会出现不同主题、不同版式的幻灯片供选择新建幻灯片,如图 7-40 和图 7-41 所示。

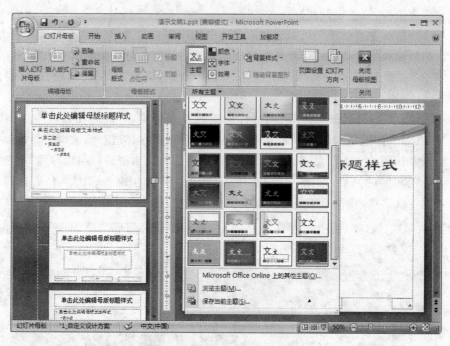

图 7-40　更改新插入母版主题

图 7-41　新建幻灯片

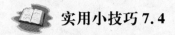 **实用小技巧 7.4**

幻灯片母版的创建

　　最好在开始构建各张幻灯片之前创建幻灯片母版,而不要在创建了幻灯片之后再创建母版。如果先创建了幻灯片母版,则添加到演示文稿中的所有幻灯片都会基于该幻灯片母版和相关联的版式。如果在构建了各张幻灯片之后再创建幻灯片母版,则幻灯片上的某些项目便不能遵循幻灯片母版的设计风格。

思考与练习

1. 列举多媒体集成工具的种类及其代表软件。
2. 谈谈如何选择多媒体集成工具。
3. 简述多媒体作品开发的流程。
4. 在 PowerPoint 中如何添加文字、图形、图片、图表等元素?
5. 如果 PowerPoint 中使用了特殊字体,如何保证在其他机器上正确显示?
6. 在 PowerPoint 中如何添加声音、影片或动态 GIF 文件?
7. 在 PowerPoint 中如何插入 Flash 动画和 FLV 视频?
8. 在 PowerPoint 中如何设置幻灯片切换效果?
9. 列举 PowerPoint 中的动画类型。
10. 谈谈你对 PowerPoint 中触发器这一概念的理解。
11. 简述 PowerPoint 中版式、模版和母版的含义。它们之间有何关系?如何应用?

参 考 文 献

[1] 郭庆光.传播学教程[M].北京:中国人民大学出版社,1999
[2] 南国农,李运林.教育传播学(第2版)[M].北京:高等教育出版社,2005
[3] 陈文华.多媒体技术[M].北京:机械工业出版社,2003
[4] 钟玉琢,沈洪,吕小星等.多媒体技术及其应用[M].北京:机械工业出版社,2003
[5] 万华明.多媒体技术[M].北京:清华大学出版社;北京交通大学出版社,2008
[6] 向华,徐爱芸.多媒体技术与应用[M].北京:清华大学出版社,2007
[7] 杨青,郑世珏.多媒体技术与应用教程[M].北京:清华大学出版社,2008
[8] 郭丽丽,张强华.多媒体技术应用教程[M].北京:清华大学出版社,2008
[9] 沈洪,施明利,朱军.多媒体技术与应用实例教程[M].北京:清华大学出版社,2008
[10] 刘建.多媒体技术基础及应用[M].北京:机械工业出版社,2008
[11] 许华虎.多媒体应用系统技术[M].北京:机械工业出版社,2008
[12] 张松.现代教育技术(第2版)[M].北京:高等教育出版社,2009
[13] 黄河明.现代教育技术[M].四川:四川教育出版社,2005
[14] 严晨,吴徐君,付琳.影视非线性编辑标准教程[M].北京:人民邮电出版社,2007
[15] 李海燕.Premiere Pro 1.5标准教程[M].北京:中国青年出版社,2006
[16] 张辑哲.论信息的内容、形式与载体[J].档案学通信,2008(1):23~25
[17] 袁薇.多媒体数据压缩技术的研究[J].电脑知识与技术,2008(S2):157~158
[18] 杨晓蓉,王文生.多媒体数据的存储与检索技术[J].农业网络信息,2005(11):78~80
[19] 余林.多媒体通信的关键技术及其发展趋势[J].山西科技,2006(6):29~31
[20] 薛瑞.多媒体技术在商业展示中的应用价值[J].硅谷,2009(3):119
[21] 张养力,吴琼.游戏型网络协作学习课件的设计研究[J].中国电化教育,2006(1):77~79
[22] http://www.cec-ceda.org.cn/information/book/info_1.htm
[23] http://www.9414.net/Article/kaoyansx/kyzz/200509/1128.html
[24] http://www.luxie.3126.net/Article/ArticleShow.asp? ArticleID=1497
[25] http://210.28.216.200/cai/dmtjishu/course5/course5-1.htm
[26] http://www.liusuping.com/storage/gutaiyingpan-ssd.html
[27] http://www2.ccw.com.cn/1998/3/164807.shtml
[28] http://www.dzsc.com/data/html/2007-5-25/40676.html
[29] http://bbs.icenter.cn/thread-297-1-1.html
[30] http://www.enet.com.cn/article/2009/0531/A20090531480153.shtml
[31] http://www.edu.cn/ji_qiao_5777/20070418/t20070418_229012.shtml
[32] http://www.cec-ceda.org.cn/information/book/info_1.htm
[33] http://www.englishfree.com.cn/typefree_web/cn/index_2.asp
[34] http://shxx.xhedu.sh.cn/cms/data/html/doc/2005-02/03/26028/index.html
[35] http://app2.learning.sohu.com/education/html/article-9947.html
[36] http://www.luxie.3126.net/Article/ArticleShow.asp? ArticleID=1497
[37] http://zh.wikipedia.org/zh-cn
[38] http://www.hudong.com/wiki
[39] http://www.neoimaging.cn

[40] http://www.midisky.com
[41] http://jiaoyu.xooob.com/html/200711/36964.htm
[42] http://soft.yesky.com/lesson/96/7781096.shtml
[43] http://www.chinavid.com/academic/2008-1-18/081184690048_4.htm
[44] http://www.5928.cn/Article/training/donghua/huodong/200805/12748.html
[45] http://www.c114forum.com/baike/view.asp? id=18808-612F8D56
[46] http://majk5168.blog.163.com/blog/static/27419181200902711325366/
[47] http://baike.baidu.com/view/1612996.htm
[48] http://baike.baidu.com/view/49671.htm

21 世纪高等学校数字媒体专业规划教材

ISBN	书　　名	定价(元)
9787302224877	数字动画编导制作	29.50
9787302222651	数字图像处理技术	35.00
9787302218562	动态网页设计与制作	35.00
9787302222644	J2ME 手机游戏开发技术与实践	36.00
9787302217343	Flash 多媒体课件制作教程	29.50
9787302208037	Photoshop CS4 中文版上机必做练习	99.00
9787302210399	数字音视频资源的设计与制作	25.00
9787302201076	Flash 动画设计与制作	29.50
9787302174530	网页设计与制作	29.50
9787302185406	网页设计与制作实践教程	35.00
9787302180319	非线性编辑原理与技术	25.00
9787302168119	数字媒体技术导论	32.00
9787302155188	多媒体技术与应用	25.00

以上教材样书可以免费赠送给授课教师,如果需要,请发电子邮件与我们联系。

教学资源支持

敬爱的教师:

感谢您一直以来对清华版计算机教材的支持和爱护。为了配合本课程的教学需要,本教材配有配套的电子教案(素材),有需求的教师可以与我们联系,我们将向使用本教材进行教学的教师免费赠送电子教案(素材),希望有助于教学活动的开展。

相关信息请拨打电话 010-62776969 或发送电子邮件至 weijj@tup.tsinghua.edu.cn 咨询,也可以到清华大学出版社主页(http://www.tup.com.cn 或 http://www.tup.tsinghua.edu.cn)上查询和下载。

如果您在使用本教材的过程中遇到了什么问题,或者有相关教材出版计划,也请您发邮件或来信告诉我们,以便我们更好地为您服务。

地址:北京市海淀区双清路学研大厦 A 座 708　　计算机与信息分社魏江江　收

邮编:100084　　　　　　　　　　电子邮件:weijj@tup.tsinghua.edu.cn

电话:010-62770175-4604　　　　邮购电话:010-62786544

《网页设计与制作》目录

ISBN 978-7-302-17453-0   蔡立燕 梁 芳 主编

图书简介：

Dreamweaver 8、Fireworks 8 和 Flash 8 是 Macromedia 公司为网页制作人员研制的新一代网页设计软件，被称为网页制作"三剑客"。它们在专业网页制作、网页图形处理、矢量动画以及 Web 编程等领域中占有十分重要的地位。

本书共 11 章，从基础网络知识出发，从网站规划开始，重点介绍了使用"网页三剑客"制作网页的方法。内容包括了网页设计基础、HTML 语言基础、使用 Dreamweaver 8 管理站点和制作网页、使用 Fireworks 8 处理网页图像、使用 Flash 8 制作动画、动态交互式网页的制作，以及网站制作的综合应用。

本书遵循循序渐进的原则，通过实例结合基础知识讲解的方法介绍了网页设计与制作的基础知识和基本操作技能，在每章的后面都提供了配套的习题。

为了方便教学和读者上机操作练习，作者还编写了《网页设计与制作实践教程》一书，作为与本书配套的实验教材。另外，还有与本书配套的电子课件，供教师教学参考。

本书适合应用型本科院校、高职高专院校作为教材使用，也可作为自学网页制作技术的教材使用。